E-Book inside

E-Book inside

Liebe Käuferin, lieber Käufer,
Sie erhalten von uns als Zugabe kostenlos auch das E-Book zu diesem Buch. Einmal gekauft – zweimal profitiert!

1. Öffnen Sie die **Webseite** https://www.gabal-verlag.de/ebookinside.
2. Geben Sie den untenstehenden **Download-Code** ein und füllen Sie das Formular aus.
3. Mit dem Klick auf den »Senden«-Button am Ende des Formulars erhalten Sie Ihren persönlichen **Download-Link** als **E-Mail**.
4. Beachten Sie bitte, dass der Code nur **einmal gültig** ist. Bitte speichern Sie das E-Book.

Ihr Download-Code: **U4JWS-3VYWL-S2HZT**

Peter Holzer

Mut zur Lebensführung

PETER HOLZER

MUT zur Lebensführung

Wie Sie in einer unsicheren Welt
selbstbestimmt bleiben –
oder es endlich werden

GABAL

Externe Links wurden bis zum Zeitpunkt der Drucklegung des Buches geprüft. Auf etwaige Änderungen zu einem späteren Zeitpunkt hat der Verlag keinen Einfluss. Eine Haftung des Verlags ist daher ausgeschlossen.

Bibliografische Information der Deutschen Nationalbibliothek

Die Deutsche Nationalbibliothek verzeichnet diese Publikation in der Deutschen Nationalbibliografie; detaillierte bibliografische Daten sind im Internet über http://dnb.d-nb.de abrufbar.

ISBN 978-3-96739-065-0

Lektorat: Dr. Michael Madel, Ruppichteroth
Umschlaggestaltung: Martin Zech Design, Bremen | www.martinzech.de
Titelillustration: tiero / iStock by Getty Images
Autorenfoto: Jochen Rolfes
Satz und Layout: Das Herstellungsbüro, Hamburg | www.buch-herstellungsbuero.de
Druck und Bindung: Salzland Druck, Staßfurt

Wir drucken in Deutschland.

www.gabal-verlag.de
www.gabal-magazin.de
www.facebook.com/Gabalbuecher
www.twitter.com/gabalbuecher
www.instagram.com/gabalbuecher

Für Alina und Eryk.
Danke, dass ihr mir ein Zuhause gebt,
wo ich so sein kann, wie ich bin.

Für Lio – und in Gedenken an Mozart.
Danke für eure treue und bedingungslose Freundschaft.

In meiner Arbeit als Coach und Berater ist Vertraulichkeit das höchste Gut. Das führt mich beim Schreiben meiner Bücher in einen Konflikt. Blaise Pascal hat es sinngemäß so formuliert: »Die besten Bücher sind die, von denen jeder meint, er habe sie selbst schreiben können.« Dem werde ich am leichtesten gerecht, indem ich wahre Geschichten aus dem echten Leben erzähle. Doch wie kann ich dabei die Vertraulichkeit wahren? Wenn es Geschichten über mich sind, gelingt das leicht: Ich schreibe einfach die Wahrheit und verzichte auf Vertraulichkeit. Aber was ist, wenn andere Menschen involviert sind? In diesen Fällen habe ich mich entschieden, Namen, Orte und Begebenheiten an die Wahrheit anzulehnen und Details so zu verändern, dass niemand wiedererkannt werden kann. Eines noch: Wenn ich vom »Anführer« in Ihrem Leben spreche, ist das keine Frage des Geschlechts – sondern eine Frage Ihrer inneren Haltung!

Inhalt

Prolog: Klarheit gibt Power

Es gibt nur eine Sache, die ich in meinem Leben bereue. Leider kann ich sie nicht rückgängig machen.

Nach meinem Studium hatte ich rund 50 000 Euro Studienkredit auf der Uhr. Ich war jung, wild. Und völlig unklar. Von Lebenssinn und Reife keine Spur.

Also machte ich mich mit Partnern in der Finanzindustrie selbstständig. Lief wie verrückt dem Geld hinterher. Verbrachte mehr Nächte in Hotels als zu Hause. Der finanzielle Erfolg stellte sich zwar ein. Doch dafür musste ich einen hohen Preis zahlen.

Meine Frau fror zu Hause vor Einsamkeit. Die wilden Gaga-Jahre mit meinem Sohn habe ich mehr oder weniger verpasst. Und dann riss mich auch noch die Diagnose Krebs aus der Bahn. Es wurde mir einfach alles zu viel. Ich wusste weder, wo ich im Leben war. Noch, wo ich hinwollte. Ich hatte die Verbindung zu mir selbst verloren. Wurde wie ein Spielball auf dem Ozean des Lebens hin und her gespült.

In dieser Zeit stand die Hochzeit mit Alina vor der Tür. Doch eines Abends sagte ich zu ihr: »Ich kann nicht.« Und so sagten wir unseren Gästen wieder ab. Trennten uns. Alina zog mit Eryk in eine eigene Wohnung. Ich besiegte den Krebs. Stieg aus der Firma aus. Mein Leben tobte – und stand gleichzeitig plötzlich still. Die Einsamkeit und die Erinnerungen fraßen mich förmlich auf.

Rückblickend weiß ich: Damals hatte ich mich geweigert, die volle Verantwortung und damit auch die Führung über mein Leben zu übernehmen. Statt mich um meine Familie zu kümmern, hatte ich mich in dem Rattenrennen verrannt, das wir Karriere nennen. Als wäre das die wichtigste Säule im Leben. Dieses Tal der Tränen war eine traurige Tragödie und mein größtes Glück zugleich: Ich habe es durchgestanden und bin dadurch zu einem besseren Menschen geworden. Habe die Verbindung zu mir wieder gefunden. Alina gab mir zum Glück eine zweite Chance. Und ich konnte viel aus all den Fehlern lernen.

In meiner Arbeit als Coach erlebe ich immer wieder Unternehmer und Führungskräfte, denen das gleiche Schicksal droht. Sie verlieren sich im Wettrennen um Profit, Wachstum und Erfolg – und vergessen dabei sich selbst. Ihre Lieben. Ihr Leben.

Dieses Buch soll Ihnen Denkanstöße dafür geben, solche Tragödien zu vermeiden. Oder – sollten Sie bereits drinstecken – für einen Weg hinaus. Denn in einer Welt, die voller Ungewissheit und Unsicherheit ist, sind Sie gefordert, Führung zu übernehmen. Dazu brauchen Sie vor allem Klarheit. Denn Klarheit gibt Power.

Teil I

Die 7 Todsünden

Unser Leben könnte so einfach und angenehm sein – wenn wir es uns selbst bloß nicht so schwer machen würden. Denn die wahren Feinde für Sinn, Glück und Erfüllung lauern in jedem von uns: die Todsünden. Sie sind zwar uralt, doch immer noch brandaktuell. Und sie sind lebensgefährlich. Denn sie haben die Macht, Ihnen Ihr Leben zur Hölle auf Erden zu machen.

1. Hochmut

Hochmut macht unsympathisch. In seiner klassischen Form im Sinne von Überheblichkeit, Arroganz oder Anmaßung ist er leicht zu erkennen. Deswegen hat er im Business nichts zu suchen. Und erst recht nicht im Freundes- und Familienkreis. Mit dem Sprichwort »Hochmut kommt vor dem Fall« erinnern wir uns daran, dass das auch so bleiben soll.

Doch im Hochmut versteckt sich noch eine viel größere Gefahr. Er ist heutzutage mutiert. Seine modernen Formen haben sich getarnt und lauern hinter jeder Ecke. Das ist eine Bedrohung. Für uns alle. Denn dieser moderne Hochmut wuchert wie ein Krebs, der das Fundament unseres friedlichen Zusammenlebens zerfrisst.

Aber wie entlarven Sie die vielen Tarnungen des Hochmuts? Gar nicht so einfach. Denn einige seiner Facetten gelten in unserer Gesellschaft fälschlicherweise als etwas Positives.

Absolute Gewissheit

Uniklinik Köln. Nuklearmedizin. Ich sitze im Behandlungszimmer und warte. Die Diagnose Krebs liegt zwar fast 20 Jahre zurück und ich fühle mich gesund. Aber die Blutwerte nagen seitdem an meinen Nerven. Meine Schilddrüse wurde damals entfernt, und zwei Radiojodtherapien sollten jegliches Schilddrüsengewebe zerstört haben. Aber das Schilddrüsenhormon TG liegt bei mir die ganzen Jahre weiter im leicht nachweisbaren Bereich. So auch heute.

Der Professor erklärt mir: »Es ist nichts zu 100 Prozent sicher in der Medizin. Es kann sein, dass Ihr TG-Wert ein Leben lang in diesem Graubereich bleibt und wir nie eine Ursache dafür finden.« »Sie sagen: ›Kann sein?‹«, frage ich nach. Seine Antwort ist so kurz wie ehrlich: »Die Chancen stehen zu 80 Prozent gut, dass wir keinen Tumor finden!«

80 Prozent? Fuck! Ist das moderne Medizin?!

Andere fahren ins Kloster oder machen ein Meditations-Retreat – mich halten diese jährlichen Routine-Checks auf dem Boden der Tatsachen. Dabei erwische ich mich immer wieder dabei, dass ich so gern absolute Gewissheit hätte. Nachdem mir die Schilddrüse komplett entfernt wurde, muss es doch möglich sein, dass dieser blöde TG-Wert nicht mehr in meinem Blut nachweisbar ist. Aber so einfach funktioniert Medizin nicht. Unser Körper, die Natur, die ganze Welt – alles ist komplex. Und wir wissen auch heute darüber erschreckend wenig. Ärzte können nicht mal erklären, warum wir Gänsehaut bekommen oder die Haut juckt. Und dennoch glauben wir in unserem Hochmut, alles erklären, kontrollieren und bestimmen zu können.

Kontrollwahn

Dieser Hochmut macht uns blind: Weisheit und Wissen zählen schon lange nicht mehr so viel wie Informationen und Daten. Dabei sind kleinteilige Daten an sich ohne Sinn und damit bedeutungslos. Denken Sie an eine Fliege: Wir können ihre Zusammensetzung bis auf Atomebene beschreiben und löschen ihr Leben mit nur einem Schlag aus. Aber wir sind nicht in der Lage, aus einem Haufen Atome und all den Daten, die wir haben, eine neue Fliege zum Leben zu erwecken. Trotzdem suchen wir blindwütig die Weisheit in den Daten. Haben sie als »Big Data« zum neuen Gold unserer Zeit erklärt.

Wir wollen messen. Und zwar alles! CO_2-Konzentrationen, Feinstaubbelastung, Infektionszahlen. Den monatlichen Zuwachs an Körpergröße unseres Nachwuchses, Bewegungsmuster von Menschen, Zufriedenheit der Kunden, Produktivität pro Mitarbeiter, Körperfettanteil und tägliche Schritte bis hin zur Frage, ob der potenzielle Partner auch aus wissenschaftlicher Sicht zu uns passt. Ob im Privatleben oder im Job: Die Menschen optimieren sich bis an den Rand der Belastbarkeit, hetzen von einem Meeting zur nächsten Deadline und versuchen, alles durch Pläne und Kontrollmaßnahmen im Griff zu halten.

Doch wozu? Wir haben Angst vor der ungewissen Zukunft – und wollen Gewissheit. Denn die gibt Sicherheit. Und die meinen wir zu bekommen, indem wir alles messen – um dann auch alles kontrollieren. Was für eine Hybris! Wir fliegen – mit rund 100 000 km/h – auf einem winzigen Fleck namens Erde durch ein unendliches Universum. Wie hochmütig muss man da sein, um zu denken, dass wir als Menschheit auch nur irgendetwas kontrollieren könnten?

»Wir müssen die Pandemie unter Kontrolle kriegen«, lautete zum Beispiel der Schlachtruf in der Coronakrise. Dabei verkennen wir, dass wir gar nichts unter Kontrolle haben und – egal, welche Maßnahmen wir ergreifen – auf jeden Fall Menschen sterben oder jahrelang an den Folgen leiden. Entweder direkt an Covid-19 – oder an den Folgen der Schutzmaßnahmen, weil Menschen mit anderen Krankheiten nicht behandelt werden oder sich nicht behandeln lassen wollen, in Armut oder soziale Isolation stürzen und daran zugrunde gehen oder sich das Leben nehmen. Von den weltweiten Auswirkungen ganz zu schweigen. Aber wir schauen nur auf die eine Seite der Medaille, die wir sehen wollen. Hauptsache, wir meinen, wir hätten alles unter Kontrolle!

Auch in der Nachwuchsplanung wollen wir nichts mehr dem Zufall überlassen. Jeder hat schließlich das Recht darauf, ein Kind zu haben. Und wenn es dann mit dem Nachwuchs nicht klappt, geht's eben in die Babywunsch-Klinik. Eine nervenaufreibende Tortur: Denn der Zeugungsakt ist dann kein erotisches Vergnügen, sondern ein meisterhaft durchgeplanter Prozess. Messwerte, Termine und Medikamente bestimmen, wo es langläuft. Wenn Sie Glück haben, landen Sie sofort einen Treffer. Und wenn nicht? Neues Geld und nächste Runde. Denn es *muss* einfach klappen!

Dieser Kontrollwahnsinn wird mit zunehmender Technik noch wahnsinniger werden. Hinter dem Begriff »Bio-Engineering« steckt nicht nur die Möglichkeit, durch Genmanipulation Krankheiten zu bekämpfen. Sondern das Streben nach gottgleichem Lebensdesign. Am Tablet wählen die Eltern irgendwann aus, wie das Laborbaby sein soll: Haarfarbe, Intelligenz, Talente ... Wir werden sehen, ob die Biologie oder die künstliche Intelligenz am Ende das Rennen zur neuen Krönung der Schöpfung gewinnt. Vielleicht wird es ja eine Mischung: die Super-Mensch-Maschine. Oder unser Hochmut lässt uns vorher fallen ...

Selbstdarstellungsporno und Meinungsfanatismus

Getrieben wird der moderne Hochmut auch von unseren Medien. Von Social Media bis Castingshows – der Selbstdarstellungsporno läuft rund um die Uhr auf Hochtouren. Angeben, prahlen, auf wichtig tun. Alle sind schön, stark, sexy und natürlich megaerfolgreich. Die sozialen Medien erziehen uns zu hochmütigen Wesen. Und wer zu wenige Follower, Likes und Shares bekommt, versinkt in Selbstmitleid und Depression.

Und eine Form des modernen Hochmuts wird hier besonders sichtbar: unser Umgang mit Meinungen. Die Theorie dazu sieht so aus: Angeblich leben wir heute in einer Welt der Meinungsvielfalt und der Meinungsfreiheit. Es gibt viele Meinungen. Und die sollten auch ausgetauscht werden. Wir brauchen den Diskurs, das Streitgespräch, um Standpunkte zu hinterfragen, voneinander zu lernen und uns dann auf eine Wahrheit zu einigen.

Das setzt jedoch voraus, dass wir zwar eine eigene Meinung haben, uns jedoch nicht an ihr festklammern. Treffen wir nun auf einen Menschen, der eine andere Meinung hat als wir, versuchen wir, zu verstehen: Wie kommt der Mensch auf diese Sichtweise? Danach gewinnen wir entweder eine neue Perspektive und ändern unsere Meinung. Oder wir bleiben bei unserem Standpunkt.

Lassen Sie nicht die lautesten Brüllaffen gewinnen, sondern die besten Ideen und Lösungen.

So weit die Theorie. Die Praxis sieht anders aus. Denn es verbreitet sich der Meinungsfanatismus. Meinungsvielfalt und Meinungsfreiheit werden so immer mehr erstickt. Menschen erheben ihre persönliche Meinung zu einer absoluten Wahrheit. Beispiel Klimawandel: »Wir müssen den Klimawandel stoppen und die Natur schützen«, fordern manche. Und wollen gleich den Kapitalismus mit abschaffen. Statt Geldfanatismus herrscht dann Ökofanatismus. Eine Diskussion, wie wir öko sind *und* dabei Wohlstand sichern, findet leider viel zu selten statt.

Dieser hochmütige Fanatismus treibt einen Keil in unsere Gesellschaft. Dabei kann kein Mensch die Natur schützen. Wir können bestenfalls respektvoll mit ihr umgehen. Doch müssen wir dazu wirklich gleich das Fundament unseres Wohlstands zerstören? Mehr Demut und Diskussionsbereitschaft täten uns allen gut, damit wir gemeinsam voneinander lernen und am Ende die beste Lösung gewinnt – und nicht die dominantesten Brüllaffen.

Wie sieht es bei den anderen Herausforderungen unserer Zeit aus? Wo ist der öffentliche Diskurs, um mit Augenmaß einen Weg der Mitte zu finden? Mangelware!

Der Zweck heiligt die Mittel nicht

Verschärft wird der Meinungsfanatismus durch einen Minderheitenhochmut. Heute gibt es nicht mehr *die* Gesellschaft. Unsere »Gemeinschaft« besteht aus vielen unterschiedlich großen und sozialen Fragmenten. Vielfalt ist bunt und gut. Der Haken ist jedoch, dass die zunehmende Fragmentierung dazu führt, dass es kein Zusammengehörigkeitsgefühl als Ganzes gibt. Statt einer Identität der deutschen Gesellschaft, der alle angehören, suchen wir unsere Identität in Splittergruppen: Männer, Frauen, Transgender, Postgender und wie sie alle heißen positionieren sich im Kampf der Geschlechter und fordern Gendersprache, Gleichberechtigung und Sonderbehandlung.

Klimawandelleugner und Klimawandelaktivisten betreten die gleiche Bühne wie Subventionsförderer für Kohle, Stromkonzerne und Luftfahrtgesellschaften und liefern sich böse Schlachten. Christen, Juden, Muslime, Buddhisten und Atheisten haben ihre Sicht der Dinge. Während Eltern nicht einfach nur Eltern sind, sondern sich aufteilen in autoritär, antiautoritär, autokratisch, demokratisch bis hin zu Laisser-faire. Flüchtlingsfrage, Fleisch oder vegan, Zeitumstellung … Es gibt immer mehr Anlässe, die uns trennen.

Schade finde ich, dass aus diesen Meinungsverschiedenheiten keine sachliche Diskussion wird, um so die beste Lösung für die Gesellschaft zu finden. Gefährlich finde ich, dass die Meinungsgruppen stattdessen ihr Ass ausspielen: Der Zweck heiligt die Mittel. Die Betonung liegt hier auf *heiligt*. Die persönliche Meinung wird zu einem quasireligiösen Fanatismus. Und so ziehen wir von einem gesellschaftlichen Verbalkrieg in den nächsten. Doch es darf nicht sein, dass sich jeder die Wahrheit herauspickt, die ihm gerade gefällt. Und die dann hochmütig zur absoluten Wahrheit für alle erklärt. Am Ende zählt nicht der Hochmut des Einzelnen, sondern das Überleben und die friedliche Koexistenz aller.

Kampf dem Hochmut

Wie können wir nun den wuchernden modernen Hochmut besiegen? Lassen wir uns von dem inspirieren, was einmal war. Im Wort »Hochmut« steckte nämlich ursprünglich etwas Gutes: hoher Mut. Also so etwas wie eine edle Gesinnung. Erst im Laufe der Zeit wurde der Hochmut zur Todsünde degradiert. In der englischen Sprache finden wir einen Ansatz, um den Hochmut wieder zu etwas Positivem zu entwickeln. Denn *pride* bedeutet Hochmut – und auch: Stolz. Stolz statt Hochmut – das ist die Lösung.

Den Stolz kannst du mir nicht nehmen

Rainer Broicher ist HNO-Arzt und mit Herz und Seele Karnevalist in Köln. Doch ein Baum wurde ihm vor einigen Jahren zum Verhängnis. Seine Frau bat ihn, einen Gärtner zu beauftragen. Doch er stieg selbst in die hohe Krone und wollte einen Ast absägen. Er stürzte und brach sich die Wirbelsäule. Seitdem kann er nur noch den Kopf bewegen. Kann so gut wie nichts allein. Muss gefüttert, ins Bett gebracht werden. Vom Toilettengang ganz zu schweigen.

Doch er lässt sich nicht unterkriegen. In der Reha hatte der anspruchsvolle Machertyp die Wahl zwischen Körbeflechten und Malen. Aus der Not machte er eine Tugend und wurde zum Mundmaler. Jedes Jahr erscheint ein Kalender in einer Köln- und Deutschland-Edition. So trägt der zweifache Familienvater weiterhin dazu bei, die Familie zu ernähren.

Hochstapler und Menschen, die nur heiße Luft verbreiten, verfallen schnell dem Hochmut. Sie haben jedoch nichts, auf das sie stolz sein können. Rainer Broicher zeigt, dass Sie nicht die Welt retten müssen, um stolz zu sein.[1] Die wirklich großen Leistungen liegen manchmal in den vermeintlich kleinen Dingen. Indem Sie sich zum Beispiel nicht kleinkriegen lassen, wenn das Leben gefühlt gegen Sie spielt. Der Unfall hat den Stolz von Rainer nicht brechen können.

Nun sind Sie an der Reihe. Bekämpfen Sie den Hochmut!

Gegenwart machen: Gesundes Selbstbewusstsein leben

Haben Sie den Anspruch, dass alles mess- und kontrollierbar sein muss? Präsentieren Sie sich wie der Gockel auf dem Mist und zeigen allen, wie toll Sie sind? Haben Sie Ihre persönliche Meinung zur absoluten Wahrheit erhoben?

Hören Sie auf damit! Mag sein, dass Sie sich wie Gott fühlen. Sind Sie aber nicht. Machen Sie sich den alten Satz bewusst: »Bedenke Mensch, dass du Staub bist und zu Staub zurückkehrst.«

Statt in Hochmut zu verfallen, überlegen Sie sich lieber, wie Sie aus dem Staub Sternenstaub machen. Wie Sie gute Spuren im Leben anderer Menschen hinterlassen. Leisten Sie etwas in Ihrem Leben, auf das Sie dann zu Recht stolz sein können.

2. Habgier

Habgier ist klasse! Ohne sie würden wir wahrscheinlich noch als Nomaden durch die Steppe ziehen. Denn sie motiviert uns, etwas haben zu wollen. Erreichen wir es, fühlen wir uns gut. So sah das der Investor Ivan Boesky in den 1980er-Jahren. Bereits mit 49 Jahren hatte er ein Vermögen von 200 Millionen Dollar erwirtschaftet und soll gesagt haben: *»Gier ist übrigens gut. Ich will, dass ihr das wisst. Ich denke sogar, Gier ist gesund. Du kannst gierig sein und dich dabei gut fühlen.«*

Tatsächlich: Der Besitz von Statussymbolen hilft den Menschen dabei, ihren Selbstwert zu definieren – oder aufzupolieren.

Der Volksmund weiß: Haste nix, biste nix. Manch selbst ernannter Reichtum-Guru formuliert sogar sinngemäß: Zeig mir deinen Kontostand und ich sage dir, wer du bist.

Dennoch: So richtig sexy war es lange Zeit in unserer Gesellschaft nicht, als gierig zu gelten. Denn wer gierig ist, verhält sich häufig auch geizig. Auf dem Golfplatz ist schon so mancher Multimillionär ausgerastet, wenn ihm drohte, auch nur fünf Euro zu verlieren. Also wird gepfuscht, getrickst und geflucht, nur um ja keinen Cent zu verlieren. Und das nicht nur auf dem Golfplatz ...

Der massentaugliche Blick auf die Gier änderte sich dann im Jahr 2002. Damals startete der Elektrohändler Saturn in Deutschland einen kommunikativen Kreuzzug. Die Mission: Gier ist keine negative Eigenschaft von reichen Geizkrägen, sondern etwas Gutes. Und zwar für jeden von uns. Der Schlachtruf lautete: »Geiz ist geil«. Er wurde fast ein Jahrzehnt mantraartig gebetet.

Ich selbst finde Geiz und Gier zwar keineswegs geil. Aber ich meine dennoch: Habgier sollten wir nicht einfach nur verteufeln. Denn sie ist für uns Menschen unverzichtbar.

Gier sorgt für Fortschritt

Wer zufrieden ist, ist satt. Und wer satt ist, ist träge. Und große Teile unserer westlichen Zivilisation sind träge. Gier ist der Turbo, der uns von der Lethargie befreit. Wer Karriere machen will, wechselt alle zwei bis drei Jahre den Job. Die Gier nach Wachstum und Profit motiviert die Unternehmen, sich für gute Mitarbeiter und zahlungskräftige Kunden anzustrengen. Neue Produkte zu entwickeln. Technische Innovationen zu entwickeln. Weltweit treten jeden Tag Millionen Menschen dafür an, Fortschritt, Dominanz und finanziellen Erfolg für sich zu verbuchen. Diese Gier hat im Laufe der Jahrhunderte dafür gesorgt, dass der Fortschritt uns zunehmend von den Leiden des Alltags befreit.

Habgier ist also nützlich und sinnvoll. Sorgt für persönliche Befriedigung und hält unsere Wohlstandsmaschine auf Betriebstemperatur. Aber gleichzeitig ist irgendwas faul mit dieser Gier ...

Gier sorgt für Rückschritt

Alle genannten Fortschritte haben auch ihre Schattenseiten. Wer alle zwei Jahre den Job wechselt, kann keine wirkungsvollen Spuren hinterlassen. Denn bis ein Mensch wirklich verstanden hat, wie der Job läuft und wie er Wirkung erzielen kann, hat er die Stelle bereits wieder verlassen. Lebenslaufdesign und Kontostand sind hinter vorgehaltener Hand eben wichtiger als Zugehörigkeit, Loyalität und nachhaltiger echter Erfolg. Und wer im Business nur noch Dollarzeichen in den Augen hat und sich gierig vom Geld steuern lässt, landet eines Tages in dubiosen Grauzonen. Anstand, Fairness und die Tugend des ehrbaren Kaufmanns verkümmern. Es wird betrogen, veruntreut und unfair gehandelt, dass einem die Galle im Hals stehen kann.

Der Wert der Gier ist also ambivalent. Auch für mich persönlich …

Die innere Leere

Der Wecker klingelt. Ich mache die Augen auf und weiß, es wird ein beschissener Tag. Dieses unangenehme Gefühl der inneren Leere. Nicht richtig greifbar. Ein ekelhafter Cocktail aus Angst, Traurigkeit, Wut. »Was willst du eigentlich? Es ist doch alles top. Umsätze laufen. Sonne scheint. Tolle Frau, toller Sohn. Alle gesund!«, versuche ich mir gedanklich gute Laune einzureden. Leider ohne Erfolg. Ich stehe auf. Quäle mich unter die Dusche, schnell einen Kaffee und ab ins Büro.

Das Tagesgeschäft lenkt mich gut von der Leere ab. Bis 16.00 Uhr. Der Kalender zeigt keine weiteren Termine. Und dann packt mich wieder dieses Scheißgefühl der Leere. Ich surfe ziellos durchs Web. Lande auf der Seite eines edlen Schreibwarenherstellers. Bestelle einen Kugelschreiber für 695 Euro. Und ein Gefühl der Euphorie berauscht mich.

Das liegt nun schon fast zwei Jahrzehnte zurück, als ich noch in der Finanzindustrie arbeitete. Der emotionale Kick war natürlich nur von kurzer Dauer. Was für ein absurder Kauf! Heute schäme ich mich fast dafür, dass ich wie ein Junkie hinter dem nächsten Konsumschuss her war. Der Witz an der Sache ist: Ich kann mit dem Luxusteil noch nicht mal gut schreiben. Es ist mir zu massiv. Stattdessen schreibe ich lieber mit einem Tintenroller für zwei Euro das Stück. Aber damals war ich anders drauf. Infiziert von der Gier. Getrieben von einer inneren Leere, auf der ständigen Jagd nach Erfolg. Gier ist kein Selbstzweck. Sie versucht, dieses Gefühl der Leere oder Angst zu betäuben. Die Angst vor Armut. Oder die Sorge, den Anschluss zu verlieren. Diese innere Leere kompensieren wir dann durch Materielles oder andere Formen der Gier.

Gier sorgt für Freud und Leid zugleich. Überlassen Sie ihr also lieber nicht die Herrschaft in Ihrem Leben.

Vor vielen Jahren lernte ich einen Investor kennen. Ich fragte ihn, was ihn motiviere. Er antwortete: »Ich will Milliardär werden!« Ein paar Sekunden Stille. Ich dachte, er würde das weiter kommentieren, also bohrte ich nach: »Und wozu wollen Sie Milliardär werden?« Doch er verstand meine Frage nicht.

Besitz und Geld sind greifbar und deswegen leichte Ziele für die Menschen. Dagegen sind für viele die Bedürfnisse ihrer Herzen und Seelen unbekannte Mysterien. Schwer zugänglich. Und irgendwie weicher, esoterischer Kram. Also arbeiten sie zehn, zwölf, 15 Stunden am Tag, damit sie sich nicht selbst spüren müssen und stattdessen noch mehr verdienen. Wenn Geld und Gier zum Sinn des Lebens werden, gibt es keinen Sinn mehr. Die Gefahr ist dann groß, dass diese Menschen die Bodenhaftung verlieren.

Ausstieg aus der Gesellschaft

Gieriges Verhalten ist menschlich, aber nur an der Oberfläche. Denn tief in jedem von uns stecken ganz andere Bedürfnisse: nach Zugehörigkeit, nach Anerkennung und nach Sicherheit. Egal, ob extro- oder introvertiert, egal, ob Small- oder Wenig-Talker: Jeder von uns braucht einen Clan, zu dem er gehört. Auch Sie. Aber: Wegen der Gier können Sie genau das verlieren, wonach Sie sich in Ihrem tiefsten Inneren sehnen. Und zwar auf gleich mehrere Arten.

Erstens: Gier isoliert

Wer glaubt, mit Habgier und daraus folgendem Wohlstand würde er automatisch fester in der Gesellschaft verankert, der irrt. Denn wenn Sie immer mehr Geld anhäufen, steigen Sie aus der Gesellschaft aus. Sie sind nicht mehr auf Nachbarschaftshilfe oder andere soziale Handlungen angewiesen. Sie bezahlen einfach für das, was Sie brauchen. Geld macht aus sozialen Handlungen kalte Transaktionen. Wer per Anhalter reist, ist darauf angewiesen, dass ein Mensch ihn mitnimmt. Wer Geld hat, mietet sich einfach einen Wagen oder ruft ein Taxi.

Wenn die Gier nach Geld so groß ist, dass sie Ihr Leben steuert, werden Sie blindwütig viel Zeit, Energie und Ressourcen investieren, um Ihr Vermögen immer weiter wachsen zu lassen. Vielleicht gehen Sie eines Tages über Leichen, machen krumme Geschäfte, weil die Gier Sie blind macht. Oder Sie verbringen viel Zeit mit Ihrem Beruf, aber zu wenig Zeit mit echten Freunden, Ihrer Familie und Ihrem Körper – und verlieren, wenn Sie Pech haben, am Ende das, was Ihnen am wichtigsten ist. Denn echte Freunde, echte Liebe und Gesundheit – die bekommen Sie für kein Geld der Welt.

Gier kann Sie in vielen Lebensbereichen isolieren, wenn Sie nach egozentrischem Reichtum lechzen. Wer gierig die sexuellen Spielwiesen außerhalb des Ehebettes sucht, landet vielleicht irgendwann vor dem Scheidungsgericht, wenn der Lebenspartner von den Affären Wind bekommt. Wer gierig nach Anerkennung ist und sich ständig großkotzig ins Rampenlicht stellt, wird eines Tages von den Menschen ignoriert. Wer gierig darauf ist, recht zu haben, findet irgendwann keine Gesprächspartner mehr.

Zweitens: Gier tötet Sinn

Gemeinschaft entsteht nicht, weil eine Gruppe von Menschen dem Geld hinterherrennt. Gemeinschaft entsteht, wenn die Menschen einen gemeinsamen Sinn haben. Einen gemeinsamen Zweck verfolgen. Besonders deutlich wird dies im Wort »Glaubensgemeinschaft«. Die Bewegung *Fridays for Future* hat nicht die Gewinnmaximierung als Ziel, sondern fordert ein nachhaltiges Überleben auf diesem Planeten. Dahinter stecken Gefühle, Emotionen, Interessen. Ein gemeinsamer Glaube, der so stark ist, dass er Hunderttausende Menschen weltweit mobilisieren konnte.

Auch Freundschaften beruhen nicht darauf, dass Sie von anderen profitieren. Freundschaft basiert auf dem Glauben, dass Ihr Freund dann für Sie da ist, wenn Sie ihn wirklich brauchen – und Sie das Gleiche für ihn tun. Liebe funktioniert nicht aufgrund der Gier, möglichst viel vom anderen zu bekommen. Sondern durch das Gefühl von Zusammengehörigkeit. Der Glaube daran, dass es eine gemeinsame Zukunft gibt – und der Weg durch ein Geben und Nehmen geprägt ist. Und wer einen Glauben im Leben hat, findet darin meist auch seinen Sinn.

Drittens: Gier fördert Wettbewerb statt Gemeinschaft

Ich bin verwundert, dass ich dies schreibe. Denn Wettbewerb ist doch gut; nicht nur im Sport. Doch auf Dauer ist Wettbewerb der Weg in eine Sackgasse. Das Wetteifern ist geprägt von dem Motto »Höher, schneller, weiter« – und die Gier hat nicht zum Ziel, das Gemeinwohl und unser Überleben auf diesem Planeten zu sichern. Sondern den persönlichen Profit. Doch wenn wir langfristig als Spezies überleben wollen, brauchen wir mehr Gemeinschaft und Kooperation, ohne gleich im Sozialismus zu landen. Auch in Ihrem Job. Gemeinschaft sollte in Ihrem ganzen Unternehmen das Leitmotiv sein. Kein Feind im eigenen Lager! In meinen Beratungsprojekten erlebe ich jedoch, dass dies oft nur Lippenbekenntnisse sind. Ego-Verhalten sowie Silo- und Abteilungsdenken sind gelebter Alltag.

Und wie sieht es privat aus? Wenn in Ihrem engsten, persönlichen Umfeld nicht Gemeinschaft und Kooperation das oberste Ziel sind, dann wissen Sie, zu welch unschönen Szenarien das führt: Scheidungen, Familienfehden, Erbstreitereien, Rosenkriege bis hin zu Mord und Todschlag.

Was machen wir nun also mit der Gier? Sie sorgt für Freud und Leid zugleich. Statt andere kritisch an den Pranger zu stellen, schauen Sie doch lieber selbst in den Spiegel. So wie ich damals, als ich über den überteuerten Kugelschreiber nachdachte. Natürlich kaufe ich heute immer noch gern ein. Ich leiste mir dann lieber weniger, dafür von guter Qualität, als billigen Schrott, der nicht lange hält. Es ist ein genussvoller Konsum, der nicht mehr dazu dient, meine innere Leere zu füllen. Denn die habe ich dadurch gefüllt, dass ich nicht mehr nur nach außen, sondern auch nach innen lebe und mich verwirkliche.

Wie das gelingen kann, schauen wir uns im Verlauf dieses Buches an. An dieser Stelle eines vorweg: Häufig liegt der wahre Genuss im Verzicht. Eine so einfache Weisheit. Gegen die ich leider immer noch viel zu oft verstoße.

Gegenwart machen: Kontrolliert anspruchsvoll sein

Seien Sie anspruchsvoll im Leben, sonst bleiben Sie weit unter Ihren Möglichkeiten. Doch behalten Sie die Kontrolle über Ihre Anspruchshaltung. Gar nicht so einfach. Denn die Gier trägt viele Gewänder. Seien Sie ehrlich zu sich. Wonach sind Sie gierig: Geld, Ansehen, Positionen, Titel, Macht, Essen, Aufmerksamkeit, Sex, Recht haben ...? Schauen Sie sich an, wenn die Gier die Kontrolle über Ihr Leben übernommen hat. Ist das, was Sie sehen, schön? Souverän? Edel? Oder eher die hässliche Fratze der Gier?

Sie haben die Wahl: Führen Sie Ihr Leben – oder lassen Sie sich von der Gier (ver-)führen?

3. Ausschweifung

In Kopf und Herz sind viele Menschen monogam. Doch machen wir uns nichts vor: Unsere Körper sind auf zügellose Fleischeslust programmiert. Früher mag das noch ein Skandal gewesen sein. Aber sexuelle Ausschweifung – das ist heutzutage nichts Besonderes mehr. In meiner Jugend war es für viele Jungs ein nahezu verbotenes und deswegen umso prickelnderes Abenteuer, den neuesten *Playboy* an der Tankstelle zu kaufen; vor allem dann, wenn die Kassiererin eine hübsche junge Frau war. Aus heutiger Sicht können wir darüber nur müde lächeln.

Jetzt befriedigt bereits die Werbung auf Straßenplakaten unsere Fleischeslust, indem viel nackte Haut verlockende Botschaften sendet. Sex sells. Und wer es noch intensiver will, hat im Zeitalter von Youporn, Tinder & Co. rund um die Uhr Zugriff auf Sexualität. Selbst extreme Fetische sind nur noch ein paar Klicks entfernt. Durch Filme wie *Fifty Shades of Grey* wurden die erotischen Sehnsüchte jenseits der Missionarsstellung für eine breite Gesellschaft zugänglich gemacht – und damit endgültig enttabuisiert. Alles ist möglich und machbar. Extreme gibt es nicht mehr. In einer freien Gesellschaft soll sich gefälligst jeder entfalten können, wie er will. Erst recht sexuell.

Aber bedeutet das wirklich, dass es keine Tabus und also auch die Ausschweifung nicht mehr gibt?

Mach mich fertig

»Ich weiß nicht, was ich machen soll.« Verzweifelt schaut mich der gestandene Mann an. Bisher drehte sich im Coaching alles um seine Fähigkeit, wirkungsvoller zu führen. Doch heute geht es um ihn und sein Leben. »Ich soll 20 000 Euro bezahlen, sonst stellen sie das Video ins Internet und informieren meine Firma.« Das Video hat Sprengkraft. Es zeigt ihn im Lederoutfit in eindeutigen Posen und bei peinlichen Praktiken.

»Ich weiß auch nicht, wie ich da reingerutscht bin. Es fing damit an, dass ich für eine Studentin eine Wohnung in München mietete und dafür mit ihr eine sexuelle Affäre hatte. Es folgten Besuche bei Prostituierten. Und dann landete ich bei einer Domina. Diese Drogen und diese Videos – sie machen mich einerseits geil …« Er hält inne. Ich setze seinen Satz fort: »… und andererseits zerstören sie Ihr Leben.«

Per Anwalt und Privatdetektiv konnten wir damals das Gröbste vermeiden. Doch die Ausschweifungen forderten ihren Preis: Scheidung. Konflikte mit den Kindern. Und zunehmende gesundheitliche Probleme.

Eindeutig ist unsere Haltung zur Fleischeslust keineswegs. Vielleicht finden Sie die Abenteuer des Herrn unerträglich. Vielleicht ist aber auch eine lebenslange Monogamie die eigentliche Ausschweifung für Sie. Wenn wir genauer hinsehen, tun sich in unserer vermeintlich sexuell freizügigen Gesellschaft plötzlich doch noch Tabus auf. Deutlich wird das bei so etwas Profanem wie unserer Kleidung. Gehen wir an eine deutsche Schule. Sommer. Die Mädels wählen bauchfreie Shirts, enge Tops mit Dekolleté, knappe Miniröcke oder Leggings, die nicht nur hauchdünn, sondern auch noch halbdurchsichtig sind.

Dürfen wir die Persönlichkeitsrechte einschränken und bestimmte Kleidungsstücke an Schulen verbieten? Bisher war die Meinung in Deutschland: Nein. Ich bin jedoch anderer Meinung. Wenn junge Mädchen – im Kopf noch halb Kind, körperlich bereits eine Frau – in der Schule zu knappe Kleidung tragen, lenkt das die Aufmerksamkeit auf die falschen Themen. Unser Körper spricht eine Jahrhunderttausende alte Sprache. Und die ist auf Fortpflanzung und Arterhaltung getrimmt. Fleischeslust hat im Schulalltag nichts zu suchen. Das ist eine Frage von etwas nur scheinbar ganz Altmodischem: von Anstand und Sitte.

Aber die scheinen auch auf den Spielwiesen der Älteren nicht eindeutig definiert zu sein. Ich erinnere mich an einige Unternehmen, in denen die Männer trotz brütender Sommerhitze lange Hosen und Hemden im Büro tragen. Gleichzeitig erscheinen zahlreiche Frauen im zu kurzen Rock, mit zu tiefem Dekolleté oder zu engen Kleidern, die wie ein Hauch von nichts jedes Körperdetail nachzeichnen. Diese Art der Garderobenwahl überschreitet im Einzelfall eindeutig die Grenze zwischen Professionalität und Erotik. Dabei wette ich: Im Stillen weiß jede Frau auf den Zentimeter genau, wie viel Ausschnitt und wie viel Bein zu welchem Anlass angemessen sind. Auch im Büro ist die Garderobenwahl keine Frage von Zwang und Vorgaben, sondern von gesundem Menschenverstand: Will ich sexuelle Reize aussenden oder mich professionell verhalten?

Besonders spannend finde ich, dass im Trubel der sexuellen zwischenmenschlichen Möglichkeiten die Technik zu völlig neuen Tabus führt. Denn es gibt Menschen, die Lust darauf haben, eine

Gummipuppe zu vögeln. In Barcelona hat 2017 dazu das erste Bordell eröffnet, in dem die Freier sich mit Sexpuppen vergnügen. Wenn Sie nach solchen Puppen googeln, werden Sie sehen, dass einige von ihnen einem echten Menschen bereits zum Verwechseln ähnlich sehen.

Der Hersteller Realdoll hat bereits eine »ai-driven robotic doll« auf den Markt gebracht. Sie ist mit künstlicher Intelligenz ausgestattet und soll laut Werbevideo zum perfekten Lebensbegleiter der Kunden werden. Per App lassen sich dazu sogar unterschiedliche Charaktere in die Puppen laden. Auf Knopfdruck wechselt der Partner. Schöne neue Welt.

In einer regulierten Welt brauchen wir auch mal den Ausbruch – aber mit Augenmaß und einer vernünftigen Unvernunft.

In naher Zukunft werden wir es normal finden, dass Menschen mit Maschinen Sex haben. Sich in sie verlieben. Sie heiraten. Doch wohin führt das, wenn Sexpuppen wie Sklaven Befehle ausführen und alles dafür tun, um den Besitzer zu befriedigen? Wenn ein Mensch keine Widerworte mehr bekommt und in der Illusion lebt, dass eine Mensch-Puppe devot das macht, was er von ihr will?

Es soll sogar heute schon Paare geben, die gar nicht zusammen, sondern lieber in getrennten Städten leben wollen. Die sexuelle Befriedigung geben sie sich per Videochat und fernsteuerbarem Sexspielzeug. Auch in Japan boomt die Sexindustrie. Gleichzeitig haben die Menschen immer seltener echten Sex mit einem Menschen. Rund die Hälfte der Männer und Frauen unter 25 Jahren hatte noch nie Sex.[2] Das geht so weit, dass es in Japan mittlerweile Seminare gibt, in denen Männer wieder lernen, wie sie mit einer leibhaftigen Frau Sexualität erleben können.

Zügellose Ausschweifungen der anderen Art

Wir sind trotz – oder gerade wegen – all der Freizügigkeit und gefallenen Tabus heute sexmüde. Und überhaupt viel prüder, als es die Gesellschaft zum Beispiel während der Hippiejahre war. Werbung gilt heutzutage als sexistisch und diskriminierend, wenn sie zu erotisch ist. Vulgäre Worte wie *Fuck* oder *Shit* werden in Videos und Interviews durch einen Piepton ersetzt.

Vielleicht hat die moderne Ausschweifung das Sexuelle deswegen längst verlassen: Sie mutierte von der reinen Fleischeslust zu einer allgemeinen Genusssucht. Zum Beispiel in unserem Umgang mit Lebensmitteln:

1. Allein in Deutschland landen jedes Jahr zwölf Millionen Tonnen Lebensmittel im Müll. Moralisch ein Schlag ins Gesicht, denn es leiden 690 Millionen Menschen auf der Welt an Hunger, die unseren »Müll« gut gebrauchen könnten. Und wir schmeißen mit den Lebensmitteln rund 20 Milliarden Euro einfach weg.[3]
2. Kürzlich erzählte mir mein Friseur von einer Kundin: »*Sie hat sich beschwert, wie faul und empfindlich ihre drei Kinder sind. Sie muss für jeden etwas anderes kochen. Der eine mag keine Pilze. Der andere keine Tomaten. Und die Tochter hasst Zwiebeln. Ich sagte ihr: Warum kochst du für jeden einzeln? Bei uns wurde gegessen, was auf den Tisch kam.*« Wie recht er hat. Doch in einigen Haushalten ist den Kindern bereits egal, was auf den Tisch kommt. Im Zweifel bestellen sie sich einfach per Handy eine Pizza.
3. Ich bin letzten Sommer morgens durch den Stadtpark gelaufen. Die Leute hatten am Vorabend scharenweise gegrillt und das schöne Wetter genossen. Neben einem Mülleimer sah ich offene Packungen voll mit ungegrillten Würsten und Steaks. Diese Form der ungehemmten Fleischeslust der anderen Art ist einfach nur ekelhaft. Es fehlt jeglicher Respekt vor den Tieren, die ihr Leben in einer industriell perfektionierten Schlachtanlage gelassen haben. Wir müssen nicht alle Vegetarier werden. Aber gelebter Respekt vor anderen Lebewesen oder einfach nur Dankbarkeit für Nahrung im Allgemeinen wäre ein großer Fortschritt für die Menschheit – anstatt das Fleisch einfach wegzuschmeißen.

Abstumpfung sorgt für Gefahr

Die Ausschweifung ist also keineswegs ausgestorben. Sie existiert in veränderter Form überall und ist vielleicht mächtiger, als es die Fleischeslust in Reinform je war. Ausschweifung und Genusssucht sind zur Normalität unseres Lebens geworden. Ob beim Sex, unserer Kleidung oder in der Art, wie wir uns ernähren: Wir verschieben bewährte Grenzen und setzen immer neue Maßstäbe. Oft merken wir dabei gar nicht, wie die Klauen der Ausschweifung uns immer mehr ins Verderben ziehen.

Beispiel Alkohol: eine tödliche Droge. Doch wer bei Geburtstag, Karneval & Co. nicht mit anstößt, gilt als Spielverderber. Alkoholfreies Bier als Memmengetränk. Laut Bundesgesundheitsministerium saufen 6,7 Millionen Menschen in einem gesundheitlich riskanten Maß. Rund 1,6 Millionen Menschen gelten als Alkoholjunkies. Jeder Deutsche konsumiert im Schnitt rund zehn Liter reinen Alkohol pro Jahr. Der Preis: etwa 21 000 Tote pro Jahr allein in Deutschland. Auf der Welt sind es laut Weltgesundheitsorganisation sogar drei Millionen. Mit Gewalt, psychischen Problemen, Unfällen und Folgeerkrankungen wollen wir gar nicht erst anfangen. Und so schlägt die Ausschweifung mit Alkohol allein in Deutschland mit 40 Milliarden Euro pro Jahr zu Buche.[4]

Jeder Trend hat einen Gegentrend

Doch es formiert sich Widerstand. Einige Menschen verfallen ins andere Extrem: Sie ziehen die Zügel an. Statt Ausschweifung übernimmt die totale Selbstbeschränkung die Kontrolle: der Minimalismus. Der Verzicht auf Lust wird zur Lust auf Verzicht. Wenn auch noch der Hochmut Einzug erhält, werden diese Menschen zu überheblichen Moralaposteln. Sie kritisieren die zügellose Ausschweifung und wollen ihren asketischen Verzicht als Lebensstandard für alle erzwingen.

Doch Lebensfreude braucht auch das Ausschweifende. Wer sich nur noch zügelt und ständig einschränkt, hat am Ende kein Leben mehr. Zum Leben gehört auch der Genuss, und der erfordert ein gewisses Maß an Risiko. Wahrer Genuss braucht den Schuss Sünde, damit es ein intensives Erlebnis für uns wird. Ohne die spürbare Sünde, dieses ungehemmt Zügellose, würde der Genuss zum langweiligen Konsum verkommen. Wenn es etwas zu feiern gibt und der Alkohol fließt, dann war es nur dann ein richtiges Gelage, wenn uns am nächsten Tag ein heftiger Kater leiden lässt.

Was machen wir also mit der Fleisches- und Genusssucht? Das Leben ist kurz. Also sollten Sie aus dem Vollen schöpfen und Gas geben. Doch wenn Sie zügellos konsumieren, werden Sie daran zugrunde gehen. Das ist nur eine Frage der Zeit. Wenn Sie sich jedoch als Alternative zügeln, also weder Genuss wollen noch Risiken eingehen, dann erleben Sie nichts mehr. Und wer nichts erlebt, lebt auch nicht. Geht also ebenfalls zugrunde.

Picken Sie sich lieber das Beste aus beiden Welten heraus. Verausgaben Sie sich unvernünftig intensiv, aber übertreiben Sie es nicht. Wir leben in einer regulierten Welt, da braucht es auch einmal einen Ausbruch, damit wir nicht durchdrehen. Sie werden den Ausbruch jedoch nur dann genießen können, wenn er etwas Besonderes ist. Es ist wie bei einer guten Party: Feiern Sie ordentlich mit – und gehen Sie dann, wenn es am schönsten ist.

Mit anderen Worten: Leben Sie eine vernünftige Unvernunft.

Gegenwart machen: Fleischeslust im Griff halten

Wer die Wahl aus vielen Möglichkeiten hat, trägt auch die Verantwortung seiner Entscheidung. Mein Hund fängt an zu sabbern, wenn der volle Fressnapf vor ihm steht. Und er dreht durch, wenn er eine läufige Hündin riecht.

Doch Sie sind kein Hund. Sie gehören zur selbst ernannten Krönung der Schöpfung. Sie können vor dem vollen Napf stehen und sabbern – und trotzdem die Entscheidung treffen, nicht zuzuschlagen.

Also: Nehmen Sie die Zügel wieder in die Hand. Gönnen Sie sich im Leben intensive Momente. Doch das richtige Maß, um eine vernünftige Unvernunft zu leben, liegt in Ihren Händen.

4. Zorn

Wir sitzen in unserer heiß gelaufenen Gesellschaft auf einem Pulverfass. Es wird wahnsinnig schnell unterhalb der Gürtellinie ausgeteilt. Da ist so viel Zorn, so viel aufgestaute Emotion. Es fehlt nur noch der letzte Funke, damit es knallt. Kein Wunder: Es gibt viele gerechtfertigte Gründe für Unzufriedenheit. Schließlich läuft nicht alles rund in unserem Land. Was soll also daran auszusetzen sein, wenn Sie Ihren Unmut darüber ausdrücken und zornig sind? Schließlich wurde schon in alten Zeiten vom Zorn Gottes gesprochen, der den Menschen zwar hart, aber zu Recht traf.

Ich finde: Der Zorn ist nicht das Problem. Doch unter seinem Deckmantel verbirgt sich etwas anderes, viel Gefährlicheres: die wahre Todsünde hinter dem Zorn.

Der Spiegel

Ich fahre mit dem Auto durch Köln. Parkende Autos an beiden Straßenseiten verengen die Fahrbahn. Ich befinde mich bereits in diesem »Tunnel«, da kommt mir ein Fahrzeug entgegen. Wartet nicht, bis ich aus der Verengung raus bin. Sondern quetscht sich ebenfalls rein. »Das geht auf keinen Fall gut«, denke ich mir noch, als es laut kracht. Das andere Auto zerdeppert meinen Spiegel. Fährt jedoch ungebremst einfach weiter.

Adrenalin schießt in meine Adern. »Was für ein Arsch«, platzt es aus mir heraus. Haue auf die Bremse. Biege spontan in eine Einfahrt. Setze zurück. Will drehen. Dem Täter folgen.

Ein lautes Hupen. Ich trete auf die Bremse. »Alter Schwede, das war knapp«, schießt es mir durch den Kopf. Beinahe wäre ich in ein anderes Auto gefahren, das um die Kurve kam …

Blinde Wut

Wenn wir genauer hinschauen, ist es nicht der Zorn, der uns blind macht. Unter seinem Deckmantel lauert die Wut. Sie ist viel gefährlicher. Taucht plötzlich auf. Wie ein intensiver Vulkanausbruch spuckt die Wut dabei eine ordentliche Portion Aggression aus. Wut ist negative Energie pur. Und zwar so viel, dass wir sie nicht kontrollieren können und uns rückblickend selbst erschrecken, wie hässlich wir uns verhalten haben. Wut ist wie ein ohnmächtiger Zorn, der uns zu unkontrollierten Handlungen treibt.

Während der Coronapandemie ging ein Video durch die sozialen Medien. Es wurde während der nächtlichen Ausschreitungen in Stuttgart aufgenommen. Im Video sehen Sie einen Polizisten, der einen der Rabauken auf dem Boden fixiert. Von hinten nähert sich ein anderer Randalierer. Aus vollem Laufschritt springt er mit gestrecktem Bein in den Polizisten. Tritt ihn mit voller Brutalität weg. Die Randalierer waren ein Mob, dessen Wut sich immer weiter auftürmte. Die daraus entstehende Gewalt verletzte Menschen, zerstörte Schaufenster und plünderte Geschäfte.

Wie kommt es zu solchen Ausbrüchen? Wut braucht einen Auslöser. Meist ist das eine Form der Kränkung. So wie durch den Fahrer, der meinen Spiegel abriss und einfach weiterfuhr. Die Wut kochte sofort in mir hoch und übernahm die Kontrolle über meine Handlungen. Ohne nachzudenken auf die Bremse treten, drehen und dabei im Eifer des Gefechts beinahe einen Unfall verursachen. Wut motiviert uns dazu, dass wir uns rächen wollen. Wir streben nach Vergeltung. Wollen, dass der andere dafür büßt.

Zeitalter der Wut

Wir leben in einer Zeit, in der unsere Gesellschaft lauter Wutmenschen heranzüchtet. Schauen Sie einmal in die Nachrichten. Ständig sind Menschen *entsetzt*. Hier ein paar Schlagzeilen: Olympiastar zieht ins Dschungelcamp: Seine Kinder sind mehr als *entsetzt*. Viele Bürger sind *entsetzt* über knappes Votum zur Westumfahrung. Bildungsbehörde über Unterrichtsmaterial *entsetzt*. Wenn wir ständig wegen jeder Kleinigkeit entsetzt sind, nährt das die schwelende Wut unter den braven Bürgern. Verschärft wird dieser Schwelbrand durch den Meinungsfanatismus, den wir bereits diskutiert haben. Wer seine eigene Meinung zur absoluten Wahrheit erhebt, kann ja nur von einem Wutausbruch in den nächsten geraten, da alle anderen ständig falschliegen und die absolute Wahrheit mit Füßen treten. Es werden Fake News geteilt, ohne sie zu hinterfragen. Jeder lebt nur noch in seiner eigenen Realitätsblase. Sieht die Welt entweder schwarz oder weiß. Und so beginnt der verbale Krieg.

Gefahr der Gutmenschen

Wie also der Wut entkommen? Manche Menschen flüchten sich ins andere Extrem und werden zum Gutmenschen. Friedlich muss es zugehen. Bloß nirgendwo anecken und immer brav *Ja* und *Amen* sagen. Das klingt zwar deutlich zivilisierter und mag auf den ersten Blick auch hilfreicher für unsere friedliche Koesistenz sein. Doch die Sache hat einen Haken: Denn als Gutmensch werden Sie gern von anderen ausgenutzt. Ihre mangelnde Fähigkeit zum Konflikt ist Ihre Schwäche. Da Sie den Konflikt meiden, sagen Sie viel zu selten *Nein*. Und so ertrinken Sie in Hilfs- und Unterstützungsgesuchen Ihrer Mitmenschen. Als Gutmensch wollen Sie natürlich allen helfen. Doch tief im Inneren wissen Sie: Die anderen Menschen instrumentalisieren Sie nur für ihre Zwecke. Und Sie bleiben auf der Strecke.

Und so sind die Gutmenschen zwar nach außen gutmütig. Doch innerlich kann es auch bei ihnen zu einem wütenden Schwelbrand kommen. Das Rheingold-Institut bescheinigte Deutschland eine noch nie beobachtete Wut: Im Jahr 2017 sagte Stephan Grünewald, Leiter des Instituts, in einem Interview mit dem *Spiegel*: »Ich habe solches Toben und Wüten, so viel Hass unter den Probanden noch nie erlebt.«[5] Und diese Schwelbrandwut ist mindestens genauso gefährlich wie die offensichtliche aggressive Wut.

Negativer Zorn, Wut und Hass sind einfach. Seien Sie lieber anspruchsvoll und werden Sie zum Mutmenschen.

Selbst in friedlichen Bewegungen wie *Fridays for Future* entwickeln sich irritierende Verhaltensweisen. Bei einer Demo stellen die Demonstranten einen SUV-Fahrer bloß. Verhöhnen ihn. Machen Fotos. Der Fahrer schaut starr nach vorne, schirmt mit einer Hand das Gesicht ab.

Es ist offensichtlich: Er fühlt sich nicht wohl in seiner Haut. Der Mob ergötzt sich daran, wie dem Fahrer eingeheizt wird. Keiner macht den Mund auf und gebietet dem Treiben ein Ende.

Solche Explosionen können tödlich sein. Als in Frankreich im Jahr 2020 ein Lehrer von einem islamistischen Attentäter auf offener Straße geköpft wurde, explodierten sowohl die Wut- als auch die Gutmenschen. Zehntausende solidarisierten sich mit dem Mordopfer und zogen friedlich in Demonstrationen für die Meinungsfreiheit durch französische Städte. Gleichzeitig richteten Zehntausende Menschen in Bangladesch und vielen anderen Ländern ihren Unmut gegen Frankreich. Einige verbrannten sogar Bilder von Präsident Macron, der das Attentat aufs Schärfste verurteilt und einen konsequenten Kampf gegen den islamistischen Terror versprochen hatte. Ataur Rahman, Vertreter der Partei »Islami Andolan«, die die Proteste in Bangladesch organisierte, forderte die dortige Regierung auf, den französischen Botschafter auszuweisen. Ansonsten, so Drohstimmen, würden die Demonstranten »jeden Ziegelstein« der Botschaft »niederreißen«.[6]

Was also tun, um der wahren Todsünde, der blinden Wut, zu entkommen? Wir sprachen bereits über die Tendenz, dass sich immer mehr Minderheiten zu diskriminierten Opfern erklären und nach Gerechtigkeit rufen – und persönliche Meinungen zu quasireligiösen Wahrheiten erhoben werden. Doch die Welt ist nicht schwarz oder weiß. Wo sind die Farben geblieben? Das Hinterfragen? Das konstruktive Miteinander-Streiten? Warum säen wir so viel Hass? Respektieren uns so wenig? Es ist zum Verzweifeln.

Am besten halten wir inne, atmen tief ein und aus und entspannen uns: Denn weder Sie noch ich können die Welt retten. Aber wir können *uns* ändern.

Überlebensrezept des Menschen

Der Mensch ist nicht das stärkste Tier auf diesem Planeten. Im Gegenteil: Tiger, Schlangen oder einfach nur ein kleiner Virus reichen aus, um uns zu töten. Und trotzdem hat es der Mensch geschafft, sich in 300 000 Jahren durch all die Widrigkeiten und Lebensgefahren zu manövrieren. Dieser Erfolg war nur möglich, weil unsere Vorfahren zwei Eigenschaften besaßen: Intelligenz und Kooperationsbereitschaft. Klug sein und zusammenarbeiten. Ob bei der Jagd oder der Kindererziehung, ob im Büro oder in der Familie – wenn Sie Ihren Kopf besonnen einsetzen und mit den Menschen in Ihrem Umfeld kooperieren, sorgt das für die besten Lösungen.

Mein Wutausbruch wegen des abgefahrenen Spiegels liegt bereits viele Jahre zurück. Ich habe mich entschieden, den Wutmenschen in mir zu verbannen. Denn Wut ist das Bekenntnis der eigenen Hilflosigkeit. Lassen Sie doch Ihren Wutmenschen ebenfalls hinter sich. Den Gutmenschen können Sie gleich mit rauswerfen.

Werden Sie lieber zum Mutmenschen. Halten Sie dabei Ihren Zorn ruhig am Leben – doch setzen Sie ihn bewusst ein.

Der gerechte Zorn

»Ich will mit denen nichts mehr zu tun haben«, fährt es dem Unternehmer aus dem Mund. Wir haben uns in seine Berghütte für ein paar Tage Coaching zurückgezogen. Es ist schon spät. Das Feuer im Kamin knistert. Die zweite Flasche Wein ist fast leer. »Meine Eltern haben mir durch ihre Kälte so verdammt wehgetan. Haben immer nur auf meine Scheißnoten geschaut. Waren nur stolz auf meine Leistung. Haben mich ständig kritisiert. Dieses beschissene Flüstern hinter meinem Rücken.«

Sein Körper verspannt sich. Dann laufen Tränen. Er verdeckt sein Gesicht mit den Händen. Sein Körper zuckt unter dem Schmerz, der aus ihm herausbricht. »Bald verrecken sie«, schluchzt er, »dann ist mir das scheißegal.«

Dieses Gespräch werde ich nie vergessen. Wir waren nachmittags ein paar Stündchen wandern, und der Abend verlief entspannt. Doch irgendwann brach der Zorn aus ihm hervor. Denn seine Eltern hatten ihm aus seiner Sicht eine gefühlskalte Kindheit beschert. Er sah zwar, dass er dadurch ein hohes Leistungsmotiv entwickeln konnte. Zudem hatten seine Eltern ihm finanziell viel ermöglicht. Doch das beruhigte ihn nicht. Der Schmerz saß zu tief.

Der Zorn des Mannes war an jenem Abend in der Berghütte gewaltig. Aber anders als bei blinder Wut war er nicht darauf aus, andere zu verletzen. Der Zorn half ihm dabei, Klarheit zu finden. Denn seine Eltern verhielten sich nicht nur in seiner Kindheit gefühlskalt; sie waren es das ganze Leben.

Seit dem Abend in der Hütte begann der Unternehmer, sich genauso wie seine Eltern zu verhalten: Er rief nicht an. Schrieb keine Karten. Lud nicht zum Essen ein. Er akzeptierte, dass seine Eltern nicht seinem Bild einer warmherzigen Familie entsprechen. Dass sie einfach anders sind als er. Trotz des Schmerzes machte er sich auf den Weg, ihnen zu verzeihen. Der Zorn half ihm dabei, den emotionalen Ballast immer mehr hinter sich zu lassen.

Eingangs sprachen wir vom gerechten Zorn Gottes. Er traf den Menschen hart, aber gerecht. Aber der Zorn ist keine Wut. Wut ist unkontrolliert. Wut ist aggressiv. Wut sinnt auf Rache. Wut nimmt in Kauf, andere Menschen zu verletzen.

Zorn ist anders. Zorn ist gerecht. Zorn sinnt nicht auf Rache, sondern strebt im weitesten Sinn nach Harmonie. Das bedeutet nicht Friede, Freude, Eierkuchen. Zorn kann auch dazu führen, dass beide Seiten akzeptieren, dass es keine Einigkeit gibt – und trotzdem friedlich auseinandergehen. Der Zorn gibt uns die Kraft, auf den Tisch zu hauen und Missstände endlich und ein für alle Mal zu klären. Wie bei einem Gewitter kann ein reinigendes Donnerwetter sehr befreiend sein.

Gegenwart machen: Friedlichen Zorn nutzen

Wenn Sie wegen jeder Kleinigkeit in Hass und Wut geraten, verschwenden Sie kostbare Lebensenergie und werden zu einem hässlichen Menschen.

Das heißt nicht, dass Sie sich alles gefallen lassen sollen. Seien Sie zornig, wenn es einen Missstand gibt, den Sie so nicht hinnehmen können. Der Ihren Werten widerspricht. Dann ist Ihr Zorn sogar edelmütig, da er selbstlos ist und nicht nur Ihrem Ego dient.

Aber rutschen Sie nicht in den negativen Zorn: die Wut, den Hass. Achten Sie auf die Art und Weise, wie Sie Ihren Zorn kanalisieren. Der Ton macht die Musik. Auch der Zorn Gottes hatte nicht das Ziel, die Verbindung zu den Menschen zu zerstören. Zorn dient dazu, dass alle Beteiligten voneinander lernen können. Und denken Sie daran: Die Schwester des Zorns trägt den Namen »Vergeben und verzeihen«.

5. Maßlosigkeit

Wollen Sie die volle Selbstverantwortung für Ihr Leben? Die Antwort scheint klar. Wer will schon die Verantwortung für sein Leben abgeben?

Doch beantworten Sie die Frage nicht voreilig mit »Ja«. Schauen Sie sich mit mir die Frage genauer an – und lassen Sie mich Ihnen erklären, was diese Selbstverantwortung für mich mit Maßlosigkeit zu tun hat.

Selbstverantwortung – was bedeutet das überhaupt? Picken wir zunächst das Wort »Verantwortung« raus. Was verstehen Sie darunter? Halten Sie kurz inne und denken Sie darüber nach. Meine Definition lautet: Verantwortung ist die Pflicht, in jeder Situation aus verschiedenen Handlungsoptionen zu wählen und die Konsequenzen zu tragen. Selbstverantwortung betont, wer diese Pflicht hat: nämlich Sie selbst, und zwar für Sie selbst. Und niemand anderes. Und für niemand anderen.

Zweite Frage: *Können* Sie die volle Selbstverantwortung für Ihr Leben übernehmen?

Auch hier scheint die Antwort offensichtlich zu sein. Denken wir dennoch einen Augenblick darüber nach: *Können* fragt danach, ob Sie die notwendigen Fähigkeiten und Informationen besitzen. Doch wofür? Da Sie dieses Buch lesen, gehe ich davon aus, dass Sie ein erfülltes, erfolgreiches und vor allem selbstbestimmtes Leben führen wollen. Je nachdem, was Sie darunter verstehen, werden Sie sich auf Ihrem Lebensweg unterschiedliche Fragen stellen: Wie führe ich eine glückliche Ehe? Wie ziehe ich Kinder zu eigenständigen Erwachsenen groß? Will ich überhaupt Kinder haben? Wie sorge ich dafür, dass ich auch im Alter vital und gesund bleibe? Wie stelle ich sicher, dass ich langfristig am Arbeitsmarkt gebraucht werde? Wo und wie investiere ich am besten, um meine Altersvorsorge sicherzustellen? Wie löse ich Konflikte mit Familienmitgliedern? Wie grenze ich mich von anderen ab und sage auch mal »Nein«? Wie komme ich aus dem beruflichen Hamsterrad raus?

Aber heißt die Antwort auf diese Fragen immer Selbstverantwortung? Oder erwarten Sie insgeheim manchmal, dass die Verantwortung dafür bei anderen liegt und auch liegen soll?

Denken Sie einen Moment an Menschen aus Ihrem Umfeld, die aktuell in einem Tal der Tränen feststecken und die volle Selbstverantwortung für ihr Leben *nicht* übernehmen wollen. Alles ist viel zu anstrengend. Und natürlich sind immer die anderen schuld. Die Verantwortung schieben diese Menschen von sich. Sie rufen nach dem Staat, dem Chef, dem Ehepartner, den Nachbarn, der Zahnfee – irgendwer »muss« ihr Problem lösen.

Und bei Ihnen? Ist Ihre Erwartungshaltung so viel anders?

Ich glaube, wir sind alle längst mehr oder weniger von diesem »Das Problem müssen andere für uns lösen«-Virus befallen und lassen uns von ihm in maßloser Weise mehr und mehr unser Leben diktieren.

Verblendete Anspruchshaltung

In unserer modernen Kunstwelt haben wir uns durch Fortschritt und Wohlstand einlullen lassen. In einer Welt, in der alles in Unmengen verfügbar ist. In der es kein Limit gibt. In dieser Traumwelt hat sich ein maßloses Anspruchsdenken breitgemacht. Wir sind infiziert von einem wahnhaften Perfektionismus: unserer Anspruchshaltung, dass alles für uns geregelt, kontrolliert und gelöst wird.

Ich selbst bin anspruchsvoll und will bei meiner Arbeit hohen Qualitätsansprüchen genügen. Qualität kommt von Qual. Deswegen quäle ich mich auch, um immer besser zu werden. Es sind eben die Kleinigkeiten, die am Ende den Unterschied zwischen Mittelmaß und Spitzenleistung ausmachen. Deswegen lege ich auch Wert auf Qualität, wenn ich Kunde bin – aber erlebe dabei manchmal auch schon diese Maßlosigkeit.

Das darf nicht sein

Kürzlich habe ich mir einen Traum erfüllt und ein Rudergerät gekauft. Handgefertigt. Aus nachhaltig gewonnenem Nussbaumholz. Ein meisterhaftes Stück anspruchsvoller Manufakturarbeit. Ich sitze das erste Mal auf dem Gerät. Nehme den Handgriff. Fange an zu rudern. Und fasse es nicht: Der Gurt hat eine kleine Beschädigung. Wie eine Laufmasche in einem Pullover. Nichts Schlimmes. Aber optisch ein Graus.

Ich bin genervt. Die anspruchsvolle Stimme im Hinterkopf ruft: »Bei dem Preis darf so etwas nicht sein.« Dann meldet sich die Vernunft: »Das Gerät funktioniert doch.« Ich gebe zu, dass es mir schwerfällt, mich nicht zu beschweren. Aber ich fühle auch die Maßlosigkeit einer solchen Beschwerde und trage es mit Humor.

Unser modernes Leben macht uns maßlos. Ob neues Fernglas, Kaffeemaschine oder Vibrator – wir recherchieren stundenlang im Netz, um mithilfe all der Tests und Empfehlungen am Ende das perfekte Produkt zu finden. Abends hängen wir wie Junkies auf dem Sofa, scrollen stundenlang durch belanglosen Schwachsinn und schauen uns die Leben anderer Menschen auf Social Media an, während wir passiv vor uns hin vegetieren. Neugier und unsere Sehnsucht nach Anerkennung und Belohnung treiben uns immer wieder in die digitale Welt, in der Hoffnung, dort das zu finden, was wir im realen Leben nicht allein hinbekommen. Wir haben schon längst jegliches Maß und die Mitte verloren.

Wir lassen uns durch solche Nebensächlichkeiten ablenken von dem, was eigentlich der wahre Wert, das wahre Maß in unserem Leben sein sollte: unsere Freiheit. Die wissen wir anscheinend nicht mehr wirklich zu schätzen. Seit rund 80 Jahren sind alle westlichen Generationen in Freiheit aufgewachsen. Eine lebensbedrohliche Krise gab es nicht. Freiheit musste nie mit Blut erkämpft werden.

Sie war so selbstverständlich wie Leitungswasser. Einfach Hahn aufdrehen – und da ist sie.

Das eigentliche Problem

Wir haben unglaublich hohe Ansprüche an das, was andere Menschen leisten sollen. Wollen Qualität, ständig irgendetwas Neues, Lieferung am nächsten Tag. Doch diese Maßlosigkeit trifft gleichzeitig auf die mangelnde Bereitschaft, Verantwortung für das eigene Leben zu übernehmen. Die Fähigkeit zur Selbstführung ist bei vielen Menschen völlig verkümmert. Per Definition müssten alle Menschen ab dem 18. Lebensjahr Erwachsene sein. Aber nur ein kleiner Teil hat sich zu reifen Erwachsenen entwickelt.

Der Unterschied zwischen einem Erwachsenen und einem reifen Erwachsenen ist, dass der Reife die volle Verantwortung für sein Leben übernimmt – und der (kindliche) Erwachsene nicht. Und so verkindlicht unsere Gesellschaft. Statt mündige und aktive Staatsbürger haben wir viel zu viele Weicheier mit einer ausgeprägten Opfermentalität.

Kein Wunder also, dass das maßlose Anspruchsdenken wächst, dass jemand anderes die eigenen Probleme lösen soll. Statt Selbstführung wollen sich immer mehr Menschen führen lassen. Ein gefundenes Fressen für gewiefte Politiker, die ihre Gunst der Stunde wittern. Sie greifen den Schrei nach Hilfe auf und bieten die willkommene Lösung: Papa Rechtsstaat als verantwortungsvoller Beschützer und Mama Sozialstaat als wärmender Schoß der Behaglichkeit.

Und so können Sie im Jahr 2021 im Programm einer Partei folgenden Satz lesen: »Wir begreifen es als unsere Aufgabe, bessere Regeln zu schaffen, nicht den besseren Menschen.« Das hört sich harmlos und irgendwie liberal an, aber das täuscht. Denn dahinter steckt ein Ausdruck des Misstrauens gegenüber den Menschen: die Annahme, dass der kindliche Bürger völlig überfordert wäre, wenn er sich bei jeder Entscheidung korrekt verhalten müsste. »Korrekt« im Sinne eines Beitrags für den gesamtgesellschaftlichen Wohlstand. Statt Freiheit, Selbstverantwortung und eigener Lebensführung scheint deshalb nun die Zeit der Vormundschaft durch den starken Staat gekommen.

Die maßlosen Forderungen und Ziele in jenem Parteiprogramm zeichnen das Bild eines Henkers, der mit der Axt unsere Freiheit zerstören will. Es droht eine Lawine von Gesetzen: Selbstbestimmungsgesetz, Demokratiefördergesetz, Hinweisgeberschutzgesetz, Rüstungsexportkontrollgesetz, Bundesinklusionsgesetz, Entgeltgleichheitsgesetz, Einwanderungsgesetz, Cannabiskontrollgesetz, Barrierefreiheitsgesetz – bis zum Bundesantidiskriminierungsgesetz.

Letzteres gibt es in Berlin bereits als Pilotprojekt. Klar, nach wie vor werden Menschen zum Beispiel aufgrund von Aussehen oder Herkunft diskriminiert. Dagegen müssen wir uns als respektvolle Gesellschaft wehren. Doch in Berlin zieht der Rechtsstaat seiner Polizei die Zähne. Bisher weiß die Polizeistreife aufgrund jahrelanger Erfahrung, wer ihre kriminellen Pappenheimer sind. Zum Beispiel häufig männliche Drogendealer aus Nordafrika. Das entspricht in vielen Fällen der erlebten Polizeipraxis. Jetzt muss die Polizei nachweisen, dass sie solch eine Gruppe nicht aufgrund ihrer Hautfarbe oder Herkunft kontrolliert. Damit wird die Polizeiarbeit erschwert. Und wir riskieren, dass Verbrechen nicht mehr richtig aufgeklärt werden können. In seiner Maßlosigkeit behindert der Staat also eine seiner wesentlichen Funktionen. Maßvoller wäre es gewesen, den Polizisten einfach besser auf die Finger zu schauen. Und in Einzelfällen, die nach Diskriminierung stinken, zu untersuchen und Polizisten bei Diskriminierung auch zu bestrafen.

Maßlosigkeit darf nicht in der Unfähigkeit enden, Verantwortung für das eigene Leben zu übernehmen. Erwerben Sie die Kompetenz zur Selbstführung.

Was uns noch alles an Bevormundung droht: ein Recht auf Wohnen, auf Reparatur von Elektrogeräten bis zum Rechtsanspruch auf Weiterbildung. Und verbindliche Reduktionsstrategien für Zucker, Salz und Fett, damit sich niemand mehr schlecht ernähren kann. Obergrenzen für die Tierhaltung in Ställen, Mehrwegquoten, eine 50-Prozent-Frauenquote in allen diplomatischen und multilateralen Verhandlungen bis hin zur nationalen Quote für emissionsfreie Autos.

Die Maßlosigkeit dieses Größenwahns ist die Überzeugung, dass die Freiheit von uns Bürgern kein schützenswertes Gut, sondern eine Gefahr darstellt. Doch eine Freiheit, die beweisen muss, dass sie ungefährlich ist, ist bereits gestorben.

Ich hoffe, dass Sie genauso besorgt um unsere Freiheit sind wie ich. Für mich ist Freiheit ein Ausdruck unserer Würde. Sie ist jedoch kein Geschenk, das einfach so da ist. Freiheit ist eine Errungenschaft, die wir uns in unserer westlichen Kultur über Generationen hart erkämpft haben. Wissen Sie, wie es sich anfühlt, wenn Sie unfrei sind?

Scheißgefühl

»Geben Sie mir Ihren Gürtel und die Schnürsenkel«, fordert mich der Polizist auf. Dann nimmt er Fingerabdrücke. »Wollen Sie telefonieren?«, fragt er. »Sie haben zwei Anrufe. Dort hängt eine Liste mit Anwälten.« Es ist drei Uhr in der Früh. Keiner geht ans Telefon. Bei der letzten Nummer habe ich Glück. Die Anwältin erklärt mir verschlafen: »Ich komme morgen früh vorbei und hole Sie ab.«

Es ist ein Scheißgefühl, nicht mehr frei zu sein. In so einer Zelle zu hocken. Mit einem kargen Bett und einer Toilette in der Ecke. Allein die Tatsache, dass die massive, verschlossene Stahltür innen keine Klinke hat – das macht mich völlig gaga. Und das alles nur, weil ich am Vorabend betrunken auf dem Weg zur nächsten Kneipe dringend in eine dunkle Häuserecke pinkeln musste, als gerade ein Polizeiwagen um die Ecke bog.

Am nächsten Morgen verlasse ich die Polizeiwache. Habe blauen Himmel über mir. Und bin endlich wieder frei. Was für ein tolles Gefühl, mich frei zu bewegen. Wohin ich will. Wie ich will.

Meine erste und letzte Nacht im Gefängnis während meines Studiums in Neuseeland werde ich nie vergessen. Heute lache ich über diese Story. Denn gegen eine Spende an den gemeinnützigen Verein für behinderte Kinder, in dem der Kumpel des Constable Vorstand war, wurde das Verfahren eingestellt.

Bemühen Sie sich lieber nicht, auch eine Nacht im Knast zu verbringen, um das Gefühl genommener Freiheit zu erleben. Ich hoffe, es reicht Ihnen, wenn Sie in die Welt hinausschauen und all die Orte, Situationen und Entwicklungen entdecken, in denen Freiheit Zentimeter für Zentimeter getötet wird oder bereits gestorben ist. Freiheit ist zerbrechlich und ständig in Gefahr. Nur weil Sie damit geboren wurden, bedeutet das nicht, dass Sie einen lebenslangen maßlosen Anspruch darauf haben. Im Gegenteil: Nicht wir stellen die Ansprüche. Die Freiheit stellt die Ansprüche an uns! Sie ist das Maß!

Anspruch an Sie

Wer alle Menschen gleichstellen will, macht die Menschen klein und schwach. Außerdem werden wir niemals das Leben in jeder Lage durch Gesetze und Quoten regeln können. Unser Ziel sollte sein, Menschen groß und stark zu machen. Dazu müssen wir ihnen Freiheit geben.

Je freier eine Gesellschaft ist, desto selbstbestimmter können Sie leben. Wenn Ihnen also Selbstbestimmung am Herzen liegt, sollten Sie auch die Freiheit unserer Gesellschaft schätzen.

Je freier die Menschen sind, desto ungleicher werden sich die Leben entwickeln. Je gleicher wir die Menschen machen, desto mehr berauben wir sie ihrer Freiheit. Aus der Französischen Revolution wissen wir, dass es neben Freiheit und Gleichheit noch einen weiteren Aspekt gab: die Brüderlichkeit. Das bedeutet für mich, dass jeder, der kann, einen Beitrag zur Gesellschaft leistet. Arbeitet. Steuern zahlt. Sich engagiert. Als reifer Erwachsener sind Sie in der Lage, diese Selbstverantwortung für Ihr Leben zu übernehmen. Gleichzeitig kümmern wir uns um all die Menschen, die diesen Beitrag nicht leisten können. Also Kinder, Kranke und Alte. Das nennen wir dann Solidarität. Und schließlich heißt »Brüderlichkeit« für mich, dass wir uns alle für die Freiheit einsetzen und sie erhalten.

Der für mich entscheidende Aspekt von Maßlosigkeit in unserer modernen Gesellschaft ist: Wir opfern unsere Freiheit – und damit unsere Selbstbestimmung –, weil wir den maßlosen Anspruch haben, dass irgendjemand unsere Probleme für uns lösen soll. Der Haken an der Sache ist: Wenn die Freiheit einmal verloren ist, werden Sie sie nicht ohne Weiteres zurückbekommen.

Müssen Sie nicht also die volle Selbstverantwortung für Ihr Leben übernehmen – und damit auch für die Freiheit kämpfen?

Gegenwart machen: Für die Freiheit kämpfen

Sind Sie bereit, die Selbstführung Ihres Lebens zu übernehmen? Oder haben Sie den maßlosen Anspruch, dass andere Ihr Leben für Sie regeln sollen?

Ich will daran glauben, dass wir mit unserer Freiheit und der damit einhergehenden Verantwortung umgehen können. »Freiheit« bedeutet nicht, dass wir sagen und machen können, was wir wollen. Sondern, dass wir uns – im Sinne der Brüderlichkeit – freiwillig beschränken. Rücksicht aufeinander nehmen. Und niemanden mit Absicht verletzen. Freiheit macht uns menschlich.

Lassen Sie uns dafür kämpfen!

6. Neid

Ständig sehen Sie Menschen, die stärker, hübscher, kommunikativer, talentierter oder besser sind als Sie. Wenn Sie merken, dass die Natur sich nicht nur um Sie, sondern auch um andere Menschen kümmert, entsteht Neid. Der ist weder selten noch etwas Besonderes. Neid ist einfach menschlich. Sie sind neidisch auf eine Person, wenn diese etwas kann oder besitzt, das Ihnen wichtig ist – und Ihnen genau das fehlt.

Die Magie der freien Rede

»Wahnsinn, wie der Typ das hinkriegt«, schießt es mir durch den Kopf. Es ist Abend. Mit meiner Familie sitze ich im Festsaal des Kurhauses in Wiesbaden. Diplomfeier meines Uni-Jahrgangs. Wochenlang hatte ich geackert, um die Absolventenrede für die akademische

Feier meines Abschlussjahrgangs zu halten. Zu meinem Vater flüstere ich: »Mit meinem Manuskript stand ich heute am Rednerpult und habe die Rede einigermaßen flüssig abgelesen. Aber im Vergleich zu dem Typen da vorn war das ein Witz!« Der Redner ist ein Mönch. Er steht nicht hinter dem Pult, sondern daneben. Er hat kein Redemanuskript, sondern redet frei. »Entspann dich«, flüstert mein Vater. »Du brauchst nicht neidisch zu sein. Deine Rede war super!«

Aber ich war neidisch. Zum Glück. Denn ohne diesen Neid wäre ich in meinem Berufsleben vermutlich völlig woanders gelandet. Doch ich bekam die Magie der freien Rede nicht mehr aus dem Kopf. Sie verführte mich, lockte mich an. Und beeinflusste maßgeblich meinen Lebensweg. Denn eines Tages tauchte die Gelegenheit auf, mit einem Urgestein der Trainerszene große Seminare mit 200 und mehr Teilnehmern zu geben. Auch wenn wir zwischenmenschlich nicht kompatibel waren, so schätze ich den Geschäftssinn dieses Trainers. Damals war ich auch neidisch: auf seine Fähigkeit, Menschen zu fesseln. Dass er große Säle füllte, obwohl die Seminare alles andere als günstig waren.

Der Neid motivierte mich, an mir zu arbeiten, meine Talente zu schmieden und mich in eine bestimmte Richtung zu entwickeln. Heute werde ich als Redner gebucht. Halte rund 40 Vorträge im Jahr. Spreche vor bis zu 2000 Menschen. Auch frei und ohne Manuskript. Dass dieser Traum mal wahr würde, habe ich damals nicht wirklich geglaubt – aber immer gehofft.

Doch hoffen reicht nicht. Damit Träume wahr werden, braucht es harte Arbeit – und manchmal auch Überzeugungsarbeit. Vor einigen Jahren heuerte ich einen alten Vertriebskollegen an, der mich dazu drängte, meine Auftritte als professioneller Redner zu verkaufen. »Was für ein Quatsch. Redner kann man nicht verkaufen, die werden gebucht«, warf ich ihm ein Mantra an den Kopf, das ich mal in einem Buch gelesen hatte. Doch er ließ nicht locker. Zum Glück. Heute bin ich immer noch neidisch, wenn ich Menschen erlebe, die eine magische Wirkung ausüben. Mittlerweile geht mein Neid jedoch weit über Redner hinaus: Musiker, Sänger, Tänzer, Autoren oder Schauspieler – Künstler, die die Fähigkeit beherrschen,

Menschen auf ihre Art magisch zu berühren, geben mir Kraft und Energie, weiter hart an mir zu arbeiten.

Die schöne Seite des Neides

Wenn Sie also im beschriebenen Sinne neidisch auf eine Person sind, ist das gut. Schämen Sie sich nicht dafür. Im Gegenteil: Freuen Sie sich! Denn dieser positive Neid inspiriert Sie. Gibt Ihnen Ideen, in welche Richtung Sie sich als Mensch entwickeln können. Selbst wenn Sie denken, dass der Abstand zwischen Ihnen und der anderen Person so gigantisch groß ist, dass Sie es nie schaffen, so zu werden.

Lassen Sie sich von solchen gedanklichen Querschlägern nicht die Laune verderben. Sie müssen gar nicht so werden wie die Person, auf die Sie neidisch sind. Natürlich können Sie anfangs versuchen, eine schlechte Kopie dieses Menschen zu werden. Doch denken Sie daran, irgendwann loszulassen und Ihren Lebensweg durch Ihre eigene Persönlichkeit prägen zu lassen. Vertrauen Sie auf die Natur. Sie lässt Sie nur dann auf positive Art neidisch werden, wenn dahinter der tiefe Glaube, vielleicht sogar die Gewissheit steckt: »Ich kann da auch hinkommen!«

Solcher Neid ist also Inspiration pur. Er weckt Sehnsüchte und setzt damit ungeahnte Energien in Ihnen frei. Motivation, Antrieb und Ehrgeiz sind geweckt, sodass Sie jetzt auch etwas unternehmen, um sich in die ersehnte Richtung zu entwickeln. Denn nichts fällt vom Himmel. Ob ein starker Körper, finanzieller Erfolg oder die Fähigkeit, einfach mal »Nein« zu sagen, wenn Ihnen etwas nicht passt – all das ist kein Geburtsrecht.

Natürlich können Sie Glück haben und mit Talenten und Fähigkeiten geboren worden sein, die Ihnen vieles leichter machen. Aber was wäre alles möglich, wenn Sie sich zusätzlich noch anstrengen. Talente müssen wachgeküsst und geschmiedet werden. Deswegen schlägt Fleiß auf lange Sicht immer das nackte Talent. Machen Sie also etwas aus sich.

Die hässliche Seite des Neides

Doch Neid kann auch völlig anders laufen. Nämlich dann, wenn er auf ein schwaches Selbstvertrauen trifft. Auf einen kleinen Geist. Wenn Sie als Mensch das Gefühl haben, nicht gut genug zu sein. Wenn Sie von einem Unterlegenheitsgefühl geplagt sind. Wenn Sie in solchen Situationen einem Menschen begegnen, auf den Sie neidisch sind, verhalten Sie sich destruktiv. Sich selbst oder anderen gegenüber. Kritische Bemerkungen. Zynische Verbalattacken. Das Repertoire ist groß, um der hässlichen Seite des Neides Raum zu verschaffen.

Dies ist der klassische Neid. Aber da er so hässlich ist, wurde fälschlicherweise auch der positive Neid gleich mit zur Todsünde degradiert. Der Grat ist schmal. Denn neidisch können Sie auf alles Mögliche sein: Besitz, Aussehen, Fähigkeiten, Erfolge, das Leben als solches ... Ein Bekannter ist sportlicher als Sie. Hat vielleicht die schönere Familie oder die bessere Position auf der Karriereleiter. Statt sich für ihn zu freuen, kommt neben dem Neid oft noch ein anderes fieses Gefühl hinzu: Missgunst. Sie gönnen der Person ihren Erfolg nicht. Im Gegenteil: Vielleicht hassen Sie die Person sogar dafür und wünschen ihr das Übelste. »Das hat sie auf keinen Fall verdient« gehört da noch zu den harmlosen Formulierungen.

Neid ist dein Problem

Dabei hat der Neid gar nichts mit den anderen zu tun, sondern mit Ihnen selbst. Ihr mangelndes Selbstvertrauen, Ihr mickriger Selbstwert und Ihr Gefühl der Unterlegenheit geben Ihnen ein schlechtes Gefühl. Neid ist Ihre Waffe, um sich daraus zu befreien. So machen Sie aus Ihrer Schwäche eine vermeintliche Stärke, indem Sie andere Menschen mit Ihrem Neid herabstufen.

Es geht sogar so weit, dass Menschen neidisch auf Personen sind, die sie gar nicht persönlich kennen. Auf Stars und Sternchen. Und selbst auf sogenannte Influencer, die nichts anderes machen, als eine Fantasiewelt in den sozialen Medien zu präsentieren, und für solche Meisterleistungen auch noch Geld bekommen. Unsere Gesellschaft ist hervorragend dafür geeignet, Neid zu schüren.

Passen Sie also auf, dass Sie nicht unbewusst in diese Fallen tappen. Wenn Sie merken, dass Ihnen bestimmte Menschen auf Social Media nicht guttun, gibt es eine einfache Lösung: Entfolgen Sie diese Personen. Und schon herrscht Ruhe.

Positiver Neid motiviert und hilft Ihnen, sich anzustrengen. Lernen Sie von den Menschen, auf die Sie neidisch sind.

Sie sind verantwortlich für Ihr Gefühlsleben. Diese Banalität ist auch mir irgendwann bewusst geworden. Heute bin ich hier und da in einem positiven Sinn neidisch und finde das gut so. Doch früher war ich häufig auch im negativen Sinn neidisch. Wenn ich in jungen Jahren an einer fetten Villa vorbeispazierte, konnte mir das die Laune verderben, weil ich nicht in so einer Bude lebte. Mich machte dieser negative Neid manchmal richtig fertig, weil ich mich dadurch selbst einem unangenehmen Leistungsdruck aussetzte. Noch viel schlimmer war, dass ich durch diesen Neid blind wurde für all die großartigen Dinge, die mein Leben bereits bereicherten. In dieser Zeit sprach ich von den »Banalitäten« des Familienlebens. Meine Haltung damals: Die halten mich nur davon ab, an meiner Karriere und meinem Vermögen zu arbeiten. Der hässliche Neid hielt mich fest in seinen Klauen. Mittlerweile habe ich ihn zum Glück aus meinem Leben verbannt. Ich habe gelernt, dass es gerade diese vermeintlichen Banalitäten des Familienlebens sind, die mein Leben wertvoll machen. Denn wenn ich am Ende auf dem Sterbebettchen liege, werden mit Sicherheit nicht Kunden und Kollegen drumherum stehen.

Aber warum kümmern wir uns dann oft so wenig um die Menschen, die wirklich wichtig sind? Halten wir echte Freundschaft oder die Liebe zu engen Familienmitgliedern für zu selbstverständlich? Mit meiner Frau habe ich sehr schwere Zeiten hinter mir. Durch mein unreifes Verhalten hätte ich sie fast verloren. Und so bin ich sehr dankbar dafür, dass unsere Liebe mit zunehmenden Jahren immer tiefer und reifer wurde – und zu unserer eigenen Überraschung immer noch wird. Während andere Paare im Laufe der Jahre anfangen, sich zu langweilen, laufen wir zu immer neuen Hochformen auf. Unser Sohn quittiert das häufig mit einem Augenrollen, wenn er uns zum Beispiel dabei erwischt, wie wir in der Küche tanzen – oder er abends nach Hause kommt und uns in den Armen liegend auf dem Sofa bei einer Liebesschnulze erwischt.

Es sind eben nicht beeindruckende Reisen oder teure Geschenke, die die Glut heiß machen. Diese Äußerlichkeiten sind nur *nice to have*. Viel wichtiger sind die Kleinigkeiten im Alltag. Während der Coronazeit genieße ich, dass ich kaum in Hotels übernachte. Zu Hause zu schlafen. Meine Frau morgens als ersten und abends als letzten Menschen zu sehen ist großartig. Kleinigkeiten wie diese kann ich für kein Geld der Welt kaufen. Sie machen mein Leben lebenswert. Dafür haben wir hart an uns gearbeitet. Darauf bin ich stolz.

Und worauf sind Sie stolz?

Die Angst vor Neid

Auf einer Veranstaltung hielt ich einmal zwei kurze Vorträge hintereinander. Jeder dauerte nur 15 Minuten. In der ersten Rede ging es um »Menschlichkeit im Business«. Dazu brachte ich drei Beispiele aus meinem Eheleben und leitete daraus Analogien für die Businesswelt ab. In der Pause sprach ich kurz mit den beiden Vorständen. Der erste fand's klasse. Doch der zweite merkte an: »Von Ihrer Frau haben wir jetzt aber genug gehört. Ich hoffe, das wird im zweiten Vortrag anders.« Später erfuhr ich, dass der Typ es einfach in Sachen Liebe nicht gebacken bekommt: Er war schon dreimal geschieden. Vielleicht war es negativer Neid, der ihn zu diesem unhöflichen Kommentar getrieben hatte.

Ich gebe mir Mühe, dass es mir egal ist, ob andere auf mich neidisch sind. Denn unsere Gesellschaft hat so viel Angst vor Neid, dass wir verlernt haben, stolz zu sein. Wenn Sie sich anstrengen, hart arbeiten und eines Tages viel Geld verdienen und sich ein dickes Auto leisten, ernten Sie in Deutschland keine Anerkennung, sondern Neid. Wir haben viel zu viel Angst davor, dass andere neidisch auf uns sind. Und so gilt der Rat: »Fahr kein größeres Auto als dein Kunde.«

Während meines Studiums lebte ich einige Monate in Chicago. Dort lernte ich natürlich auch einige Amerikaner kennen. Die haben ein gesünderes Verhältnis zum Erfolg: »Wenn du gut und erfolgreich bist, zeig das auch!«, so die Haltung. Statussymbole werden gefeiert. Und für Ihre Erfolge bekommen Sie Anerkennung.

Warum können wir uns in Deutschland nicht auch über den Erfolg anderer freuen? Stattdessen beugen wir uns dem gesellschaftlichen Rat und kaufen uns die dicke Karre nicht. Vielleicht wäre es sogar Ihr größter Traum, so einen Superwagen einmal in Ihrem Leben zu fahren. Doch aus Rücksicht auf andere und damit die nicht neidisch auf Sie sind, verzichten Sie auf Ihren Traum. Ist das nicht krank?

Wir müssen aufhören mit diesem Sozialporno und der Missgunst. Anstatt ständig zu fordern und zu schimpfen, sollten wir den Fokus mehr auf uns selbst legen. Wo wollen Sie im Leben hin? Was wollen Sie aus Ihrer Lebenszeit machen? Nutzen Sie die positive Seite des Neides, um sich zu motivieren. Kraft und Motivation zu finden, um sich anzustrengen. Arbeiten Sie für Ihre Sache. Sorgen Sie dafür, dass Ihre Träume wahr werden.

Und haben Sie am Ende auch den Mut, diese Erfolge zu feiern. Seien Sie stolz darauf. Sie haben es sich verdient!

Gegenwart machen: Neid in Ehrgeiz verwandeln

Verteufeln Sie nicht den Neid an sich. Passen Sie nur auf, dass Sie nicht in die Welt des hässlichen Neides abrutschen. Und nutzen Sie den positiven Neid, um Ihr volles Potenzial zu entfalten.

Suchen Sie sich dazu bewusst Menschen, auf die Sie neidisch sein können, weil sie das, was Sie gern hätten oder sein wollen, bereits verkörpern.

Und dann machen Sie sich auf. Strengen Sie sich an. Und erarbeiten Sie sich das, was Sie beruflich oder privat erreichen wollen.

7. Trägheit

In unserer hochkomplexen Welt mit unzähligen Handlungsoptionen können Sie schnell ertrinken. Da kommt Angst auf: Kann ich den Anschluss halten? Treffe ich die richtigen Entscheidungen? Wie kann ich meine Wünsche und Träume bestmöglich erfüllen? Die Gefahr ist dabei groß, dass Sie im Ozean der Möglichkeiten wie wild zu strampeln anfangen. Dabei entfernen Sie sich schnell immer mehr von Freiheit, Selbstbestimmung und Lebensfreude – das haben wir bereits herausgearbeitet. Was können wir also tun, um Hamsterrad, Habgier, Ausschweifung und Maßlosigkeit in den Griff zu bekommen? Kann die Todsünde Trägheit uns dabei helfen?

Das Recht auf Faulsein

Zwischendurch ein bisschen mehr faul sein, ab und zu mal passiv abhängen: Trägheit kann das notwendige Bremspedal sein, damit Sie nicht mit Vollgas vor die Wand fahren. Im Jahr 2018 schrieb die Barmer Krankenkasse in ihrem Arztreport, dass jeder vierte junge Erwachsene im Alter von 18 bis 25 Jahren bereits an psychischen Problemen wie Depression, Angststörung oder Panikattacken leidet. Diese Menschen sind noch gar nicht richtig losgelaufen und schon angeschlagen.

Aber wovon eigentlich? Wir sprechen hier nicht über lebensbedrohliche Gefahren wie Tiger, Giftspinnen oder unbekannte Krankheiten. Es liegt einfach an der hyperaktiven Welt, wie wir sie geschaffen haben. Einer Welt, die zwar vordergründig einen auf Solidarität macht, aber im erlebten Alltag vieler Menschen nach wie vor ein harter Kampf um Status, Macht und Geld ist. Was wir von diesen Menschen hören, ist der Schrei ihrer Seele nach mehr Menschlichkeit und Ruhe.

Auch die Topmanagementberatung McKinsey hat das verstanden und einen neuen Kurs eingeschlagen. Die Kaderschmiede war bisher bekannt für das Motto: *Up or out*. Entweder sind Sie so gut, dass Sie befördert werden *(up)*, oder Sie fliegen raus *(out)*. Es war ein allseits bekanntes Geheimnis, dass Berater pro Woche 80 Stunden malochen mussten, um die Hetzjagd auf der Karriereleiter erfolgreich zu überstehen.

Doch die aktuell junge Generation hat keine Lust, sich für Gehalt und Statussymbole zu verheizen. Deswegen haben nun alle Berater die Möglichkeit, am Programm *Take Time* mitzumachen. Sie können jedes Jahr bis zu drei Monate bezahlte Auszeit nehmen. Wozu die Zeit genutzt wird, müssen sie nicht angeben. Sich in einem sozialen Projekt engagieren, eine neue Sprache lernen oder einfach nur reisen und gammeln – alles ist erlaubt. Trägheit ist vielseitig und wird zum neuen Statussymbol. Selbst in einer der arbeitsreichsten Firmen dieser Welt.

Und dennoch: Irgendetwas ist faul an dieser Trägheit …

Appell an die Trägheit

Während der Coronapandemie veröffentlichte die Bundesregierung ein Video über die »wahren Helden« des Alltags. Das Video spielt in der Zukunft. Zu sehen sind ältere Menschen, die sich zurück an das Jahr 2020 erinnern. Sie alle sind die »wahren Helden«, denn sie haben Großartiges vollbracht: zu Hause bleiben, gammeln, nichts tun, Fast Food in sich hineinstopfen und den ganzen Tag Filme glotzen.

Für mich ist es unverständlich, wie eine Regierung so ein Video produzieren kann, während zigtausend Menschen faktisch um ihre Zukunft bangen. Hoteliers, Restaurantbetreiber, Musiker und viele andere haben ein Berufsverbot. Existenzen zerbrechen. Nerven liegen blank. Und sie halten trotzdem irgendwie die Füße still. Gleichzeitig verausgaben sich Ärzte und Pfleger, um Menschenleben zu retten. Und Polizisten stellen sich den zunehmenden Hitzköpfen und Querdenkern auf der Straße gegenüber, um für Ordnung und Sicherheit zu sorgen. All das sind die wahren Helden. Und sie sind alles andere als träge. Denn Trägheit bedeutet Stillstand. Wer träge ist, bewegt nichts.

Geistige Trägheit

Wer seinen Geist nicht bewegt, verdummt. Bildung war immer die Voraussetzung für persönlichen Wohlstand und der Schlüssel zu neuen Perspektiven. Sowohl für jeden Einzelnen als auch für unsere Gesellschaft. Bildung ist auch heute noch dieser Schlüssel. Doch wenn ich an manches Video von Coronademonstrationen denke, dann ist das Ergebnis der geistigen Trägheit bei einigen Menschen erschreckend deutlich sichtbar geworden. Wie naiv sich diese Menschen äußern und dabei auch noch felsenfest überzeugt sind, dass sie die Wahrheit mit Löffeln gefressen haben – unfassbar!

Aber irgendwie auch nachvollziehbar. Die Vorzüge der Digitalisierung sorgen dafür, dass wir unsere Birne immer weniger benutzen müssen. Früher konnte ich mir jede Rufnummer merken. Heute kenne ich gerade mal eine Handvoll Nummern auswendig, da ich alle Nummern abspeichern und mit einem bequemen Klick anrufen kann. Sie können natürlich anmerken, dass die Beherrschung von Rufnummern keine intellektuelle Hochleistung darstellt und wir uns durch das Telefonbuch unseres Smartphones endlich von der minderwertigen Arbeit des Auswendiglernens befreit haben. Aber damit greifen Sie wahrscheinlich zu kurz.

Denn es wimmelt nur so vor Apps, Software und technischen Helfern, die uns das Leben leichter machen sollen, indem sie für uns denken und entscheiden. Die Smartwatch definiert, wann und wie oft Sie sich zu bewegen haben. Wann es wieder mal Zeit ist, ein Glas Wasser zu trinken. Um zu wissen, ob es Ihnen gut geht, fühlen Sie nicht mehr in sich hinein, sondern überprüfen Puls, Sauerstoffsättigung und Anzahl der Schritte – die passenden Handlungsempfehlungen prasseln sofort auf Sie ein. Das Smarthome steuert Kaffeemaschine, Fernseher und Radio in Ihrem Haus automatisch. Und wenn Sie im Rahmen Ihres geistigen Zerfalls mal vergessen haben sollten, das Licht auszuschalten, holen Sie das einfach von unterwegs mit Ihrem Telefon nach.

Selbst über die Partnerwahl müssen Sie sich keine Gedanken mehr machen. Datingplattformen versprechen den idealen Match, indem Algorithmen Fragebögen auswerten und entscheiden, welche ideale Liebe Ihnen als Kandidat vorgeschlagen wird. Manche politische Partei träumt davon, durch Gesetze alle Lebensbereiche zu kontrollieren, wir sprachen schon darüber. Das moderne Leben befreit uns vom eigenständigen Denken. Bequemlichkeit ist wichtiger, als sich anzustrengen. Der Fortschritt macht uns das Leben leichter – und wir werden zunehmend träge.

Körperliche Trägheit

Aber nicht nur geistig sorgt die Trägheit für Zerfall. Auch körperlich macht sie uns fertig. Deutschland ist zu fett. Laut Robert Koch-Institut gelten zwei Drittel der Männer und die Hälfte der Frauen in Deutschland als übergewichtig.[7] Das hat Folgen. Zum einen leiden die Menschen persönlich oft unter dem hohen Gewicht und gesundheitlichen Nebenwirkungen. Zum anderen muss unsere Gemeinschaft enorme Kosten aufgrund des ganzen Fetts bezahlen. Zwar galt die Trägheit im Schlaraffenland als eine Tugend, doch gab es dort auch eine Lösung für die negativen Folgen des Fress- und Faulheitswahns: den Jungbrunnen.

Den haben wir in unserer Welt eigentlich auch: die körperliche Ertüchtigung. Aber selbst hier versuchen wir, der Anstrengung auszuweichen. Schön wird das am E-Bike deutlich. Anstatt sich den Berg hinaufzuquälen, schalten Sie einfach den Elektromotor dazu. Bequem lässt sich so jedes Hindernis bewältigen, anstatt sich anzustrengen.

Aus Bequemlichkeit verlernen wir, uns anzustrengen. Bleiben Sie beharrlich. Ausdauernd. Und scheuen Sie nicht den Schmerz der Anstrengung.

Trägheit begegnet Ihnen überall: Statt Videothek wird gestreamt. Wer sich eine Pizza gönnen will, läuft nicht zum Lieblingsitaliener, sondern bestellt bequem per Handy. Rolltreppen und Aufzüge statt Treppen laufen. Wir bewegen uns immer weniger. Und sitzen immer mehr. Zu Recht gilt das Credo: Sitzen ist das neue Rauchen!

Zwar gibt es auf der anderen Seite die Fitness- und Ernährungsbewegung. Doch es nutzt nichts. Laut WHO sterben weltweit mindestens 2,8 Millionen Menschen jährlich an den

Folgen von Übergewicht und Fettsucht.[8] Natürlich ist nicht immer Trägheit die Ursache. Manchmal sind die Probleme vielschichtig und für die Betroffenen nicht leicht zu lösen: genetische Veranlagung, Stress, Stoffwechsel ... Die WHO kommt dennoch zu der Erkenntnis, dass sich die Menschen weltweit weniger als früher bewegen. Allein in der Europäischen Region gelten über ein Drittel der Erwachsenen und über zwei Drittel der Jugendlichen als Bewegungsmuffel. Klingt nett, ist es aber nicht: Denn es lassen sich jährlich eine Million Todesfälle und der Verlust von 8,3 Millionen behinderungsbereinigten Lebensjahren auf Bewegungsmangel zurückführen.[9]

Der Katzenhai

»Und wie wollen Sie nun Bewegung in meinen lethargischen Haufen bekommen?«, will der kernige Vollblutunternehmer von mir wissen. »Es ist wie beim Fischfang«, sage ich. »In Japan waren irgendwann mal die Fischgründe vor der Küste leer gefischt. Die Kutter mussten weiter raus und waren mehrere Tage auf See. Den Fisch legten sie auf Eis. Das Problem war: Er schmeckte nach der langen Reise nicht mehr frisch genug. Wissen Sie, wie das Problem gelöst wurde?« Der Unternehmer schüttelt den Kopf.

»Es wurden Frischwasserbecken in die Kutter gebaut, damit die Fische lebendig bleiben. Doch die Fische hingen nur noch lethargisch nebeneinander. Flosse an Flosse. Und so schmeckten sie dem anspruchsvollen japanischen Gaumen ebenfalls nicht.« »Erinnert mich an meine Mannschaft«, unterbricht mich der Unternehmer.

Ich fahre fort: »Die Lösung war, einen kleinen Katzenhai ins Becken zu werfen. So blieben alle Fische in Bewegung und waren frisch. Und die Fischer hatten endlich die Qualität, die der japanische Gaumen zu schätzen weiß.« Der Unternehmer lacht: »Okay, Sie bekommen den Auftrag!«

So eine Story kommt bei einem alten Patriarchen besonders gut an. Auch wenn sie laut Zeitgeist nicht als *political correct* gelten mag, hat sie eine wahre Aussage: Qualität entsteht durch Qual. Die Trägheit können Sie nur durchbrechen, indem Sie sich bewegen. Wenn Ihnen das schwerfällt, dann brauchen Sie jemanden, der Sie antreibt.

Ich mag die Haltung der alten Schule: Vun nix kütt nix. No Pain, No Gain. Hör nicht auf, wenn es wehtut, sondern erst, wenn du fertig bist. Egal, ob Sie ein Kind aufziehen, ein Buch schreiben, viel Geld verdienen oder eine erfüllte Partnerschaft leben wollen – alles braucht Anstrengung. Wenn wir uns dagegen in unserer Trägheit ergötzen und dem technischen Fortschritt die Kontrolle überlassen, werden wir uns auf kurz oder lang zu konsumierenden Fress-, Scheiß- und Vögelmaschinen entwickeln.

Wie so etwas aussehen kann, hat der Film *Matrix* schön in Szene gesetzt. Trägheit schafft auf Dauer den Menschen ab. Maschinen befreien uns von der körperlichen Maloche. Digitalisierung befreit uns vom Denken. Was soll dann noch bleiben?

Für mich gehört zum Menschsein dazu, dass wir uns anstrengen. Dass wir nicht direkt zum Ziel kommen. Sondern einen Weg finden und zur Not auch erkämpfen müssen. Dazu gehören sowohl die Fähigkeit nachzudenken als auch sich körperlich anzustrengen. Machen Sie also Beharrlichkeit, Ausdauer und Anstrengungsbereitschaft zu Ihren Freunden.

Nach all der Maloche können Sie sich dann auch genüsslich immer wieder Momenten der absoluten Trägheit hingeben – ohne dass Sie ein schlechtes Gewissen haben müssen.

Gegenwart machen: Nach der Anstrengung faul sein

Im Schlaraffenland ist Trägheit keine Todsünde, sondern eine Tugend. Und sie kann es in unserer lauten, schnelllebigen Welt ebenso sein. Wer die Fähigkeit zur Ruhe besitzt, wenn um einen herum alles tobt und wütet, ist für seine Trägheit nicht zu kritisieren, sondern zu beneiden.

Wie sehen Ihre Kraft- und Energielevel aus? Stehen Anstrengung und Ausruhen in einem gesunden Verhältnis zueinander?

Die Kunst im Leben ist, eine treibende Trägheit zu entwickeln. Seien Sie ambitioniert und strengen Sie sich an, um das zu erreichen, was Ihnen im Leben wichtig ist. Seien Sie faul und denken Sie gleichzeitig daran, neben all der Arbeit Ihr Leben zu genießen. Denn Sie haben nur das eine. Und das ist kürzer, als Sie hoffen.

Teil II

Die 7 Todfeinde

Als selbst ernannte Krönung der Schöpfung haben wir für einen unglaublichen Fortschritt gesorgt. Das Paradies auf Erden. Doch der Blick hinter die Kulissen des modernen Lebens ist erschreckend: Wir wissen vor lauter Wohlstand, Bequemlichkeit und Konsum kaum noch etwas mit uns anzufangen. Menschen haben Angst. Arbeiten sich in modernen Legebatterien, die wir Unternehmen nennen, halb tot. Sind zu beziehungsunfähigen Wesen geworden. Können Konflikte weder offen noch respektvoll austragen. Verantwortlich dafür: die 7 Todfeinde des modernen Lebens.

1. Die verdammte Angst – aber wovor?

Immer diese Scheißangst! Wird das Geld für die Altersvorsorge reichen? Hält die Beziehung bis ans Lebensende? Werde ich beruflich den Anschluss halten? Bleibe ich im Alter geistig fit und körperlich vital? Was wäre das Leben leicht, wenn unsere Gedanken nicht ständig in die Zukunft schweifen würden. Dann gäbe es plötzlich kaum noch einen Grund, heute in Angst zu leben. Wenn, ja wenn ... Doch wovor haben wir eigentlich genau Angst?

Freier Fall

Die Sonne scheint. Ein entspannter Morgen in Neuseeland. Ich trage einen Overall und sehe zu, dass ich mich irgendwie in das Geschirr zwänge. Heute wage ich meinen ersten Fallschirmsprung. »Ob das eine gute Idee war?«, scherze ich mit meinem Kumpel. Er klugscheißt zurück: »Keine Ahnung, aber jetzt ist es zu spät.«

Wir sind auf 4000 m Höhe. Die Seitentür am hinteren Ende des Flugzeugs ist offen. Der Lärm der Triebwerke ist ohrenbetäubend. Die Angst hat mich fest im Griff. Mein Begleiter schiebt mich wie ein totes Stück Fleisch auf die offene Luke zu. Ich gehe auf die Knie. Hocke genau vor der Kante. Unter mir die Erde. Wie gelähmt starre ich raus. Mein Puls hämmert. »Da springe ich auf keinen Fall raus!«, schießt es mir durch den Kopf. Zu spät. Denn mein Begleiter hat uns bereits in den freien Fall geschubst.

Es war mein erster und auch letzter Fallschirmsprung. Heute brauche ich zum Glück keine lebensbedrohlichen Hobbys mehr, um mich lebendig zu fühlen. Damals wollte ich den Kick. Doch auf 4000 m Höhe verschwand die Vorfreude und eine lähmende Angst übernahm die Kontrolle. Diese Schwelle an der offenen Luke hatte eine wahnsinnige abstoßende Energie. Alles in mir sträubte sich dagegen, sie zu überschreiten und in den freien Fall zu gehen. Aber wovor hatte ich Angst?

Tod vs. Sterben

Es war nicht der freie Fall. Ich hatte Angst vor dem Aufschlag. Denn der ist aus 4000 m garantiert tödlich. Aber warum machen wir trotzdem freiwillig etwas, mit dem wir das Risiko eingehen, zu sterben? Weil wir davon überzeugt sind, dass die getroffenen Sicherheitsvorkehrungen das tödliche Risiko auf null reduzieren. Wir leben in einer Welt, in der wir meinen, durch Wissenschaft, Technologie und unendliche Daten alles kontrollieren und beeinflussen zu können. Auch den Tod.

Doch das ist natürlich nicht so. Jeden Tag sterben über 2500 Menschen in Deutschland. Unsere technologische Kunstwelt gibt uns also bestenfalls nur das gute Gefühl, in einer Scheinsicherheit zu leben, in der wir unsterblich sind. Der Tod ist nicht weg. Er steht jedes Mal wie Weihnachten vor der Tür: plötzlich und unerwartet.

Dabei lohnt es sich, zwischen Tod und Sterben zu unterscheiden. Denn Sterben gehört zum Leben, der Tod nicht. Wenn der Tod eingetreten ist, gibt es kein Leben mehr. Was auch immer dann sein mag – ob Himmel, Hölle oder einfach nur das Nichts –, wir wissen es nicht. Doch eines ist sicher: Es hat nichts mehr mit dem Leben, wie wir es kennen, zu tun.

Sterben dagegen ist immer noch Teil des Lebens. Es ist das andere Ende von Zeugung und Geburt. Viele Menschen haben Angst vor dem Sterben. Ist es schmerzhaft? Sterbe ich allein? Was bleibt von mir, wenn ich gehe? Wenn das Licht aus ist, ist es vorbei. Ich habe dann keine Möglichkeit mehr, noch etwas an meiner Lebensgeschichte zu verändern, die gerade ihr Ende findet. Bin ich mit dem, was in dieser Geschichte steht, zufrieden? Oder habe ich ein paar Kapitel versaut oder gar vergessen, sie zu schreiben? Mich mit falschen Menschen oder Themen beschäftigt? Und zu wenig Zeit mit dem verbracht, was mir eigentlich wichtig ist?

Besser, Sie lernen, sich mit dem Sterben zu versöhnen. Verdrängen Sie Ihre Endlichkeit nicht. Führen Sie Ihr Leben bewusst und selbstbestimmt. Denn Sie haben keine Garantie, dass Sie das Durchschnittsalter von aktuell knapp über 80 Jahren auch erreichen.

Digitale Ruhe

Unser Umgang mit Sterben und Tod verändert sich. Früher war eine Bestattung ein Großereignis. Die Grabesstätte wurde wohlbedacht ausgewählt. Mancher Friedhof galt sogar als edle Adresse für die letzte Ruhe des Verstorbenen. Gräber wurden inszeniert, die Familien übertrumpften sich mit pompösen Grabsteinen, und wer es sich leisten konnte, zementierte mithilfe einer Familiengruft, wer das Sagen auf dem Friedhof hatte. Doch die Zeiten ändern sich. Ein Bestatter sagte mir mal: »Früher war die Beerdigung etwas Wichtiges für die Menschen und es wurde gern dafür ins Portemonnaie gegriffen. Heute achten die Nachfahren viel mehr aufs Geld.« Im Extrem verzichten die Menschen gleich aufs Grab, sodass die Friedhofsverwaltungen darüber nachdenken, wie sie den Gräberschwund kompensieren und die Friedhofsfläche anderweitig zu Geld machen können.

Mittlerweile müssen wir auch lernen, digital zu sterben. Denn viele von uns tummeln sich in den sozialen Medien. Es reicht also nicht, in der realen Welt einfach nur das Zeitliche zu segnen. Sie – besser gesagt: Ihre Hinterbliebenen – müssen auch noch dafür sorgen, dass Sie digital zur verdienten Ruhe finden. Und manchmal sind Sie digital bereits für tot erklärt, obwohl Sie im realen Leben noch quicklebendig sind. Bei Facebook hat sich vor ein paar Jahren eine peinliche Panne ereignet. Rund zwei Millionen lebende Menschen – inklusive Firmenchef Mark Zuckerberg – wurden vom Algorithmus kurzerhand für tot erklärt.

Und gleichzeitig macht die Digitalisierung das Drumherum ums Sterben bequem: Statt Bestattungszeremonie werden digitale Gedenkseiten eingerichtet, auf denen virtuelle Kerzen angezündet werden und die Menschen per Kommentar ihre Trauer ausdrücken. Statt aufwendiger Grabpflege gibt es selbstpflegende Gräber mit automatischer Bewässerung, Kameraüberwachung und Vandalismusmeldung, sodass alles bequem per Handy zu steuern ist. Der Fortschritt macht also auch vor dem Sterben nicht halt.

Die Angst im weiteren Sinne

Für die meisten Lebewesen auf unserem Planeten ist der Normalzustand ein Kampf um Leben und Tod. Das haben sogar Ameisen und Spinnen verstanden, wenn sie sich in Ihre Wohnung verirrt haben sollten und Ihren tödlichen Pantoffelschlägen ausweichen. Da hilft kein Sichbeschweren, Grübeln oder Protestieren. Und auch kein: Ich habe Angst vor dem Tod. Da hilft nur: Lauf um dein Leben!

Ich finde es wichtig, dass wir uns diesen Normalzustand immer wieder vor Augen führen. Auch Sie sollten das nicht nur wissen, sondern mit Ihrem ganzen Herzen begreifen. Es geht dabei nicht nur ums Sterben und den Tod, sondern vor allem um die Haltung, mit der wir bis dahin leben. Unser Umgang mit dem Sterben ist nur ein Platzhalter dafür, wie wir mit vielen unangenehmen Dingen umgehen: mit Anstrengung, Schmerzen, Konflikten, gescheiterten Beziehungen, Fehlern …

Es gibt so unglaublich viele Themen, die in uns Menschen Angst auslösen können. Wenn Sie dann Ihrer Angst das Steuerrad für Ihr Leben überlassen, werden Sie sich immer für die sichersten Wege entscheiden. Die einfachsten. Die bequemsten. Die widerstandslosen. Doch der bequemste Weg führt nur selten zu Erfüllung und Erfolg im Leben. Und genau das ist das Problem: Wir leben in einer Null-Risiko-Gesellschaft. Politiker, Wirtschaftsbosse und der ganz normale Bürger – kaum einer traut sich noch etwas im Leben. Stattdessen zunehmend defensive Entscheidungen und vorsichtige Formulierungen. Aber ohne Risiko verliert das Leben seinen Wert.

Verdrängen Sie nicht Ihre Endlichkeit. Erst sie macht das Leben wertvoll. Machen Sie im Hier und Jetzt etwas daraus.

Was wäre wohl, wenn die Technik so weit fortschreitet, dass Sie eines Tages unsterblich werden? Wenn Sie eines natürlichen Todes nicht mehr sterben können? Wahrscheinlich hätten wir dann das Extrem der Null-Risiko-Gesellschaft erreicht: Es würde niemand mehr überhaupt irgendetwas wagen. Alle säßen nur noch zu Hause, bestellten das Essen per Handy und nähmen am sozialen Leben per Videotelefonie teil. Denn sobald wir einen Fuß vor die Haustür setzten, könnte ja ein Unfall passieren, der uns das Leben kostet. Unsere

Gedanken wären ständig mit der Angst beschäftigt, was uns möglicherweise in Zukunft passieren könnte, wenn wir dies oder jenes täten ... Die Unsterblichkeit würde uns bereits zu Lebzeiten in Zombies verwandeln, die vergessen haben, zu leben.

Der Hund, dein Freund und Helfer

Was wäre das Leben leicht, wenn unsere Gedanken nicht ständig in die Zukunft schweifen würden ... Wenn ich unseren Hund Lio beobachte, beneide ich ihn darum, dass er genau das von Natur aus nicht kann. Ist der Mensch das einzige Tier, das an die Zukunft denken kann? Ich denke, ja. Unser Verstand, die Fähigkeit, zu denken und uns selbst zu reflektieren, ist ein großartiges Geschenk der Natur – und gleichzeitig unsere größte Last. Denn zu diesen Fähigkeiten gehört auch, sich eine Vorstellung von der Zukunft mit all ihren bedrohlichen Gefahren zu machen. Mein Hund hat nicht die Art der Intelligenz und Reflexion, wie wir sie haben. Manche Menschen halten Tiere deswegen auch für weniger intelligent. Das glaube ich jedoch nicht. Sie sind anders intelligent und uns sogar in einer Sache überlegen: Tiere leben ausschließlich im Hier und Jetzt. Deswegen machen sie sich auch keine Sorgen, wie die Begegnung mit dem Nachbarshund am nächsten Tag verlaufen könnte. Oder ob der Klimawandel ihre Lebensgrundlage irgendwann zerstören wird. Die Zukunft existiert in ihren Köpfen nicht.

Wir dagegen haben ein Kopfkino, unsere negative Vorstellung, was morgen vielleicht Schlimmes passieren könnte – und das im Hier und Jetzt unsere Angst auslöst. Stellen Sie sich vor: Welche Auswirkung hat es, wenn Sie gedanklich ausschließlich im Hier und Jetzt sind und nicht an die Zukunft denken? Dann können Sie keine Angst haben. Denn gerade jetzt, in diesem Augenblick, leben Sie ohne akute Gefahr. Niemand hält Ihnen ein Messer an den Hals.

Auch wenn es sich dank des ein oder anderen Alltagsproblems vielleicht nicht so anfühlt: Jeder Moment, den Sie in Frieden leben, in einer klimatisch angenehmen Umgebung mit einem Dach über dem Kopf, satt und nicht durstig, ist das Paradies auf Erden. Aber das wissen wir meist erst dann zu schätzen, wenn es uns genommen wurde.

Moderne Nomaden

Wir befinden uns im freien Fall. Akzeptieren Sie: Das Leben ist lebensgefährlich und endet garantiert tödlich. Wie lange die Menschheit auf diesem Planeten überleben wird, ist ungewiss. Aber definitiv ist spätestens in ein paar Milliarden Jahren, wenn die Sonne die Erde zum Glühen bringt, Schluss damit. Und wie viele Jahre Sie noch leben dürfen, weiß ebenfalls niemand. So geht das schon seit rund 300 000 Jahren Menschheitsgeschichte. Den Großteil dieser Zeit waren unsere Vorfahren als Nomaden unterwegs. Heute sind wir immer noch Nomaden: moderne Nomaden.

Wir befinden uns im freien Fall. Brechen auf, nehmen Abschied, entdecken Neues. Tag für Tag. Die Veränderung ist nichts Besonderes. Das Ungewisse nichts Außergewöhnliches. Beide sind normal. Klammern Sie sich nicht fest, sondern bleiben Sie in Bewegung. Wehren Sie sich nicht. Denn Sie befinden sich im freien Fall. Es gibt keinen Boden, auf dem Sie aufschlagen. Atmen Sie tief durch. Bleiben Sie gedanklich im Hier und Jetzt. Und kümmern Sie sich einfach um das, was jetzt zu tun ist.

Gegenwart machen: Den freien Fall genießen

Der Wandel wird gefühlt immer schneller und sorgt für Ungewissheit. Haben Sie Angst? Schauen Sie genauer hin: Wovor haben Sie Angst? Klammern Sie sich an das Bestehende und haben Angst, es zu verlieren? Oder machen Sie sich Sorgen, dass in der Zukunft irgendetwas eintreten könnte, was Ihnen nicht gefällt?

Entspannen Sie sich: Sie befinden sich im freien Fall – und es gibt keinen Boden. Konzentrieren Sie sich darauf, im Hier und Jetzt das Richtige zu tun. So erhöhen Sie die Chance, dass die Zukunft gut wird. Und genießen Sie Ihre Reise. Denn sie geht wahrscheinlich schneller zu Ende, als Sie es erwarten.

2. Das Dreckschwein

Wir werden als verletzliche Wesen geboren. Nackt und hilflos sind wir auf die Barmherzigkeit unserer Eltern angewiesen. Ohne sie würden wir sterben, bevor das Leben richtig begonnen hat. Am Lebensende sind wir genauso hilf- und pflegebedürftig wie am Anfang. Dann sind die Eltern auf die Barmherzigkeit ihrer Kinder angewiesen.

Dazwischen sieht es auf den ersten Blick besser aus. Wir werden erwachsen und geben uns Mühe, Verantwortung für uns selbst zu übernehmen. Verhalten uns mal mehr, mal weniger dominant. Sind mal selbstbestimmt, mal fremdgesteuert. Mal mutig, mal zögerlich. Doch selbst in dieser Epoche zwischen Windel- und Pflegefall bleibt eines erhalten: unsere tiefsitzende Verletzlichkeit.

Ob Hochmut, Gier oder Maßlosigkeit – die Todsünden aus Teil I offenbaren schonungslos, wie schön unperfekt der Mensch ist. Und so verpönt sie auch in der Öffentlichkeit scheinen: Die Todsünden sind nach wie vor starke Treiber unseres Verhaltens. Wir wollen damit unsere Verletzlichkeit betäuben. Wollen ein Leben führen, in dem wir uns möglichst gut fühlen. Frei von Leid. Und voller Annehmlichkeiten. Und so haben wir – getrieben von unseren Todsünden – eine globalpulsierende Autobahn gebaut, die uns in dieses unbeschwerte Leben voller Rausch und Bequemlichkeit geführt hat: unseren Konsum.

Basis unseres Wohlstands

Unser Konsumrausch ist wie eine Droge, die uns immer wieder flüchtige Momente einer glücklichen Illusion beschert. Den wirklichen Schlüssel zu Glück und Erfüllung haben wir damit zwar noch nicht gefunden, jedoch können wir wenigstens ein bequemes Leben genießen. Kaffeevollautomaten zaubern köstliche Kreationen auf Knopfdruck. Saug- und Mähroboter befreien uns von stupider Hausarbeit. Das Smartphone bietet mit einem Universum an Apps für jedes Bedürfnis eine bequeme Lösung.

Wir konsumieren ständig. Rund um die Uhr. Und das müssen wir auch. Denn um unseren Wohlstand zu bewahren, unterliegen wir dem Diktat der beiden magischen »K« des Kapitalismus: Kredit und Konsum. Das Mantra lautet: Geld leihen. Schulden machen. Kaufen! Aktuell schütten uns die Banken mit Niedrigzinsangeboten förmlich zu. Eine Baufinanzierung ist bereits ab 0,35 Prozent zu haben – und somit quasi kostenlos. Das wird nur noch beim Shopping überboten. Ob Sofa oder Auto: Wenn das Geld nicht vorhanden ist, dann finanziere deinen Kauf durch einen Kredit – für null Prozent Zinsen. Das Geld, das wir nicht haben, wird uns vermeintlich geschenkt, damit wir kaufen. Kredit und Konsum sind wie Windeln und fürsorgliche Eltern: Sie pampern uns, machen unser Leben bequem. Gleichzeitig sind sie auch der Treibstoff, mit dem wir die Maschine unserer kapitalisierten Welt am Laufen halten.

So weit, so gut. Wenn da nicht die ungeheure Tragik wäre, in die der Mensch geraten ist. Unser Konsumrausch hat uns zu einer nachhaltigen Bedrohung für unser glückliches, erfülltes Leben gemacht: Wir sind das größte Dreckschwein auf Erden.

Der Preis der Bequemlichkeit

Zum ersten Mal so richtig bewusst ist mir das Thema Müll in den USA geworden. Ich war damals 18 und besuchte mit meiner Freundin Miami. Wir flanierten auf der berühmten Strandpromenade und waren beeindruckt von den bunten Fassaden der Gebäude und all den gestylten Menschen. Als wir in eine Stichstraße bogen, verschlug es uns buchstäblich den Atem. Die Gasse hinter der schicken Häuserfront quoll förmlich über mit Müll und Dreck. Dabei lag die schicke, saubere Hochglanzwelt keine zehn Meter entfernt. Aber ob USA, Malaysia, Malediven oder auch hier in Deutschland – wenn Sie hinter die schönen Kulissen schauen, finden Sie überall: Müll. Schauen Sie einfach an der nächsten Autobahnabfahrt aus dem Fenster – oder zählen Sie die Zigarettenstummel an der Bushaltestelle.

Ernüchternd ist dazu auch ein Blick in die Statistiken: Es sind gerade die fortschrittlichen Länder, die den meisten Abfall produzieren. Sie sind verantwortlich für mehr als ein Drittel der weltweiten Müllberge, obwohl nur 16 Prozent der Bevölkerung in diesen Ländern leben.

Im Schnitt produziert jeder Einwohner in Deutschland 455 Kilogramm Müll pro Jahr. Das klingt nach wenig. Wäre es auch, wenn es nur einen Menschen auf diesem Planeten gäbe. Da jedoch fast acht Milliarden Exemplare herumwuseln, rechnet die Weltbank im Jahr 2050 mit 3,4 Milliarden Tonnen Müll weltweit. Das ist ein Zuwachs von 70 Prozent im Vergleich zum Jahr 2018.[10] Wir scheißen uns sozusagen ins eigene Nest, indem wir unseren Planeten zumüllen.

Aber wenn es nur das wäre, dann wäre das Problem ja überschaubar und durch technologische Innovationen wie müllvermeidende Herstellungsprozesse oder Recycling lösbar. Doch der Müll, den wir produzieren, geht weit über den Abfall hinaus.

Schuldig durch Schulden

Durch unseren Kredit- und Konsumrausch produzieren wir auch Schuldenmüll. Viele Menschen geraten in finanzielle Probleme. Im Jahr 2020 konnte etwa jeder zehnte Erwachsene seine Rechnungen nicht bezahlen. Heißt: 6,85 Millionen Menschen waren allein in Deutschland überschuldet.[11] Die Ursachen sind vielfältig. Und sicherlich sind es manchmal auch einfach nur unglückliche Umstände wie eine Scheidung, steigende Mieten oder eine gescheiterte Selbstständigkeit. Doch in vielen Fällen sind es die Menschen selbst schuld, weil sie sich Zeug kaufen, das sie zwar haben wollen, sich aber nicht leisten können.

> **An eine kollektive Verhaltensänderung glaube ich nicht. Verbote sind auch keine Lösung. Was tun Sie, um Technologie und Innovation voranzutreiben?**

Der lasche Umgang mit der Schulden-Bazooka findet auch auf staatlicher Ebene statt. Im verzweifelten Versuch, die Ausbreitung von Covid-19 durch Lockdowns zu verhindern, werden die Milliarden in den EU-Ländern gefühlt im Stundentakt rausgehauen. Der Schuldenturm wird immer höher, und es stellt sich die Frage: Wer soll das eigentlich bezahlen? Ob die Nachwuchsgeneration darauf Bock hat, für die Schulden der Alten zu ackern? Oder ob es zu einer Hyperinflation kommt und unsere hart ersparte Altersvorsorge wie eine Seifenblase zerplatzt? Wir wissen es nicht. Jedoch schreit der gesunde Menschenverstand auch ohne Studium der Volkswirtschaftslehre: Der Schuldenmüll muss ein Ende finden. Oder zumindest auf einem erträglichen Niveau stagnieren.

Selbst bei so etwas Profanem wie Licht produziert der Mensch Müll. Unabhängig von Tages- und Nachtzeit können wir immer für ausreichend Helligkeit sorgen. Wenn Sie einmal einen Stromausfall in einer Stadt erlebt haben, wissen Sie, wie unangenehm es plötzlich ist, wenn Sie im Dunkeln sitzen. Doch all dieses Licht ist Müll. Tödliche Gefahr für viele Tiere. Im Englischen spricht man von *light pollution*; Lichtverschmutzung.

Anders, als es scheint

Es ist still auf rund 2000 Meter Höhe. Meine Frau und ich sind allein auf einer kleinen Berghütte. Weit und breit kein Mensch. »Das ist beeindruckend und irgendwie gruselig«, meint meine Frau, während wir in der Küche stehen und Nudeln kochen. »Sorgen wir dafür, dass es angenehmer wird. Ich hole eine Flasche Wein und dann machen wir uns einen schönen Abend«, antworte ich ihr. Gesagt, getan. Ich verschwinde in die Dunkelheit. Vor der Hütte ist ein kleiner See. Daneben eine Open-Air-Badewanne, deren Wasser ich mit einem Kamin anheize.

Nach dem Essen liegen wir nebeneinander in der warmen Wanne und genießen den Rest des Rotweins. Es ist ein magischer Moment. Plötzlich geht ein Ruck durch meine Frau, und sie flüstert mir ins Ohr: »Wir sind nicht allein, wir werden beobachtet!« Bevor ich erschrocken zurückfragen kann, ergänzt sie lachend: »Schau mal in die Sterne. Ich habe noch nie so viele auf einmal gesehen …«

Das war ein magischer Moment. Nicht nur wegen der romantischen Umgebung und unserer Zweisamkeit. Die Sternenpracht am Himmel! Diese vermeintliche Banalität, die wir in Deutschland nur allzu selten sehen, da es über den großen Städten einfach zu hell ist. Statt den Lichtmüll der modernen Zivilisation zu sehen, bestaunten wir die majestätische Lichterfülle des Weltalls. Wir konnten sogar die Milchstraße bewundern.

Der Teufel in uns

In Goethes *Faust* sagt Mephisto: Ich bin »Ein Teil von jener Kraft, die stets das Böse will und stets das Gute schafft.« Und erweist sich damit, obwohl er doch ein Teufel ist, nur als Teil der göttlichen Ordnung. Wir Menschen aber stellen mittlerweile die gesamte Ordnung auf den Kopf. Es scheint fast so, als hätten wir die Rolle des Teufels übernommen, mit einer viel teuflischeren Wirkung. Auf uns bezogen müsste der Satz nämlich längst lauten: »Ich bin ein Teil von jener Kraft, die stets das Gute will und stets das Böse schafft.«

Denn unser unermüdlicher Drang danach, unsere eigene Verletzlichkeit und Sterblichkeit zu ignorieren und ein bequemes Leben zu leben, gleicht dem Kampf mit einer Hydra: Jedes Mal, wenn wir der Schlange einen unbequemen Kopf abschlagen, sprießen zwei neue hervor. Unser Streben nach einem guten Leben droht zum Fiasko zu werden. Auch wenn es viele Gründe gibt, stolz auf unseren bisherigen Weg und unsere Errungenschaften zu sein: Umweltverschmutzung, Artensterben, Klimawandel, Hunger, Armut, Flüchtlingsströme, soziale Spaltungen, politische Angriffe auf unsere Selbstbestimmtheit und Freiheit sowie die zunehmende Verschuldung unserer Gesellschaft bilden dennoch bedrohliche Gewitterwolken am Horizont der Menschheit.

Es gibt zwar keiner offen zu, aber hinter vorgehaltener Hand hört man hier und da den bösen Satz: »Das wahre Problem ist der Mensch. Es gibt einfach zu viele.« Und so wachsen – im engeren wie im weiteren Sinne – die zahlreichen Müllberge, während wir uns durch den Konsum- und Fressrausch in Bequemlichkeit ergötzen.

(Not-)Ausstieg

Es sind unsere eigenen Verhaltensweisen, die genau ins Gegenteil führen von dem, was wir eigentlich wollen. Wir wollen gut leben und sicher überleben – und sägen uns doch den Ast ab, auf dem wir sitzen. Das Gute an der menschlichen Tragödie ist, dass wir noch Einfluss auf den weiteren Verlauf der Geschichte haben. Das wird nur nicht so einfach. Denn wir sind ein soziales Wesen. Status, Macht und Einfluss sind wichtige Lebenselixiere. Und wer will schon freiwillig auf die Annehmlichkeiten des modernen Konsumlebens verzichten, während die Nachbarn nach dem Motto »Höher – schneller – weiter« ihr Leben uneingeschränkt genießen?

Was also tun? Ich weiß es auch nicht. Manchmal habe ich einen verzweifelten Gedanken: Vielleicht sollten wir erst recht das Dreckschwein in uns rauslassen. Also volles Rohr auf die Kacke hauen: Konsum, Dreck, Müll ohne Ende. Dann wird aus den leisen Vorboten schneller ein tosender Alarmschrei – und der Handlungsdruck wäre da. Die Krisen der Vergangenheit haben gezeigt: Wenn die lebensbedrohliche Gefahr uns Aug in Aug gegenübersteht, werden wir plötzlich handlungsfähig. Und zwar mit einer beeindruckenden Entschlossenheit.

Gegenwart machen: Die Tragödie des Menschen bewusst machen

Im Biologieunterricht erklärte uns der Lehrer die Dynamik der Ökosysteme. Er machte das an einem Tümpel fest. Dort leben Frösche und Insekten. Die Frösche fressen die Insektenlarven und können sich prächtig vermehren. Doch wenn es im Laufe der Zeit zu viele Frösche gibt, reicht das Futter nicht mehr und die Froschzahlen gehen zurück. So halten sich ökologische Systeme im Gleichgewicht. Übertragen wir das Gleichnis auf unser Leben. Die Erde ist der Tümpel. Unsere Umwelt entspricht den Insekten. Wir Menschen sind die Frösche. Und wir werden immer mehr ...

▸▸

Aus Sicht der Natur ist das, was uns droht, völlig unspektakulär. Denn ihr ist es völlig egal, ob es den Menschen gibt. Selbst wenn morgen die gesamte Menschheit ausstirbt, juckt das niemanden im Universum. Der Mensch ist Teil der Evolution und kann leider – oder zum Glück – nicht ohne die Natur überleben. Doch die Natur kann sehr gut ohne uns Menschen weitermachen.

Ziehen Sie Ihre Schlüsse daraus. In diesem Sinne: Viel Spaß beim Gegenwart machen.

3. Verloren im Rattenrennen

Wären Sie gern finanziell unabhängig? Frei von der Notwendigkeit, jemals wieder arbeiten zu müssen? Ein verlockender Gedanke. Keine Meetings mehr. Keine nervenden Kollegen, Chefs oder Kunden. Keine finanziellen Sorgen. Stattdessen freie Zeit. Sie können machen, was Sie wollen.

Doch was machen Sie dann mit Ihrer ganzen Zeit? Menschen, die sich nicht zu beschäftigen wissen, fällt schnell die Decke auf den Kopf. Sie fangen an, sich zu langweilen. Machen dumme Sachen. Oder werden gar depressiv. Eine geregelte Arbeit kann da helfen. Wie eine unsichtbare Hand führt sie uns durch den Alltag. Hält uns beschäftigt und gibt unserem Leben eine Struktur. Außerdem ist für viele Menschen das soziale Umfeld im Job wichtig, um einen regelmäßigen Austausch mit anderen zu haben. Ein Gefühl der Zugehörigkeit.

Kurzum: Arbeit ist in vielen Fällen sinnstiftend. Und da weltweit Milliarden von Menschen jeden Tag zur Arbeit gehen, ist es gerade die Notwendigkeit, Geld zu verdienen, die dazu beiträgt, dass wir friedlich neben- und miteinander existieren können: Wir müssen uns zusammenreißen und benehmen, um den Job oder die Kunden zu behalten.

Aber wir haben die Grenzen gesprengt. Die Menschen arbeiten sich kaputt. Es scheint, als wären sie von einer Arbeitssucht gepackt, die gar nicht existieren dürfte. Denn erst befreite uns die Industrialisierung, gefolgt von Automatisierung und Robotik, von der körperlichen Maloche. Und nun ist die Digitalisierung dabei, uns mithilfe von künstlicher Intelligenz, Algorithmen und Big Data von der geistigen Anstrengung zu befreien. Also müsste eigentlich alles darauf hinauslaufen, dass die Menschen immer weniger zu tun haben. Doch für viele Menschen ist das Gegenteil der Fall: Trotz des ganzen Fortschritts ertrinken sie in Arbeit. Wir haben uns nicht von der Arbeit befreit. Seit 1991 beträgt die Arbeitszeit einer vollen Stelle in Deutschland um die 40 Stunden.

Treiber der Arbeitssucht

Es ist kein Arbeitszwang, der die Menschen wie verrückt rödeln lässt. Der Treiber kommt vor allem von innen. Ich habe es oben Arbeitssucht genannt. Doch was genau lässt uns in diesem Rattenrennen mithetzen? So sehr, dass viele Menschen sich sogar für ihren Job aufopfern und bereit sind, mit gesundheitlichen Problemen dafür zu bezahlen.

Da ist zum einen die Angst davor, nicht gut genug zu sein. In vertrauten Gesprächen höre ich immer wieder, dass Menschen sich Sorgen machen, den Anschluss zu verlieren. Es ändert sich alles so wahnsinnig schnell. Und es gibt so wahnsinnig viel zu tun. Doch was davon ist wirklich sinnvoll und muss erledigt werden? Und was ist nur *nice to have* und kann ruhigen Gewissens auch liegen gelassen werden? Im Zweifel ist alles gleich wichtig und muss am besten gestern schon fertig sein. Und so bekommen Angestellte, Führungskräfte und auch Vorstände ein schlechtes Gewissen, wenn sie mal früher Schluss machen, um eine Runde Sport zu machen oder mit ihrer Familie einkaufen zu gehen.

Zum anderen ist da die Angst, nicht genug zu haben. Wohlstand ist das Ziel. Darunter versteht jeder etwas anderes. Gemeinsam haben wir wohl alle den Wunsch nach einer Lebensführung, die nicht durch Leid, Armut oder irgendwelche nervigen Einschränkungen geprägt ist. Doch dafür muss geackert und malocht werden.

Genug ist nicht genug

»Warum verkaufen Sie Ihre Firma denn nicht?«, frage ich den Unternehmer. Anfang 50. Leicht graue Haare. Drahtig, aber muskulös. Neben seiner Arbeit läuft er Marathon und hat im Keller ein eigenes Fitnessstudio. »Keine Ahnung. Ich weiß, dass ich Ihnen in unseren Coachings immer die Ohren wegen Stress und zu wenig Zeit vollheule. Aber irgendwie schaffe ich es nicht, aufzuhören. Es ist einfach noch nicht genug.«

»Wie viel Vermögen haben Sie denn beisammen?«, bohre ich nach. »Knapp zehn Millionen netto. Plus die Immobilien. Also irgendwo zwischen zwölf und 14.« »Und wann ist es genug?«, frage ich ihn. »Wenn ich das Gleiche noch mal habe.« Ich schaue ihm in die Augen. »Darf ich direkt sein?«, frage ich ihn. Er nickt. »Meine Wette ist: Wenn Sie es verdoppeln, ist es immer noch nicht genug!«

Der Unternehmer arbeitet heute immer noch. Für mich ist das nicht schlecht, da ich ihm so nach wie vor als Coach zur Seite stehen kann. Er will aber nicht mehr an seinen persönlichen Themen arbeiten, sondern sein Unternehmen weiter pushen. Er hat für sich entschieden, sich nicht mehr über den ganzen Stress und das Zuwenig an Zeit zu beklagen. Er will seine finanziellen Ziele erreichen. Und ist bereit, den Preis dafür zu bezahlen. Punkt!

Es gibt keinen Anspruch auf Wohlstand

Der Unternehmer hat verstanden, dass Wohlstand kein Geschenk ist. Etwas, das wir von unseren Vorfahren geerbt haben und nun für immer genießen können. Im Gegenteil: Wohlstand müssen wir uns verdienen. Und Wohlstand müssen wir uns erhalten. Das wird uns nur gelingen, wenn wir uns anstrengen und vor allem Ergebnisse abliefern. Klingt banal. In der Praxis hakt es jedoch. In manchen Firmen wird viel gearbeitet, nur leider ohne Ergebnisse zu produzieren. Und manche Menschen schreien weltfremd nach mehr »Work-Life-Balance« oder einer 20-Stunden-Woche, im Anspruch, das Leben sei eine Wellness-Oase. Darum müssen wir diese

Banalität nochmals klar und deutlich aussprechen: Anstrengen! Ergebnisse abliefern!

Die Welt ist weder ein Schlaraffenland, noch nimmt im globalen Wettbewerb irgendjemand auf Sie Rücksicht. Vor den harten Auswirkungen von Fortschritt und Erfolg schützt Sie niemand. Hoffen Sie in unserer anonymen Gesellschaft nicht auf eine allgemeingültige Loyalität und erst recht nicht auf Solidarität. Setzen Sie lieber auf Ihre eigene Fähigkeit, für Ihre Ziele zu kämpfen.

Denn wenn ich an asiatische Leistungsträger denke, bin ich beeindruckt von ihrer unerschöpflichen Motivation, schier unendlicher Leistungsbereitschaft und einer beeindruckenden Umsetzungsexzellenz. Gegen diese schnellen Wirbelwinde erscheinen mir manche Deutsche wie taumelnde träge Riesen.

Anstrengen, Gas geben, den Anschluss nicht verpassen. Alles gut und richtig. Und trotzdem ist etwas faul mit diesem hemmungslosen Rattenrennen und unserer Sucht, immer mehr Wertschöpfung und Wohlstand zu erreichen.

Money, Money, Money

Unter »Wohlstand« verstehen wir einen hohen Lebensstandard, der für die meisten eng verknüpft ist mit finanzieller Freiheit, technologischem Fortschritt und Konsum. Im Kern dreht es sich ums Geld. Wenn wir von Wohlstand sprechen, meinen wir den materiellen Status.

Doch im Wort »Wohlstand« steckt auch das Wort »Wohl«. Und wenn wir uns um unser Wohl sorgen, tauchen plötzlich weitere Inhalte auf. Dann geht es um unser Wohlergehen. Und dafür reicht es eben nicht aus, einfach nur reich zu sein oder viel zu besitzen. Der Unternehmer aus der Geschichte oben ist mittlerweile geschieden und darüber tieftraurig. Doch für ihn ist es am wichtigsten, nach materiellem Wohlstand zu streben. Diesem Ziel hat er sein persönliches Wohlergehen untergeordnet.

Schauen wir uns das von einer anderen Seite an: Damit Wohlstand entsteht, braucht es in den Unternehmen Wertschöpfung.

Heißt für Sie: Auch Sie müssen zur Wertschöpfung beitragen. Produktiv sein. Etwas Sinnvolles für Ihr Geld tun. Doch das Wort »Wert« scheint in der deutschen Sprache fast gleichbedeutend mit finanziellem Wert zu sein. Werterhalt, Wertverlust, wertbeständig, Wertzeichen, Wertgegenstände, wertvoll.

Aber ist das Materielle wirklich der einzige Wert, dem wir alles andere in unserem Leben unterordnen sollten? Wenn wir im globalen Rattenrennen nicht untergehen wollen: auf jeden Fall! Wenn Sie aber während des Rattenrennens mit Ihrer kostbaren, knappen Lebenszeit nicht untergehen wollen: auf gar keinen Fall!

Eine Frage der Haltung

Vielleicht schaffen wir es ja, uns als Gesellschaft ein paar neue Spielregeln zu geben, um das Rattenrennen für alle verträglicher zu machen. Das Wort »Wohlstand« bietet zum Beispiel an, an Gemeinwohl zu denken. Statt persönlich den finanziell größten Profit rauszuholen, stünde dann das Wohlergehen jedes Einzelnen einer Gemeinschaft im Fokus. Ob Gemeinwohl wirklich in den Herzen der Deutschen steckt, weiß ich nicht. Aber während der Coronakrise konnten wir zumindest ein öffentlich kommuniziertes Gemeinwohlverhalten erleben: Jeder Einzelne nahm persönliche Einschränkungen zum Wohle aller in Kauf. Einzelne akzeptierten es sogar, in finanzielle Schieflage oder gar in den Bankrott zu rutschen, wenn sie dadurch vielleicht Menschenleben retten konnten. Hier wurde der materielle Wert durch den gesundheitlichen Wert ersetzt. Es galt der Leitspruch: Der Tod wiegt schwerer als Ängste, finanzieller Schaden oder seelische Probleme.

Ob diese Gleichung wirklich aufgeht, werden wir erst in der Rückschau beurteilen können. Schließlich sterben und leiden durch das vermeintlich gemeinwohlorientierte Verhalten ebenfalls Menschen. Zwar nicht an Corona, aber wegen der Coronamaßnahmen. Wer weiß: Vielleicht haben unser Gemeinwohl und die dadurch entstandenen Schuldenberge dafür gesorgt, dass das Rattenrennen für zukünftige Generationen noch härter wird. Und wie sich die seelischen Wunden bei Kindern, Gewaltopfern oder Depressiven auswirken werden, ist heute ebenfalls nicht absehbar. Das Weltgeschehen ist eben nicht so einfach. Und ändern können Sie davon das meiste sowieso nicht. Also schauen wir auf Ihr persönliches Leben. Denn hier, in Ihrer eigenen Lebensführung, können Sie auf jeden Fall etwas beeinflussen und sogar ändern – wenn Sie das wollen. Ihr persönlicher Anspruch sollte dann sein, Ihre eigenen Spielregeln neu zu definieren, um das erschöpfende Rattenrennen in ein erfülltes Rattenrennen zu verändern.

Wer nur an andere denkt, verliert sich selbst. Das Wohlergehen unserer Gemeinschaft schließt nicht aus, dass Sie gleichzeitig auch an Ihr eigenes Wohlergehen denken.

Sie können zum Beispiel über Ihre persönliche Wert*e*schöpfung nachdenken und überlegen, welche Werte neben dem Geld für Sie wichtig sind, damit Sie sich wohlfühlen. Klar, ein dickes Einkommen und ein volles Bankkonto machen das Leben angenehm. Aber was ist mit Ihrem Herz und Ihrer Seele? Was brauchen Herz und Seele, damit auch sie erfüllt sind?

Vielleicht hört sich das für Sie nach »weichem Kram« an, mit dem Sie sich gar nicht abgeben wollen. Aber hinter dem vermeintlich weichen Zeugs stecken harte Gegner, dic sich Ihnen auf Ihrem Weg entgegenstellen. Denken Sie an die 7 Todsünden, die den gesellschaftlichen Todfeinden, um die es hier geht, schnell zur Seite eilen können.

Nehmen Sie diese vermeintlich übermächtigen Feinde ernst, aber lassen Sie sich nicht von ihnen beeindrucken. Es geht um Ihr Leben. Also machen Sie etwas daraus. Wenn Sie auf eine erfüllte Zeit zurückschauen wollen, gehören da nicht nur Karriereleiter und Geld dazu. Es braucht mehr. Doch das läuft nicht ohne Konflikt ab. Konflikt mit sich selbst. Konflikt mit anderen Menschen, der Gesellschaft und dem vermeintlichen Mainstream, der sich sowieso schneller ändert, als Sie schauen können.

Entscheiden Sie für sich: Wann ist genug genug? Wann haben Sie genug gearbeitet, um zu leben? Dann machen Sie eine Pause und nutzen den Rest des Tages, um sich mit anderen Themen und Menschen zu beschäftigen. Vielleicht machen Sie auch einfach mal nichts oder kümmern sich mal nur um sich selbst. Und dann kommt bald der Zeitpunkt für die nächste Frage: Wann haben Sie genug gelebt, um wieder zu arbeiten?

Genuss und Müßiggang allein sind auf Dauer weder erfüllend noch gut für Ihre beruflich-finanzielle Zukunft. Also setzen Sie der Freizeit ein Ende, bevor Sie im Lotterleben untergehen, und arbeiten Sie wieder. Finden Sie Ihren Rhythmus. Die Natur macht es vor: Licht und Schatten. Tag und Nacht. Jagd und Schlaf. Und so werden Sie eines Tages wahrscheinlich auch belohnt mit der Antwort auf die Frage: Was ist meine richtige Balance zwischen Status, Erfolg und Aufstieg auf der einen sowie stabilen Lebensverhältnissen und Wohlergehen auf der anderen Seite?

Gegenwart machen: Dein »Genug« definieren

Denken Sie nicht nur an Wohlstand und Wertschöpfung im Sinne von Geld und Materiellem. Was gehört in Ihrem Leben noch dazu, damit Sie »wohl stehen«? Welche Werte wollen Sie noch aus sich schöpfen? Hier ein paar Ideen: Gesundheit, Familie, Freunde, körperliche Stärke, seelisches Wohlbefinden, Hobbys, selbst gestaltbare Zeit, Ehrlichkeit, Zuverlässigkeit. Die Möglichkeiten sind vielfältig.

Statt Ihrer Arbeits- und Erfolgssucht zu erliegen, setzen Sie sich Ziele und geben Sie sich ein Versprechen: Es gibt eine Grenze, es gibt ein Genug. Und wenn Sie dieses »Genug« erreicht haben, ist es auch genug!

Haben Sie den Mut, sich und anderen diese Grenze aufzuzeigen.

4. Flüchtige Beziehungen

Wofür sind Sie auf der Erde? Was ist Ihre ureigenste Aufgabe? Was ist der tiefere Sinn in Ihrem Leben? Es ist verzeihlich, wenn Sie das noch nicht beantworten können. Aber unverzeihlich, wenn Sie sich diese Fragen noch nie gestellt haben. Denn sie sind essenziell, wenn Sie selbstbestimmt leben wollen. Viele Menschen haben bereits erkannt, dass sie die wahren Antworten nur dann finden können, wenn sie in Freiheit leben. Wer hat schon Lust, sich einzuschränken oder gar in Abhängigkeiten zu begeben! Wir leben im Zeitalter der Unabhängigkeit. Beispiel Partnerschaft: Warum sollen Sie sich lebenslang an einen Partner binden? Wir sprachen in den Kapiteln »Ausschweifung« und »Trägheit« bereits über das unendliche Angebot der Sex- und Dating-Apps. Im Zweifel ist ein neuer, vielleicht noch besser zu Ihnen passender Mensch nur einen Wisch auf dem Smartphone entfernt.

Aber ist das Streben nach Unabhängigkeit wirklich die Lösung, wenn Sie keine Lust haben, abhängig zu sein? Erster Impuls: Auf jeden Fall! Wenn Sie eine Partnerschaft beginnen und abhängig vom anderen werden und bleiben, endet das oft in einer toxischen Beziehung. In der Abhängigkeit gibt sich der eine Mensch völlig auf. Wird zum manipulierbaren Spielball. Also raus aus der Abhängigkeit, rein in die Unabhängigkeit? So einfach ist es nicht. Denn wenn Sie sich partout unabhängig machen wollen, fahren Sie mit angezogener Handbremse. Sie machen sich rar. Sorgen dafür, dass es zwar nah, aber bloß nicht zu nah wird: Noch nicht zusammenziehen – jeder kann doch erst mal seine eigene Wohnung behalten und wir besuchen uns gegenseitig. So bleibt das Feuer am Brennen, denn dann vermissen wir uns. Zu heiraten brauchen wir auch nicht, das ist bloß ein Stück Papier. Wir können uns auch ohne so einen formalen Unsinn lieben.

Der Schuss kann jedoch nach hinten losgehen. Nämlich dann, wenn Ihr Partner Ihre Unabhängigkeit als Zweifel an der Beziehung missinterpretiert. Und dann wird plötzlich aus Ihrer vermeintlich schönen Unabhängigkeit auf einmal ein neuer Singlestatus.

Kraft der Worte

Nervös stehe ich mit unserem Sohn vor dem historischen Rathaus in Köln. »Wo bleibt Mama denn nur?«, fragt Eryk, der anscheinend genauso aufgeregt ist wie ich.

Endlich rauscht der Wagen herbei, Alina steigt mit meinen Eltern aus. In ihrem Brautkleid macht sie mich sprachlos. Wir gehen ins Gebäude und werden gleich aufgerufen. Schritt für Schritt die Treppe hinab in den historischen Trausaal. Die Standesbeamtin überraschte mich mit den Worten, vor denen ich so verdammt viel Respekt habe: »Wollen Sie Alina zu Ihrer Frau nehmen und ihr die Treue versprechen in guten und in schlechten Tagen, bis dass der Tod euch scheidet?« Mein Hals schnürt sich zu und ich habe das Gefühl, die Kontrolle zu verlieren. Ich schaue Alina in die Augen. Reiße mich zusammen. Und bringe es endlich zustande: »Ja!«

Sie kennen solche Szenen aus zig Filmen. Vielleicht klingt das für Sie deswegen kitschig, scheint mehr nach Märchen als nach Realität zu klingen oder auch nach einer altmodischen Formel, nach hohlen Worten. Aber diese Worte sind für mich nicht einfach nur Worte. Sie sind ein Versprechen. Und ich pflege das, was ich verspreche, auch zu halten. Also verspreche ich grundsätzlich wenig im Leben. Mag sein, dass anderen das Eheversprechen leicht über die Lippen geht. Doch mir nicht. Bis dass der Tod euch scheidet – das ist ein verdammt langer Zeitraum. Nämlich der Rest des Lebens. Will ich das wirklich?

Ich habe mich damals entschieden. Natürlich hat jeder seine eigene Sprache der Liebe und auch unterschiedliche Vorstellungen von Beziehung. Doch ich finde: Wenn Sie wirklich einen Lebenspartner wollen, dann hören Sie auf mit dem Unabhängigkeitsmist. Stecken Sie sich Ihr kindliches Unabhängigkeitsstreben an den Hut. Und wechseln Sie zu einer reiferen und auch mutigeren Variante.

Für die gibt es auch einen Begriff, der nicht so bekannt und griffig ist wie die Unabhängigkeit, aber für mich viel mehr bedeutet: Interdependenz. Das meint gegenseitige, freiwillige Abhängigkeit – bei der Sie insgeheim wissen, dass Sie auch unabhängig, ohne den anderen, leben könnten, wenn es sein muss. Also eine Art unabhängige Abhängigkeit. Ich tat mich damit jahrelang schwer. Aber ich habe an mir gearbeitet, mir viele Rucks gegeben. Und Alina war zum Glück geduldig, hat liebevoll an unser Potenzial geglaubt und sich ebenfalls den ein oder anderen Ruck gegeben.

Im Laufe der Jahre ist unsere Liebe gereift, aber auf keinen Fall langweilig geworden. Natürlich, wenn Sie das prickelnde Abenteuer des Unbekannten wollen, müssen Sie die Hand eines fremden Menschen nehmen. Doch mit der Hand Ihres Partners können Sie Vertrautheit, Verbundenheit und Tiefe erleben, die auf ihre Art prickelnd sind. Statt der lodernden, flüchtigen Flammen erleben Sie dann die tiefe und heiße Glut eines stabilen Feuers.

Keine Liebe ohne Schmerz

Der Weg zu dieser Liebe war jedoch schwer. Ich bin beeindruckt, wie mutig Alina immer einen Schritt voraus war. Sie ist das Wagnis Liebe einfach eingegangen, während ich immer wieder zögerte und Schiss hatte. Aber wovor eigentlich? Ich hatte Schiss vor dem Schmerz. Wenn ich mich aus der Unabhängigkeit wage, werde ich verletzlich. Ich lege die Rüstung ab und lasse gleichzeitig einen Menschen in mein tiefstes Inneres vordringen. Wenn ein Mensch dann tief in meinem Herzen angekommen ist, gibt es keinen Schutz mehr. Wenn es jetzt zu Verletzungen kommt, zerfetzt es mir das Herz. Ein Scheißgefühl für einen Menschen, der gern unabhängig und selbstbestimmt durchs Leben schreitet.

Aber das ist der Preis der Liebe. Sie können nur dann das volle Wunder der Liebe genießen und die positiven Seiten erleben, wenn Sie bereit sind, auch den unerträglichsten Schmerz zu spüren. Je offener Sie dem Risiko der totalen Verletzung begegnen, desto intensiver die Liebe, die Sie geben und erleben können.

Wenn Sie stattdessen dem Schmerz ausweichen, können Sie sicherlich auch eine erfüllte Beziehung führen. Wenn Sie Glück haben, hält sie vielleicht ein ganzes Leben. Doch die Qualität Ihrer Partnerschaft bemisst sich nicht an der Anzahl der Jahre, sondern an der Intensität Ihrer Liebe. Und Liebe wird intensiv, wenn sich zwei Menschen wirklich begegnen.

Alles Wirkliche im Leben ist Begegnung

Ein Unternehmerpaar führt an der Oberfläche ein tolles Leben. Doch hinter der Fassade herrschen wenig Liebe und Herzlichkeit. Sie hat ein Unternehmen und ein stattliches Vermögen von ihrem Vater geerbt; er arbeitet in einer gehobenen Managementposition.

Sie schwimmen im Geld. Leben in einer prächtigen Villa. Sind Mitglied im Golfverein. Machen teure Reisen. Und laden ständig zu feudalen Partys in ihren traumhaften Garten ein. Von Gartenzelt, Liveband bis Personal ist alles dabei, um der Schickeria ein schickes Sehen-und-gesehen-Werden zu ermöglichen.

Doch am Ende ihres Lebens wird die Frau zunehmend dement. Die Pflegebedürftigkeit steigt. Und die Besuche durch ihre »Freunde« nehmen rapide ab. Von der Schickeria kommt niemand vorbei. Auch die Kinder lassen sich nicht mehr blicken.

Der Ehemann ist die Krönung: Er hat schon immer hier und da seine Affären gehabt. Doch als seine Frau ihn am meisten braucht, ist er nicht nur nicht an ihrem Bett, sondern bedient sich auch noch an ihrer teuren Schmucksammlung. Die Ironie des Schicksals: Er stirbt am Ende vor seiner Frau, die noch fast zwei Jahre im Delirium auf den Tod warten muss.

Die beiden haben lange zusammengelebt – aber ob sie sich je wirklich begegnet sind?

Sie können natürlich auch einfach nur tolle Urlaube machen, Hobbys teilen, exklusive Gartenpartys veranstalten oder auf der Terrasse Ihren gepflegten Garten genießen. Doch eine echte Begegnung braucht all diese äußerlichen Oberflächlichkeiten nicht. Sie sind *nice to have*. Was Sie wirklich brauchen, ist Tiefe. Tiefe Begegnung. Tiefe Gespräche. Tiefe Berührung. Und da sind wir wieder bei der Gefahr, dass Sie diese Tiefe nicht erreichen, ohne das Risiko einzugehen, verletzt zu werden.

Eins werden, zwei bleiben

Doch wenn Sie das Wagnis Liebe eingehen, können Sie verdammt viel im Leben gewinnen. Ich habe bereits einmal alles verloren, was mir wirklich wichtig war – im Prolog habe ich davon schon erzählt. Zum Glück habe ich die Kurve bekommen. Berufliche Erfüllung, finanzieller Erfolg – ja, das macht das Leben angenehm. Gesundheit – die können wir für kein Geld der Welt kaufen. Und Liebe? Ich ernte oft ungläubige Blicke dafür, wenn ich sage: »Ich *kann* einfach nicht mehr ohne Alina leben, weil ich nicht mehr ohne sie leben *will.*«

Gemeinsam haben wir für uns einen Weg gefunden, etwas zu leben, was ich beschreibe mit: eins werden – zwei bleiben. Ich habe das Gefühl, Alina ist ein Teil von mir. Und das Gleiche fühlt auch sie. Nicht nur, dass wir anscheinend Teile unseres Gedächtnisses an den anderen ausgelagert haben. Es ist mehr. Und trotzdem kleben wir nicht aufeinander. Jeder macht sein Ding. Genießt Freiheiten.

Liebe ist wie eine Brücke, die jeden Tag von beiden Seiten neu aufgebaut werden muss. Genießen Sie dieses Wunder, erleben Sie die Kraft von »Eins werden, zwei bleiben«.

Und gleichzeitig gehen wir viele Kompromisse ein. Die nervten mich früher. Sie passten nicht zu meinem Streben nach Unabhängigkeit. Heute strebe ich nach Interdependenz statt nach Unabhängigkeit. Und mache mit Sicherheit genauso viele Kompromisse wie damals. Seltsamerweise habe ich jedoch den Eindruck, dass ich gar keine mache; ich mache sie, ohne dass sie mir bewusst sind. Und noch besser: Sie stören mich nicht. Das heißt nicht, dass wir konfliktfrei leben, wir sind beide liebevolle Raubkatzen mit starkem Ego. Aber die Auseinandersetzungen sind so intensiv wie kurz.

Trauen Sie sich, das Risiko *Liebe* einzugehen? Sind Sie bereit, an sich zu arbeiten? Um dann auch gemeinsam an der Beziehung mit Ihrem Partner zu arbeiten? Oder ist Ihnen das alles egal und Sie sind lieber immer wieder mit neuen Lebensabschnittsgefährten zusammen?

Wenn Sie im Alter einen vertrauten Menschen, der Sie liebt, an Ihrer Seite haben wollen, sollten Sie lieber frühzeitig mit der Beziehung beginnen. Eine der größten Ängste des Menschen ist, am Ende einsam zu sterben. Ohne die Liebe wären das Leben und das Sterben unerträglich. Sie ist wichtiger als alles andere. *Keine Liebe* ist schlimmer als *kein Geld*.

Diese Erkenntnisse sind nicht neu. Wir reden ständig davon. Aber wir hören nicht mehr richtig hin, wenn wir darüber reden – oder singen. Hören Sie doch mal wieder in »Everybody needs somebody to love« von den Rolling Stones oder den Blues Brothers rein:

»... no matter who you are / And what you do to live, thrive and survive / There are still some things that make us all the same / You, me, them, everybody, / Everybody needs somebody to love«

Und: Wie sieht's bei Ihnen aus?

Gegenwart machen: Die Brücke täglich von beiden Seiten bauen

In meinen Coachings eröffnen mir Unternehmer und Führungskräfte immer wieder, wie es um ihr privates Liebesleben steht. Beruflich tun diese Menschen alles dafür, um erfolgreich und wirkungsvoll zu sein. Privat lassen sie jedoch den Dingen ihren Lauf und landen in Konflikten, bösen Streits oder Scheidung. »Wir haben uns eben auseinandergelebt!« Ich frage dann: »Wie kann das sein, wenn Sie im gleichen Haus leben?«

Prüfen Sie Ihre Haltung zur Liebe! Eine Beziehung ist etwas Magisches. Sie gehört weder Ihnen noch Ihrem Partner. Sie existiert nur, weil Sie beide das wollen. Arbeiten Sie daran, dass diese Beziehung nicht nur lange währt – sondern Sie beide auch erfüllt.

5. Lieber Dolch als Konflikt

Konflikte? Nein danke! Wir sind heilfroh, wenn wir diesen Biestern der zwischenmenschlichen Auseinandersetzung aus dem Weg gehen können. Was genau ist es denn, dass wir sie scheuen wie der Teufel das Weihwasser?

Klar, Konflikte sind unangenehm. Haben etwas mit Streit zu tun. Mindestens mit einer Meinungsverschiedenheit. Es gibt also Reibungsfläche zwischen den Beteiligten, unter der die Beziehung einen Knacks bekommt – oder gar in die Brüche geht.

Viele Menschen erwarten, dass der inhaltliche Streit zwischenmenschlich die Beziehung belastet. Aber ist das wirklich so? Meine Erfahrung ist: Es *kann* sein. Es *muss* jedoch nicht sein. In meinen Seminaren stelle ich gern die Frage: Was ist das Gegenteil des Konflikts? Die meisten Menschen beantworten die Frage mit »Frieden«, »Ruhe« oder »Harmonie«.

Und das ist falsch. Das Gegenteil vom Konflikt ist nicht die Harmonie – sondern Chaos.

Auf keinen Fall!

»Meine Mutter ist pflegebedürftig. Aber ich wohne fast 800 Kilometer entfernt und kann nicht mal eben zu ihr fahren …« Tränen unterbrechen die gestandene Unternehmerin. Eigentlich stehen Führungsthemen auf der Agenda, aber sie kann ihre privaten Sorgen nicht mehr zurückhalten.

»Mein Bruder könnte das. Er wohnt nur 20 Minuten von ihr entfernt. Aber er macht es einfach nicht«, erklärt sie mir. »Haben Sie denn mit Ihrem Bruder mal über dieses Thema gesprochen?«, will ich wissen. »Auf keinen Fall. Ich will ja keinen Streit mit ihm …«

Diese Unternehmerin scheut in der Firma keinen Konflikt. Privat jedoch sieht die Welt anders aus. Und weil sie in der Familie den Konflikt vermeidet, entsteht Chaos. Doch es bleibt ihr nur der Weg durch den Konflikt, um zumindest die Chance auf Harmonie zu haben. Wenn sie keine klärenden Konfliktgespräche mit Bruder und Mutter führt, ist das Chaos sicher. Prüfen Sie Ihre eigenen Lebensbereiche. Nur wenn Sie bereit sind, in den Konflikt zu gehen, haben Sie die Chance, in Harmonie zu landen. Harmonie und Konflikt sind zwei Seiten derselben Medaille. Aber war das schon immer so? Werfen wir einen Blick zurück in die Menschheitsgeschichte.

Ausweichen als Überlebensstrategie

In der Frühzeit der Menschheit waren wir als Nomaden unterwegs. Für Nomaden sind Aufbruch und Abschiednehmen keine Ausnahme, sondern die Regel. Schätzen Sie einmal: Wie groß war so ein Clan, wenn er durch die Steppe zog? Berichte, die ich gelesen habe, erwähnen 20 bis 50 Personen, höchstenfalls 150 Menschen. Aber warum?

Stellen Sie sich solch eine Gruppengröße bildlich vor. Bei maximal 150 Personen kannte jeder jeden. Das war überlebenswichtig. Denn die Menschen eines Clans mussten sich vertrauen. Wenn der Feind im eigenen Lager säße, wäre das fürs Überleben des Clans eine tödliche Gefahr. Genauso wie die Begegnung mit fremden Clans. Denn ob Freund oder Feind – das kann man nicht immer aus der Ferne erkennen.

Was würden Sie tun, wenn Sie einen Nomadenclan durch die Steppe führen und einen fremden Clan am Horizont sehen? Sie würden ihm sicherlich ausweichen. Und genauso sollen es unsere Vorfahren auch getan haben. Denn eine Auseinandersetzung kostet auf jeden Fall Verletzte und Tote – selbst wenn der Nomadenclan am Ende den Kampf gewinnt. Wozu also das Verlustrisiko eingehen, wenn Sie dem Kampf einfach ausweichen können?

Grenzen sorgen für Konflikte

Dann wurden die Menschen sesshaft. Sie bauten Dörfer, hielten Tiere in Gehegen, betrieben Ackerbau. Für immer mehr Menschen gab es nicht mehr Aufbruch und Abschied, sondern Bewahrung und Pflege. Nun gab es etwas zu verteidigen, wenn plötzlich ein fremder Clan auftauchte. Sie konnten nicht mehr einfach ausweichen, denn dann hätten sie all ihr Hab und Gut zurücklassen müssen. Jetzt stellten sie sich der Begegnung. Und im Zweifel auch dem Kampf. Die Grenze zwischen Mein und Dein war die Ursache für einen Konflikt. War unsere Sesshaftwerdung vielleicht die Geburtsstunde der Gewaltbereitschaft des Menschen?

Zumindest sorgen Grenzen auch heute noch für Konfliktpotenziale. Im Kinderzimmer streiten sich die Kleinen bereits, wem welches Spielzeug gehört. Die Grenze zum Nachbarszaun hat schon für so manchen Streit gesorgt, sodass Gerichte über den richtigen Baum- und Heckenwuchs zu entscheiden hatten. Unternehmen kämpfen gegen ihre Wettbewerber, um Marktanteile zu gewinnen. Und selbst in der Kommunikation sorgt die Grenze zwischen »meiner« und »deiner« Meinung für Konflikte, die im Zeitalter des neurotischen Dauergezwitschers schnell auch unter die Gürtellinie gehen können.

Aber irgendwie gehen wir mit den Grenzkonflikten unseres modernen Alltags nicht mehr wirklich offen um. Wir ziehen nicht sinnbildlich in den Krieg, sondern verhalten uns eher wie die Nomaden am Anfang der Menschheitsgeschichte. Als moderne Nomaden weichen wir dem offenen Konflikt lieber aus. Doch ganz so friedlich, wie es aussieht, ist das keinesfalls.

Aggressive Konfliktvermeidung der Moderne

Heute gibt es zahlreiche Grenzen, die es zu verteidigen gilt. Der offene Konflikt darüber scheint jedoch nicht gesellschaftsfähig zu sein. Im Gegenteil: Wer unerwünschte Meinungen öffentlich teilt, bricht damit nicht nur einen öffentlichen Streit vom Zaun, sondern muss schlimmstenfalls mit seinem gesellschaftlichen Tod rechnen. In der Dauererregung unserer Gesellschaft scheint es ein opfermoralisch bedingtes Recht auf Hass und öffentliche Ächtung zu geben. Vom Vorstandsvorsitzenden bis zur Oma aus dem Nachbarhaus haben viele Menschen vor diesem Killerkommando Angst – und vermeiden lieber den offenen Konflikt.

So entsorgte Migros rund 100 000 Einkaufstaschen, bevor sie überhaupt an Kunden verteilt wurden. Der Grund: Die Taschen waren mit harmlosen nackten Frauenfiguren bedruckt. Die Bilder wurden vom renommierten Schweizer Künstlerinnentrio Mickry 3 gemalt. Auf ihrem Instagram-Account behaupten die drei Frauen, dass die Befürchtung der Migros sei: Die Bilder seien zu sexistisch. Wer die Bilder sieht, weiß: absurd!

Eine besondere Form der Konfliktvermeidung basiert auf einem Irrglauben: Demnach wird Klartext als persönliche Härte empfunden. Deswegen können Sie häufig beobachten, wie Menschen ihre eigene Meinung mit einer präventiven Entschuldigung einleiten, um bloß niemandem zu nahe zu treten. Das ist gar nicht so einfach. Denn überall und ständig lechzen Menschen mit profilneurotischen Sehnsüchten nach Aufmerksamkeit und Anerkennung, indem sie laut aufschreien, wenn Sie in Ihren Äußerungen zu klar werden. Der Mainstream reagiert darauf sofort und stimmt in die öffentliche Ächtung lauthals ein. Das will sich niemand antun.

Also spülen immer mehr Menschen schön weich. Schleifen Aussagen so glatt, dass am Ende niemand mehr weiß, was sie eigentlich sagen wollten. Doch dies bedeutet keinesfalls Harmonie. Die Schwelbrände wüten weiter vor sich hin. Jedoch im Stillen. Hinter vorgehaltener Hand. Statt die Konflikte und Meinungsverschiedenheiten offen auszutragen, rammen wir uns lieber heimlich die Dolche in den Rücken.

Übertriebene Political Correctness ist falsch. Wir brauchen eine respektvolle Streitkultur. Meinungsverschiedenheiten müssen offen verhandelt werden.

Doch nicht alle Bevölkerungsgruppen sind zurückhaltend, wenn es darum geht, ihren Unmut mit den aktuellen Zuständen auszudrücken. Der radikale Islamismus hat zumindest keine Skrupel, durch Terror und Gewalt zu zeigen, wie er den Westen und dessen Werte verabscheut. Unsere kaputte Konfliktfähigkeit geht so weit, dass bekannte Gefährder in Deutschland geduldet und nicht öffentlich an den Pranger gestellt werden. Wir beobachten, versuchen zu integrieren und hoffen, dass nichts passiert. Abschieben ist nicht so einfach möglich. Ein schwieriges Dilemma.

Was tun Sie, wenn ein Mensch vor Krieg, Gewalt und politischer Verfolgung flüchtet und an Ihre Tür klopft? Reichen Sie ihm eine helfende Hand und nehmen ihn bei sich auf? Bieten ihm Ihre Gastfreundschaft an? Mal angenommen, Sie tun das. Was machen Sie dann, wenn die Person sich schlecht benimmt? Während des Essens lautstark rülpst. Müll einfach in die Ecke pfeffert. Ihre Lebenspartnerin sexuell belästigt. Wann endet Ihr Verständnis für Traumatisierung, Leid und die schlimmen Erfahrungen? Wann endet Ihre Gastfreundschaft? Bei Diebstahl? Körperverletzung? Vergewaltigung? Mord? Irgendwann würden Sie ihn rauswerfen. Ist es verboten, zu fordern, dass ein Gast, dem wir unsere Gastfreundschaft bieten, des Landes verwiesen wird, wenn er unsere Gastfreundschaft missbraucht?

Diskussionen darüber sind in unserem Land schwer geworden und funktionieren nur, indem Sie fein und strategisch den kommunikativen Dolch verwenden. Wer nicht für eine blinde und bedingungslose Willkommenskultur ist, wird sofort in rechtsradikale Ecken gestellt. Doch wer unterschiedliche Meinungen und damit Konflikte unterdrückt, sorgt für gefährliche Schwelbrände, die zeitversetzt zu einer noch gefährlicheren Explosion führen können.

Um das zu verhindern, müssen wir die unterschiedlichen Meinungen und Haltungen der Menschen ans Tageslicht holen, eine öffentliche Debatte führen und am Ende zu einer gemeinsamen, menschlichen Lösung finden, die jedoch unsere Sicherheit und Werte nicht gefährdet.

Der Elefant im Gebüsch

Ein Konflikt ist oft wie ein Elefant, der verzweifelt versucht, sich im Gebüsch zu verstecken. Jeder sieht ihn zwar, aber niemand traut sich, ihn rauszuholen. Doch genau das sollten Sie tun. Entwickeln Sie eine Spürnase für diesen Konflikt-Elefanten. Und dann haben Sie den Mut, den Elefanten aus dem Gebüsch zu holen.

Kann sein, dass dann eine Bombe explodiert. Aber eine kontrollierte Sprengung ist immer noch besser, als wenn die Bombe dann hochgeht, wenn niemand damit gerechnet hat.

Finger in die Wunde

Ein Mittelständler will mit meiner Unterstützung seine Unternehmenskultur verbessern. Die Videokonferenz mit den drei Geschäftsführern läuft gut. Wir gewinnen schnell ein gemeinsames Ziel.

»Bezüglich unseres Projekts bin ich klar. Aber eine andere Sache interessiert mich noch«, sage ich und mache eine kurze Pause. »Vertrauen Sie vier sich eigentlich?« Es herrscht einen Augenblick Stille. Und was die drei dann antworten, ist ein Paradebeispiel an politisch-korrekten, jedoch nichtssagenden Worthülsen.

Den Auftrag habe ich trotz der heiklen Frage bekommen. Der erste Workshop fand wieder nur mit den drei Geschäftsführern statt. Zur

Eröffnung bezog ich mich noch mal auf unsere Videokonferenz und die Vertrauensfrage. Es entlud sich ein Berg an Emotionen. Und das nur, weil die drei bisher Konflikte immer wieder runterschluckt hatten, anstatt sie zu klären. Diese Klärung war zwar anstrengend, aber für alle auch erleichternd.

Respektvolle Streitkultur

Wir brauchen keine Debatte. Keine Diskussion. Und erst recht keine Gesprächskultur. All diese Begriffe gehen zwar in die richtige Richtung, aber weichen dem Konflikt zu sehr aus. Nennen wir das Kind doch beim Namen: Wir brauchen den offenen Streit. Meinungen und Meinungsverschiedenheiten müssen auf den Tisch. Und zwar lieber schwarz-weiß und überzeichnet, als dass sie im politisch korrekten Kauderwelsch verklausuliert sind und niemand versteht, was genau Sie eigentlich stört.

Dieser Streit muss bestimmten Regeln folgen. Schließlich sind wir keine wilden Tiere, sondern haben den Anspruch, eine moderne Zivilisation zu sein. Und dazu gehört für mich ein gelebter Respekt. Respekt bedeutet: anzuerkennen, dass mein Gegenüber *anders ist* als ich. Das Anderssein beinhaltet, dass der Mensch anders *denkt*, anders *fühlt* und auch anders *handelt* als ich. Weiterhin gehört zum zivilisierten Umgang, dass wir anständig miteinander reden. Nicht beleidigen. Nicht unter die Gürtellinie gehen. Anstand und Sitte klingen zwar nach Old School, haben aber auch heute nichts an Wichtigkeit verloren. Alles kein Hexenwerk, sondern einfach nur gesunder, zivilisierter Menschenverstand.

Das ganze Paket nenne ich Streitkultur. Es beinhaltet: Machen Sie den Mund auf. Reden Sie Klartext. Und zwar: hart in der Sache! Wenn wir das als Gesellschaft hinbekommen, haben wir viel erreicht. Statt Intrigen zu spinnen und sinnlose Kämpfe gegeneinander zu führen, sollten wir lieber voneinander lernen. Das nenne ich: fair zum Menschen. Dann ist das möglich, was unseren Vorfahren geholfen hat, zu überleben: intelligente Kooperation.

Gegenwart machen: Für die Harmonie streiten

Wenn Sie schon in den Streit ziehen, dann nicht, damit Sie gewinnen. Ihr Ziel sollte Fortschritt sein. Eine Lösung finden. Voneinander lernen. Fehlverhalten klären. Was auch immer dazu beiträgt, dass Sie vorwärtskommen.

Haben Sie also keine Angst vor den Menschen, die offen und respektvoll den Konflikt suchen. Fürchten Sie lieber die Menschen, die dem Konflikt ausweichen. Denn solche vermeintlich friedliebenden Typen schleichen sich gern von hinten an und stechen mit dem Dolch heimlich zu.

6. Die Gier nach Anerkennung

Falsche Worte

»Das ist keine Nivea-Creme«, kommentiert der Lehrer, als er mir meine Deutscharbeit auf den Tisch legt. »Fuck you«, denke ich mir und schlage das Heft auf.

Ich melde mich und bitte ihn herzukommen. »Da steht nicht Nivea, sondern Niveau«, erkläre ich ihm. »Das kann ja jeder sagen. Schreiben ist keine Kunst!«, entgegnet er nur knapp, schaut über mich hinweg und geht einfach wieder.

Wenn ich an meine Schulzeit zurückdenke, ist es erschreckend, was sich da alles als Lehrer tummelte. Für mich muss ein Lehrer Potenziale in Menschen entdecken und fördern. Viele taten jedoch das Gegenteil. Zeigten Fehler auf und konfrontierten die Schüler damit, was sie alles nicht gut oder nicht gut genug konnten.

Jenen Deutschlehrer zeichnete nicht nur seine arrogante Haltung aus, sondern auch seine Sauklaue, die weder Schüler noch Eltern lesen konnten. Und ausgerechnet er hängt sich daran auf, dass er aus meiner Handschrift nicht Niveau, sondern Nivea liest – und gab mir obendrein noch mehrfach zu verstehen, dass ich kein guter Schreiber wäre.

Zum Glück habe ich auf seine Meinung nichts gegeben. Ich war als junger Mensch innerlich stark genug, dass seine verbalen Verletzungen nichts in mir zerstört haben. Und so bin ich – trotz manchen Zweiflers – am Schreiben drangeblieben. Sie halten gerade mein drittes Buch in den Händen. Bei allen dreien hat ein professioneller Verlag an mich und die Qualität meiner Arbeit geglaubt.

Hater sind Loser

Viele Menschen drücken – wie dieser Lehrer – anderen ihre Meinung auf. Andere mobben. Und manche hassen. Solcher *Hater* erscheinen dadurch vielleicht stark und dominant. Doch wenn Sie hinter ihre Fassaden schauen, werden Sie entdecken: Diese Typen sind *Loser*. Irgendwo haben sie ihre eigenen Probleme. Bekommen ihr Leben nicht in den Griff. An sich arbeiten, Verantwortung für das eigene Leben übernehmen – das ist ihnen zu anstrengend. Leichter fällt es ihnen, andere Menschen und deren Leben zu kommentieren.

Das eigene Leben selbstbestimmt zu leben, ist eine schweiß-, blut- und tränentreibende Kunst. Vielleicht wollen diese Loser sich deswegen nicht zu sehr mit ihren eigenen Themen beschäftigen. Denn dann sehen sie, wie viele anstrengende Baustellen warten oder offene Wunden klaffen. Da ist es deutlich angenehmer, sich in das Leben anderer einzumischen und ihnen zu sagen, wie schlecht sie sind. Wenn man andere niedermacht, steht man automatisch über ihnen. Dies sorgt für eine sehr spezielle Glücksform, das relative Glück: Wenn es mir besser geht als dir mickrigem Lappen, ist das Leben gut.

Was für eine absurde Haltung. Machen Sie sich frei von solchen Menschen. Ich formuliere es mal ganz deutlich: Geben Sie einen Scheiß auf die Meinung von Menschen, die Ihnen vorschreiben wollen, was Sie zu tun und zu lassen haben!

Das ist jedoch gar nicht so einfach. Denn schließlich sind wir Herdentiere. Wollen gemocht werden. Dazugehören. Nicht isoliert sein. Und erst recht nicht verstoßen werden. Im Berufsleben wollen wir nicht gekündigt werden. Und privat wollen wir nicht die Verbindung zu Freunden und Bekannten verlieren. Diese Haltung ist auch richtig. Sie hat uns schließlich seit rund 300 000 Jahren überleben lassen. Die Überlebenschance ist deutlich höher, wenn Sie im Clan und nicht als einzelner Mensch durch die Steppe wandern.

Doch in der heutigen Zeit hat sich ein Gemocht-werden-wollen-Virus verbreitet. Wenn Sie davon infiziert sind, unterscheiden Sie nicht mehr, ob die Person wirklich wichtig ist und Ihnen Gutes will – oder ob es ein Hater, Mobber und damit ein Loser ist. Sie versuchen, es allen recht zu machen. Keine gute Idee.

Wenn Ihnen ein Mensch seine Meinung mitteilt, offenbart er damit automatisch auch viel von sich. Ich habe einmal einen Personalleiter erlebt, der mich für das Coaching eines Geschäftsführers briefte. »Herr XY ist sehr rational. Zu rational. Ihm fehlt es an Empathie und der Fähigkeit, Nähe zu den Menschen aufzubauen. So baut er unnötige Distanz auf.«

Lassen Sie sich nicht von anderen Menschen und fremden Stimmen von Ihrem Weg abbringen. Hören Sie auf Ihre innere Stimme!

Witzigerweise zeigte sich im weiteren Verlauf, dass die Kritik des Personalers zwar nicht falsch war. Jedoch hatte er selbst eine noch viel größere Baustelle bei genau diesen Themen. Mit seiner Kritik am Geschäftsführer machte der Personaler also genau das sichtbar, was ihm selbst fehlte.

Ratschläge fürs Leben

Eine weitverbreitete Handlungsmaxime lautet: Zerstöre nicht deinen goldenen Käfig. Immer wieder habe ich Geschäftsleute im Coaching, die finanziell sehr erfolgreich sind. Doch mit steigendem Einkommen sind auch die monatlichen Kosten gestiegen. Teures Haus. Teure Hobbys. Und wer will darauf schon verzichten und wieder tiefer stapeln. Also jammern sie zwar darüber, wie unzufrieden sie im Job sind. Aber sie sind nicht konsequent und ertragen die Situation einfach. Manche nennen ihr Gehalt bezeichnenderweise Schmerzensgeld. Aus ihrem Umfeld bekommen sie dafür Unterstützung: »Du hast es doch mit der Position geschafft. Schau dir an, was du alles im Leben hast. Gib das ja nicht auf!«

In meinem Leben gab es auch solche Klugscheißer, als ich damals in der Finanzindustrie arbeitete und mein Job einfach nur noch unerträglich war. Und so bin ich dann von einem Tag auf den anderen ausgestiegen. Hatte keine berufliche Alternative. Aus einem Kalender, der mein Leben völlig durchgetaktet hatte, wurde auf einmal eine gähnende Leere, und ich wusste gar nicht, was ich mit meiner Zeit anfangen sollte. Keine angenehme Situation.

Aber aus heutiger Sicht bin ich heilfroh, dass ich es gemacht habe. Denn dadurch, dass ich den alten Job losgelassen hatte, war ich frei und offen, um neue Möglichkeiten zu entdecken. Mittelständische Unternehmen, in die wir mit unseren Fonds investiert hatten, kamen mit Fragen zu Führung und Vertrieb auf mich zu. Und so rutschte ich Schritt für Schritt in meine heutige Tätigkeit als Berater und Unternehmercoach.

Doch diese Unternehmen hätten mich nie mit solchen Projekten beauftragt, solange ich noch in meiner alten Tätigkeit verhaftet war. Erst der Verlust des alten Jobs ermöglichte es mir, meine berufliche Erfüllung zu finden.

Balsam für die Seele

Rückblickend sehen diese Entscheidungen einfach aus. Jedoch war es alles andere als einfach, als ich damals mitten in der Veränderung steckte. Zweifel kamen auf. War das die richtige Entscheidung? Werde ich einen passenden Weg für mich finden? Wird er besser als der bisherige? Das können Sie natürlich nicht vorhersehen. Sie müssen sich darauf einlassen und dafür sorgen, dass es besser wird. In solchen Zeiten, in denen Sie mental down sind und es Ihnen nicht so gut geht, werden Sie sich nach Balsam für die Seele sehnen.

Lob ist ein solcher Balsam. Ein Mensch, der Ihnen sagt, wie toll Sie sind. Wie toll Sie etwas machen. Lob ist das Gegenteil von dem, was wir eingangs des Kapitels beschrieben haben: Es ist keine niedermachende Kritik, sondern ein positives Feedback. Eine Streicheleinheit. Als ob ich meinem Hund über seinen Kopf streicheln würde: »Hast du fein gemacht!«

Machen Sie sich frei von diesem Lob. Natürlich tut uns das allen gut. In meinem Job bin ich ständig in Situationen, in denen ich für andere Menschen etwas abliefern muss. Bücher schreiben, die meine Leser begeistern sollen. Vorträge halten, die das Publikum von den Stühlen reißen. Beratungsprojekte machen, die meinen Kunden zu bahnbrechenden Durchbrüchen verhelfen.

Selbst wenn ich das schaffe: Das Lob der anderen darf nie mein Antrieb sein. Denn dann mache ich etwas nicht der Sache wegen – sondern weil ich insgeheim unter dem Gemocht-werden-wollen-Virus leide und nach dem Lob der anderen giere. So werden Kunden, Bekannte oder Familienmitglieder auf einmal zu Julius Caesar, der damals in der Sklavenarena den Daumen nach oben oder unten drehte und damit über Leben oder Tod entschied. Nur dass jetzt über mein Wohlbefinden entschieden wird. Denn wenn das Lob ausbleibt, ist auf einmal die Laune schlecht.

Zu meinem zweiten Buch »Führung stirbt nicht!« bekam ich viel positives Feedback. Und dann schreibt mir ein Unternehmer, den ich als Mensch schätze, das Buch habe ihn nicht überzeugt! Autsch – das saß. Dieses eine negative Feedback hat mich mehr getroffen, als die vielen positiven Rückmeldungen mich erfreuen konnten. Ich machte mir bewusst: Ich habe das Buch nicht geschrieben, um anderen zu gefallen. Ich will mit meinen Büchern den Lesern Reibungsfläche bieten. Dazu müssen sie unbequem sein, müssen Widerspruch erzeugen. Wenn Sie meine Bücher einfach so runterlesen und alles zustimmend abnicken, habe ich meinen Job nicht gemacht.

Position der Stärke

Aber wir schweben eben nicht immer über den Dingen. Schnell rutschen wir durch äußere Einflüsse oder andere Menschen in einen mental schwachen Zustand ab. Jetzt werden Sie anfällig für unkluge Entscheidungen. Machen Zugeständnisse, gehen faule Kompromisse ein, entschuldigen sich vielleicht sogar für etwas, was gar keine Entschuldigung braucht. Kurzum: Sie machen sich unnötig klein.

Prüfen Sie also genau, wie Sie drauf sind, bevor Sie wichtige Entscheidungen treffen. Sehen Sie zu, dass Sie diese immer aus der souveränen Position der Stärke treffen. Und wenn Sie die gerade nicht haben, dann finden Sie einen Weg, das zu ändern. Oder vertagen Sie Ihre Entscheidung, bis es Ihnen besser geht. Eine Nacht drüber schlafen kann viel ändern. Denn meist sieht die Welt am nächsten Tag schon ganz anders aus.

Besonders fies wird es, wenn der Feind gar nicht aus Ihrem Umfeld kommt. Sondern sich in Ihnen befindet: Ihr persönlicher Kritiker. Die leise Stimme im Kopf, die versucht, Sie und Ihre Vorhaben zu sabotieren. Du bist nicht gut genug. Zu alt. Zu jung. Zu unerfahren. Zu dick. Zu dünn. Zu groß. Zu klein.

STOP IT! Dieser Kritiker sind nicht Sie. Erinnern Sie sich, wie ich die Hater und Mobber am Anfang bezeichnet habe? Richtig: Loser. Ihr innerer Kritiker mit seinem Dauergenörgel ist auch ein Loser. Bekämpfen Sie ihn. Gehen Sie zum Psychologen. Oder: Ignorieren Sie ihn und gehen Sie Ihren Weg einfach weiter, während er seinen Senf vor sich hin sabbelt. Wie auch immer Sie sich entscheiden: Lassen Sie sich nicht von fremden Stimmen von Ihrem Weg abbringen.

Seien Sie stark und widerstehen Sie diesen tödlichen Versuchungen. Denn sie können dafür sorgen, dass Sie am Ende nicht Ihr eigenes Leben gelebt haben, sondern das Leben, das andere von Ihnen erwarteten.

Gegenwart machen: Die eigene Meinung finden

Schmeißen Sie die Hater, Mobber und Klugscheißer sowie Ihren inneren Kritiker aus Ihrem Clan und setzen Sie lieber auf die Menschen, die Ihnen durch ihre ehrliche Meinung wirklich helfen wollen.

Dieses soziale Ausmisten ist kein Freifahrtschein zu einem bequemen Leben. Im Gegenteil. Suchen Sie sich unbequeme Mentoren und Wegbegleiter, die Sie konstruktiv-kritisch fordern und Ihr Bestes wollen.

Und noch viel wichtiger: Seien Sie Ihr eigener Mentor. Und zwar der kritischste. Und gleichzeitig auch der wohlwollendste und mutmachendste.

7. Der Mensch schafft sich ab

Der Mensch ist keine optimale Erfindung der Natur. Luft- und Speiseröhre liegen so nah beieinander, dass wir beim Essen aus Versehen ersticken können. Die Energieausbeute unserer Verdauung ist dürftig. Wir frieren, wenn es kalt ist. Haben immer wieder Hunger und Durst. Werden müde. Und können uns an veränderte Bedingungen nur langsam anpassen.

Zum Glück nutzen wir unseren Kopf, um uns durch technische Innovationen von Leid und Problemen zu befreien. Künstliche Intelligenz (KI) liest mittlerweile rund um die Uhr medizinische Studien, analysiert Diagnosen und wertet die Erfolgschancen von verschiedenen Behandlungsoptionen aus. Da kann kein Arzt der Welt mithalten. Muss er auch nicht. Die KI wertet die Daten des Patienten aus, stellt eine Diagnose und macht einen Behandlungsvorschlag. Der Arzt schaut sich die Ergebnisse der KI an und entscheidet dann mit dem Patienten, was tatsächlich unternommen wird. Genial!

Keiner weiß, was die Zukunft bringt. Aber eines ist klar: Es gibt Handlungsbedarf. Denn der Fortschritt ist bereits jetzt so bahnbrechend schnell, dass viele Menschen kaum noch hinterherkommen. Wir müssen aufrüsten. Elon Musk setzte mit Tesla nicht nur in der Autoindustrie neue Maßstäbe. Er hat auch das Unternehmen Neurolink gegründet, mit dem Ziel, das menschliche Gehirn mit dem Computer zu verbinden. Als Mensch-Computer-Lebewesen ist der Cyborg vielleicht bald schon Realität. Als neue menschliche Lebensform können wir dann unserer geistigen Leistung einen ordentlichen Schub geben und locker mit jeder KI mithalten.

Mensch vs. Technik

Aber ist es überhaupt nötig, dass wir besser und schneller als die Maschinen denken und arbeiten können? Wir haben doch einige Eigenschaften, die uns gegenüber jedem Roboter und jedem Algorithmus überlegen machen: Unsere Kreativität, Empathie und überhaupt all unsere Emotionen sind menschlich und lassen sich nicht digital kopieren. Es gibt sie, diese ureigene menschliche Einmaligkeit, die durch keine Technik der Welt ersetzbar ist.

Ein kindlicher Glaube. Und ein Trugschluss. Die Kreativität der Maschinen ist mittlerweile so gut, dass es kaum noch auffällt, was von Menschen- und was von Computerhand erschaffen wurde. KI malt bereits Bilder, die aussehen, als hätte van Gogh oder Rembrandt sie persönlich gemalt.

In der Musik ist künstliche Intelligenz in der Lage, den Stil eines bestimmten Musikers nachzuahmen. Huawei hat im Jahr 2019 Schuberts »Unvollendete« mit einem Smartphone weiterkomponieren lassen.[12] Die Qualität ist verblüffend. Es gibt auch bereits Echtzeit-Anwendungen: Mit dem von François Pachet und Sony entwickelten »Continuator« spielen Sie die ersten Takte eines Musikstücks auf dem Klavier. Die künstliche Intelligenz übernimmt und setzt die Melodie weiter fort.

Um die Qualität des Algorithmus zu testen, spielte der Jazzmusiker Albert van Veenendaal mit der Software gemeinsam. Musikkritiker bekamen nur die Töne zu hören, wussten also nie, wer eine Passage gerade gespielt hatte. Sie sollten erraten, welche Passagen vom Pianisten gespielt worden waren – und lagen mehrheitlich falsch.

Ob nun Maschinen oder Menschen Musik machen oder Bilder malen, kann uns eigentlich egal sein. Hauptsache, das Ergebnis unterhält und gefällt uns. Anders sieht es da schon bei der Rechtsprechung aus. Denn hier geraten wir schnell in ein Dilemma. Wer will schon einem Roboter als Richter gegenübersitzen? Ich bin mir sicher, dass die meisten Menschen hier auf jeden Fall lieber einen echten Menschen sehen wollen. Doch ist das wirklich sinnvoll?

Eine Studie hat die Urteile von Richtern überprüft. In über 1000 Urteilen ging es um die Frage, ob Häftlinge auf Bewährung entlassen werden sollen. Die Forscher fanden heraus, dass die Richter in 65 Prozent der Fälle positiv entschieden, wenn die Urteile vormittags getroffen wurden. Im Tagesverlauf sank die Quote zunehmend. Wer nachmittags verhandelt wurde, hatte Pech. Manche Betroffenen hatten auch Glück: Denn jede Frühstücks- oder Mittagspause ließ die Positivquote wieder auf 65 Prozent steigen.

Es scheint also keine objektive Rechtsprechung zu geben. Menschliche Richter sind alles andere als unfehlbar. Und das Justizwesen ist mit unzähligen Verfahren überlastet. Roboter-Juristen können hier Abhilfe schaffen, da sie schneller und effizienter arbeiten. In Estland soll KI bei Streitwerten bis 7000 Euro bereits den Richter ersetzen und vollautomatisch das Urteil fällen. Wer damit nicht zufrieden ist, kann immer noch Einspruch einlegen und diesen dann durch einen menschlichen Richter entscheiden lassen.

Dies sind nur die Anfänge. Wer weiß, was technisch in ein paar Jahren möglich ist. Doch nur, weil es möglich ist, heißt das noch lange nicht, dass es auch richtig ist.

Kampf der Bevormundung

Es ist vertrackt: Der Mensch weiß nicht, was er tut. Doch Algorithmen wissen es ebenfalls nicht. Und erst recht weiß der Mensch nicht, was die Algorithmen machen, die er selbst programmiert hat. Facebook hat zwei KIs miteinander in englischer Sprache sprechen lassen. Die beiden fingen plötzlich an, ihre eigene Sprache zu entwickeln. Die Forscher verstanden nicht mehr, was die beiden Maschinen sagten. Kurzerhand wurden sie einfach ausgeschaltet.[13]

Selbst wenn wir die Programmierung einer KI kennen, heißt es also noch lange nicht, dass wir sie auch verstehen. Wie sieht es denn in Ihrem Leben aus? Kennen Sie Ihre Programmierung? Verstehen Sie, was Ihnen im Leben wirklich wichtig ist? Und was Sie davon abhält und faule Kompromisse machen lässt? Wenn Sie hier keine Klarheit haben, sich nicht immer wieder kritisch hinterfragen und die Führung in Ihrem Leben übernehmen, werden Sie schnell zum Spielball der äußeren Umstände.

Die Coronakrise hat gezeigt, wie das funktioniert: Menschen mit sehr kreativen Meinungen können dank Social Media & Co. zueinander finden. Wenn ein einzelner Mensch daran glaubt, dass das Coronavirus von Bill Gates erfunden wurde, um Menschen durch die Impfung Computerchips zu implantieren, dann ist das bestenfalls amüsant, aber auf keinen Fall gefährlich.

Doch wenn mehrere solcher Freaks dank Social Media zusammenfinden und sich gegenseitig in ihrer abstrusen Wahrheitshalluzination hochschaukeln, kann es gefährlich werden. Maskenverweigerer sorgen so unnötig für eine Ausbreitung des Virus und töten damit indirekt andere Menschen. Die Algorithmen von Facebook, Instagram & Co. verteilen dazu hirnrissige Fotos und Beiträge. Dahinter steckt leider keine Intelligenz, sondern »dumme« Automatisierung. Im Ergebnis schwimmt jeder von uns in der Informationsblase, die er haben will. Schöne neue Welt.

Sie allein sind es, der darüber entscheidet, ob Sie den Weg zu Ihrem erfüllten und selbstbestimmten Leben finden.

Aber auch eine KI ist keinesfalls neutral. Und erst recht kann sie nicht »intelligent« hinterfragen, was sinnvoll ist. Microsoft entwickelte einen Chatbot und entließ ihn in die Twitter-Welt. Der Austausch mit anderen Menschen machte den Algorithmus kurzerhand zum Rassisten. Keine 24 Stunden nach seiner Geburt stellte Microsoft das Experiment ein und nahm den Chatbot wieder vom Netz. Wenn Algorithmen vom Menschen lernen, übernehmen sie also nicht nur das Gute, sondern auch das Böse.

Vielleicht denken Sie jetzt: »Mensch, Holzer, so schlimm ist das alles nicht. Warum nur das Düstere des Fortschritts sehen?« Meine Antwort: Ich sehe nicht *nur*, sondern *auch* das Düstere. Mit Absicht. Ich selbst bin ein Tekkie, mag Innovationen und probiere neue Technologie aus. Doch mein Eindruck ist, dass wir blind, taub und orientierungslos dem Fortschritt freien Lauf lassen.

Konkrete Ansagen

Ich treffe mich mit meinem Hundetrainer am Feldrand. Lio, ein zehn Monate alter Labrador, zieht und zerrt an der Leine. »Mir ist schon klar, woran es liegt«, meint der Trainer. »Da bin ich aber gespannt«, entgegne ich ihm.

»Du zupfst zwar ein bisschen an der Leine rum. Aber Lio versteht so nicht, was du von ihm willst. Denn all die Eindrücke am Wegesrand, andere Hunde, das ist megainteressant für ihn. Das ist, als müsstest du im Kopf von 1000 in 17er-Schritten rückwärts zählen –

während du ständig mit Fragen nach Uhrzeit, Hauptstädten oder Präsidenten der USA bombardiert wirst.«

Ich ahne schon, worauf er hinauswill: »Du musst deinem Hund klare Ansagen machen, was nicht geht. Und ihm eine konkrete Alternative anbieten, wie er sich verhalten soll. Am besten trainierst du das erst mal in einem Umfeld, in dem es wenig Ablenkungen gibt, und steigerst dann die Schwierigkeit Schritt für Schritt.«

Wer einen Hund erzieht, muss dafür sorgen, dass sich das Tier unterordnet. Vor einigen Tausend Jahren hat die Menschheit so aus einem wilden Wolf ein gezähmtes Haustier gemacht. Im Zeitalter der Digitalisierung sind wir dabei, selbst zum Haustier zu werden. Denn die Technik richtet uns ab, ohne dass wir es merken.

Der Mensch hat den Hund manipuliert – und der Hund ist ihm hörig geworden und kann nicht mehr ohne ihn leben. Die Technik manipuliert uns Menschen – und der Mensch wird ihr hörig und kann nicht mehr ohne sie leben. Dabei zielt die Technik genau auf das, was uns bisher vielleicht noch Hoffnung gibt. Nämlich, dass unsere Empathie, Emotionen und Kreativität die Eigenschaften sind, die niemals von Maschinen übernommen werden können.

Beispiel Liebe: Früher mussten wir unseren Mut zusammennehmen und einen wildfremden Menschen ansprechen. Heute ist das dank der Dating-Apps deutlich bequemer geworden. Bei einfachen Versionen wählen Sie Ihren Partner aufgrund von hübschen Fotos aus. Anspruchsvollere Apps analysieren Ihre Beziehungspersönlichkeit und versprechen dadurch höhere Erfolgsquoten.

George Church ist Genetiker an der Harvard University und geht mit seiner Dating-App einen bedeutenden Schritt weiter: Er analysiert Ihr Erbgut, bevor Sie mögliche Partner zum Verlieben vorgeschlagen bekommen. Heißt: Sie bekommen ausschließlich die Menschen angezeigt, mit denen Sie auch gesunde Kinder in die Welt setzen können. Damit will der Forscher bestimmte Krankheiten bekämpfen, indem kranke Babys gar nicht erst gezeugt werden.[14]

Die meisten Menschen denken nicht darüber nach, welche Auswirkungen Technologien wie diese auf den weiteren Verlauf ihres Lebens haben können. Dazu sind die technischen Verlockungen einfach zu genial. Wir nutzen sie, weil es sie gibt. Und so wird es immer schwerer, die Kontrolle über die eigene Liebe zu behalten. Denn still und heimlich erobert sich die Technik die Hoheit darüber, wen wir kennenlernen und in wen wir uns verlieben »dürfen«. Wird Liebe damit auf den Zweck reduziert, gesunde Nachkommen in die Welt zu setzen?

Die Gefahren der technischen Verlockungen lauern auch im Alltag. Menschen greifen ständig zu ihren Smartphones. Selbst wenn sie sich mit einem anderen Menschen unterhalten, sorgt die digitale Welt immer wieder für Ablenkung. Prüfen Sie selbst, wie häufig die Menschen – und Sie selbst – das Smartphone zücken. Zur Empathie gehört Aufmerksamkeit. Doch wer sich ständig von der digitalen Welt ablenken lässt, ist nicht mehr aufmerksam. Die Technik hat also auch schon unsere Empathie und Aufmerksamkeit im Griff.

Der Mensch droht sich im schnellen Wandel selbst zu verlieren. Gibt es bei all diesem »Höher-schneller-weiter« noch einen Notausstieg? Ja, den gibt es. Der Notausstieg sind Sie. Sie haben es in der Hand, zu entscheiden, welche Technologie Sie nutzen. Und welche nicht. Für welchen Weg Sie sich entscheiden. Und für welchen nicht. Noch haben Sie einen freien Willen. Nutzen Sie ihn.

Gegenwart machen: Brechen Sie auf!

Unsere Sucht nach Bequemlichkeit macht uns träge und gefährdet unsere gute Zukunft. Wenn Sie Hoffnung haben, dass der Fortschritt schon auf Sie und Ihre Wünsche Rücksicht nehmen wird, damit Sie ein gutes Leben führen, wachen Sie besser schnell auf!

Sie haben eine einfache Wahl: Sie überlassen es den anderen, den Umständen, dem Wandel, Ihr Leben so zu verformen, wie es denen gefällt. Oder: Sie stehen auf. Übernehmen selbst die Verantwortung für Ihr Leben. Und sehen zu, dass Sie trotz all der Umwälzungen und Veränderungen Ihrem Leben die Richtung geben, in die *Sie* marschieren wollen.

Es liegt in Ihren Händen, wie sich Ihr Schicksal entwickelt. Also übernehmen Sie Ihre Lebensführung!

Teil III

7 Regeln für mutige Anführer

Selbst wenn Sie sich Ihre Sicherheit ständig einreden: Ihr Leben ist voller Ungewissheit. Der Wandel schlägt immer wieder hart zu. Legt Ihnen Herausforderungen und Probleme in den Weg. Oder zwingt Sie gar auf die Knie. Niemand hat Ihnen versprochen, dass das Leben nur aus Friede, Freude und Sonnenschein besteht. Um trotz aller Widrigkeiten ein Leben mit Kraft und Zuversicht zu führen, bleibt Ihnen nur ein Weg: Werden Sie zum mutigen Anführer Ihres Lebens!

Dazu sollten Sie die folgenden 7 Regeln beherzigen.

1. Verlassen Sie die Herde!

Ihr Lebensweg endet auf jeden Fall mit dem Tod. Die entscheidende Frage ist dann nicht, wie viele Jahre Sie gelebt haben, sondern *wie* Sie die Jahre gelebt haben. Haben Sie sich auf Ihrem Lebensweg verbogen und fremden Maßstäben angepasst? Wurden Sie von anderen ausgenutzt und für deren Zwecke instrumentalisiert?

Sie können das jeden Tag vermeiden. Brechen Sie aus der Herde aus. Wenn Sie Ihren eigenen Lebensweg einschlagen, wartet zwar am Ende auch der Tod auf Sie. Jedoch können Sie den Weg bis dahin aufrecht gehen. Selbstbestimmt. Mit Würde.

Der Herde folgen

Stellen Sie sich vor: Sie sind in einer fremden Stadt. Wochenende. Auf der Suche nach einer guten Bar, um einen wilden Abend zu verbringen. Sie öffnen die erste Tür: gähnende Leere. Drinnen lümmeln nur zwei einsame Streuner. Wahrscheinlich schließen Sie die Tür wieder und suchen weiter. Denn wo wenige Menschen sind, kann es nicht gut sein. An der nächsten Ecke stehen die Menschen Schlange, um in die Bar hineinzukommen. Die Chancen stehen gut, dass Sie sich auch anstellen. Denn wenn eine Bar brechend voll ist und die Leute freiwillig anstehen, dann muss es sich um eine gute Location handeln.

Nach dem gleichen Muster verlassen wir uns auch im anonymen Onlineshopping auf die Sternchen und Bewertungen durch andere Menschen. Das Absurde daran ist: Wir wissen, dass viele Bewertungen Fälschungen sind. Denn sie wurden gekauft. Und trotzdem verlassen wir uns darauf. Das Gleiche bei Filmen: Ich erwische mich immer wieder dabei, wie ich auf die Sterne und IMDb-Bewertungen schiele. Dabei weiß ich noch nicht mal, was Letzteres überhaupt für ein Rating ist. Egal – Sterne und hohe Punktzahlen geben Orientierung. Und so folgen wir der Herde. Denn die Intelligenz der Masse muss es schon wissen.

Bei der Entscheidung, welche Bar Sie besuchen oder welchen

Film Sie sich anschauen, ist das Risiko einer Fehlentscheidung überschaubar. Kritischer wird es, wenn Sie bei wesentlichen Entscheidungen ebenfalls der Herde folgen. Denn dann können Sie schnell Monate oder gar Jahre in die für Sie falsche Richtung laufen. Doch was meine ich mit »wesentlichen Fragen und Entscheidungen«? Hier eine kleine Auswahl:

- Was bedeutet für mich Erfolg?
- Wann bin ich glücklich? Ist Glück überhaupt ein erstrebenswertes Ziel?
- Was zeichnet für mich eine erfüllte Partnerschaft aus?
- Will ich wirklich Kinder haben?
- Haus kaufen – oder doch zur Miete wohnen?
- Soll ich meinen verrückten Lebenstraum realisieren, auch wenn er teuer und »unvernünftig« ist?
- Soll ich mich für das toxische Familienmitglied weiter verbiegen?
- Wenn mich der Job und mein Chef nerven, warum kündige ich dann nicht und suche mir etwas anderes?
- Warum arbeite ich so viel, dass ich meine Gesundheit aufs Spiel setze?
- Will ich wirklich so viel Freizeit mit all den Bekannten verbringen, die mir eigentlich nur auf den Keks gehen? Wie kann ich mehr Zeit mit den Menschen verbringen, die mir wirklich wichtig sind?
- Wie schaffe ich es endlich, »Nein!« zu sagen – auch wenn ich damit jemandem wehtue?

Sie gehören zum Leben dazu: schwierige Entscheidungen. Situationen, wo es kein klares Richtig und Falsch gibt. In denen wir das volle Gewicht der Verantwortung spüren. In Momenten wie diesen hätten wir so gerne eine Gebrauchsanleitung für unser Leben, die uns genau sagt, was zu tun ist – damit auf jeden Fall ein gutes Ergebnis herauskommt.

Doch so einfach ist es nicht. In meinen Coachings begegne ich vielen Menschen, von denen jeder seine ganz eigene schwierige

Frage hat, die er gerade beantworten muss. Diese Menschen weichen nicht aus. Sie stellen sich dem Kampf. Leider gibt es aber auch viele Menschen, die weichen ihrer Verantwortung aus und folgen lieber der Herde. Sie verheddern sich dann in »hätte«, »könnte«, »würde« und vergeuden wertvolle Momente ihrer knappen Lebenszeit.

Opfer der Umstände

Ein Bekannter schreibt mir: »Meine Versuche, doch noch eine Angestelltenkarriere zu machen, haben sich leider zerschlagen. Also geht der gewohnte Kampf um Aufträge weiter und ich muss mich immer wieder am eigenen Schopf aus dem Sumpf ziehen. Ob ich das allein schaffe?« Ich beantworte den Schrei nach Hilfe: »Ich wünsche Dir Kraft und Stärke für den weiteren Weg. Wenn Du Hilfe brauchst, such Dir einen Coach.«

Prompt kommt die Antwort: »Habe gerade meine zwei Kinder auf Wunsch der Mutter in der englischen Privatschule eingeschult. Wer soll das bezahlen? Noch hoffe ich, mich selbst herausziehen zu können. Muss mich ›nur‹ sehr stark motivieren und disziplinieren.«

Ein bisschen mehr Würde und Selbstbestimmung, denke ich mir beim Lesen, würde ihm nicht schaden … Und schreibe zurück: »Das Wehklagen habe ich in ähnlicher Form schon vor ein paar Jahren von Dir gehört. Werde aktiv. Wie wäre es, wenn Du wegen der teuren Privatschule ›Nein!‹ zu Deiner Frau sagst? Dich von den Absagen nicht unterkriegen lässt und in Deinem Netzwerk weiter nach Möglichkeiten suchst? Oder wenn Du jemanden einstellst, der sich um die Akquise von Projekten kümmert?«

Die Würde des Menschen ist unantastbar. So steht es gleich am Anfang unseres Grundgesetzes. Ein starker Satz. Doch so stark und edel er auch wirkt, so abstrakt ist er für uns. Denn was bedeutet eigentlich »Würde«? Wir können diese Frage mit unserem Kopf meist nicht ohne Weiteres beantworten. Doch unser Bauchgefühl weiß, was Würde ist. Und wir fühlen auch ganz genau, wann andere Menschen unsere Würde verletzen. Aber was ist eigentlich, wenn wir unsere eigene Würde antasten? Und das geht verdammt schnell. Nämlich dann, wenn wir lieber der Herde folgen, als selbst Verantwortung für unser Leben zu übernehmen. So wie mein Bekannter aus der Geschichte. Er spuckt sich durch seine duckmäuserische Haltung selbst ins Gesicht.

Erfolg vs. Erfüllung

Als Außenstehende erkennen wir schnell, was in anderen Leben schiefläuft. Die hohe Kunst ist, diesen konstruktiv kritischen Maßstab auch aufs eigene Leben anzuwenden. Denn was nutzt es Ihnen, wenn die anderen aufgrund Ihrer Ratschläge erfüllt und selbstbestimmt leben – und Sie es selbst nicht hinbekommen und am Ende mit Reue auf Ihr Leben zurückblicken?

Vielleicht lächeln Sie jetzt innerlich. Denken sich: »Ich bin doch erfolgreich!« Dann halten Sie einen Augenblick inne: Heißt das, dass Sie auch persönlich *erfüllt* sind? Ich meine jetzt bewusst nicht *glücklich*. Denn Glück ist abstrakt; der Begriff »Erfüllung« hingegen ist für mich greifbarer und meint weitaus mehr als nur finanziellen Erfolg. Um hier Antworten für sich zu finden, müssen Sie erst einmal aufwachen und aus dem Rattenrennen aussteigen. Es muss Ihnen bewusst werden, dass das Leben nicht nur aus Karriere, Geld und Macht besteht.

Die Würde des Menschen ist unantastbar. Wie gehen Sie mit Ihrer Würde um? Laufen Sie nicht der Herde hinterher, sondern gehen Sie Ihren eigenen Lebensweg.

Doch aufwachen ist gar nicht so einfach, denn wir werden immer wieder betäubt. So suggerieren die Anführer der Herde »Finanzielle Freiheit«, dass Reichtum der einzig richtige Weg zu einem erfolgreichen Leben ist. Viele Menschen vertrauen diesen Anführern blind und laufen mit Vollgas der Kohle hinterher – auch wenn der Weg für sie zu tragischen Konsequenzen führt.

Das Vertrackte daran: Das Rennen in der Herde kann Sie so beschäftigt halten, dass sich der falsche Weg auch noch gut anfühlt. Durchgetakteter Kalender. Große Entscheidungen. Bedeutsamkeit. Macht. Profitable Abschlüsse. Hohe Summen auf dem Konto.

So fühlen wir uns wichtig und gebraucht. Yeah, mehr davon! Ein Unternehmer sagte mir einmal: »Wenn ich zu viel freie Zeit habe, werde ich depressiv. Ich brauche einfach die Action. Nur wenn ich beschäftigt und erfolgreich bin, fühle ich mich lebendig.«

Doch dieses gute Gefühl in der Herde kann trügerisch sein. Schauen Sie ins Tierreich. Wenn Sie eine Herde von Zebras fangen wollen, müssen Sie nur die Leittiere in die falsche Richtung treiben. Die anderen Tiere folgen in der Annahme, dass das Leben in der Herde sicher ist. Auch wenn das Mitlaufen in genau dieser Herde am Ende in die tödliche Falle der Jäger führt.

Wissen vs. machen

Wir alle geraten auf unserem Lebensweg automatisch in die ein oder andere Herde. Interessant ist, dass wir eigentlich alle wissen, was zu tun wäre, um das zu ändern. Wenn Sie zum Beispiel in einem Job rödeln, der Sie abstößt – kündigen Sie! Wenn Sie so mit Ihrem Leben beschäftigt sind, dass Sie keine Zeit für Sport haben und sich ungesund ernähren – nehmen Sie sich die Zeit und ernähren Sie sich gesünder! Wenn Sie sich zu wenig um Ihre Beziehung kümmern – unternehmen Sie mehr mit Ihrem Partner und führen Sie tiefe Gespräche!

Wir wissen es. Und tun es trotzdem nicht.

Wenn Menschen solche banalen, aber richtigen Ratschläge hören, winken sie gern ab: Kenne ich schon! Aber »kennen« reicht nicht. Sie müssen Ihren Gedanken auch Taten folgen lassen, um etwas in Ihrem Leben zu bewirken. Die meisten Herausforderungen Ihres Lebens sind gar nicht so schwer. Sie brauchen nicht ständig eine neue Methode. Oder einen geheimen Trick. Was Sie brauchen, sind die Basics. Die einfachen Wahrheiten.

So langweilig Ihnen diese auch erscheinen: Es reicht, wenn Sie sie kennen und umsetzen. Schauen Sie sich Sportler, Künstler und Musiker an. Natürlich trainieren sie auch neue Techniken. Aber sie trainieren vor allem immer wieder die Basics. Was nutzt es Ihnen, wenn Sie beim Fußball kurz vor Abpfiff allein aufs gegnerische Tor zulaufen – und kläglich auf die Nase fallen, nur weil Sie sich die Schuhe nicht richtig schnüren können?

Eigene Maßstäbe

Was bedeutet das nun für Ihre Herde? Egal, ob Sie in der falschen Herde mitrennen oder in der richtigen: Jeder Lebensweg endet mit dem Tod. Es kommt also entscheidend darauf an, was auf dem Weg passiert. Die Welt ist voll von Trends, Empfehlungen, Normen. Sie werden zugedröhnt mit wohlfeilen Tipps und Ratschlägen, was Sie wo und wie machen müssen.

Wissen Sie was: Einen Scheiß müssen Sie!

Nur weil etwas »trendy« oder normal ist, heißt das noch lange nicht, dass Sie das mitmachen müssen. Das Mindeste ist, dass Sie alles erst mal kritisch hinterfragen, bevor Sie blind los- und mitlaufen. Und dann ist natürlich Mut gefragt. Denn wenn Sie als Anführer aus der Herde ausscheren und Ihren selbstbestimmten Lebensweg wählen, werden die anderen Herdentiere Sie unter Umständen belächeln. Kritisieren. Scharf angehen. Beleidigen. Ihnen einreden, dass »man so etwas nicht machen darf«.

Lernen Sie, diese Stimmen auszuhalten. Noch besser: zu ignorieren. Übernehmen Sie Verantwortung für das, was Sie aus Ihrem Leben machen. Sie können jeden Tag entscheiden, in eine neue Richtung zu laufen. Sie können heute damit beginnen. Lassen Sie die Herde hinter sich. Übernehmen Sie Ihre Lebensführung. Werden Sie zum Anführer Ihres selbstbestimmten Lebens!

Gegenwart machen: Die Herde verlassen

Definieren Sie Ihre eigenen Erfolgskriterien und akzeptieren Sie nicht ungefragt die, die andere diktieren oder für sich als richtig empfinden. Nur weil andere nach finanzieller Freiheit streben oder Kinder in die Welt setzen, müssen Sie das nicht auch machen.

▶▶

Machen Sie keine halben Sachen: Verlassen Sie die Herde nicht ein bisschen. Sondern ganz. Und machen Sie keine faulen Kompromisse. Nach dem Motto: So schlecht sind die Herden doch gar nicht, in denen ich mitlaufe. Brechen Sie aus der Herde aus!

Sie haben Angst, dass Sie dann allein sind – und bleiben deswegen lieber in der behaglichen Wärme der Masse? Brauchen Sie nicht. Gründen Sie einfach Ihre eigene Herde und Sie werden sehen: Die passenden Menschen werden auftauchen und sich Ihnen anschließen. Wagen Sie das Abenteuer: Werden Sie zum Anführer in Ihrem eigenen Leben – auch wenn das der unbequemere Weg ist.

2. Gestalten Sie Ihren Horizont!

Nach Hause

»Du hast es mir versprochen!« Mein Freund Arnd schaut mich eindringlich an. Fix und fertig hocken wir auf dem Boden der Palliativstation. In diesem Teil der Klinik wird nicht geheilt, sondern man wartet auf den Tod. Der Krebs bei Arnd ist nicht mehr heilbar und seine Zeit neigt sich dem Ende entgegen.

»Aber die Ärzte haben gesagt, dass es verantwortungslos sei, dich jetzt nach Hause zu befördern«, beschwöre ich ihn. »Das ist mir egal. Ich will hier nicht sterben. Du hast mir versprochen, dass ich zu Hause sein werde, wenn es so weit ist.« Arnd schaut mich an. Uns beiden stehen die Tränen in den Augen. »Okay, dann lass uns nach Hause fahren!«

Die Ärzte wollten uns beim Transport nicht helfen. Also bugsierten wir Arnd in mein Auto und brachten ihn vorsichtig nach Hause. Die Ärzte hatten uns Angst gemacht. Von wegen Haftung, falls ihm etwas zustoßen sollte. Im Rückblick absurd. Denn seine Tage waren sowieso gezählt. Der Krebs hatte ihn förmlich aufgefressen. Aber ihm war selbst auf diesen letzten Metern seines Lebensweges klar, wohin er wollte. Nämlich nach Hause. Das mobilisierte seine Kräfte. Und auch unsere. Gemeinsam hatten wir ein Ziel, auf das wir hinarbeiten konnten. Dort angekommen, rechneten wir mit dem Schlimmsten. Und was passierte? Arnd blühte für seine Verhältnisse noch einmal richtig auf. Wir konnten einige schöne letzte Tage miteinander verbringen und seine Lieblingsorte in Hamburg aufsuchen, bevor er dann im Alter von 24 Jahren endgültig ging.

Zweckmäßig vs. bedeutungsvoll

Der Mensch unterscheidet sich von allen anderen Tieren dadurch, dass er in der Lage ist, über sich selbst nachzudenken. Schon über dem Orakel zu Delphi stand: *Erkenne dich selbst.* Ein weiser Gedanke. Doch das moderne Leben lässt wenig Raum für philosophische Gedankengänge. Wie wir in vorherigen Kapiteln beschrieben haben, befreien uns weder die Maschinen noch die digitalen Algorithmen von der Arbeit. Im Gegenteil: Wir ertrinken förmlich in ihr.

Beschäftigt sein als modernes Statussymbol. Wer erst in sechs Wochen Zeit für einen Termin hat, bekommt dafür Ehrfurcht und Respekt – statt Mitgefühl und Mitleid. Absurd. Ich finde: Wenn der Terminkalender Ihre Lebensführung übernommen hat und Sie kurzfristig nicht mal 15 Minuten für ein Telefonat finden, haben Sie die Kontrolle über Ihr Leben verloren!

Im Rückblick auf die letzten Tage mit meinem Freund Arnd ist mir klar geworden, was der Unterschied zwischen zweckmäßig und bedeutungsvoll ist. Zweckmäßig wäre gewesen: Arnd bleibt auf der Palliativstation. Hier sind Ärzte und Pflegepersonal. Hier wird er medizinisch perfekt versorgt. Aber er hätte sich nicht wohlgefühlt in diesem zwar nett hergemachten, aber dennoch unpersönlichen Ambiente. Bedeutungsvoll war: Arnd nach Hause bringen. Das ist das, was er wollte.

Damit sind wir bereits bei der wichtigsten Frage im Leben angekommen: Wohin will ich? Sie können sie sich selbst gleich jetzt stellen. Und prüfen: Wer beantwortet diese Frage in Ihrem Leben? Die Lebensumstände? Erwartungen anderer Menschen? Sie selbst?

Spätestens wenn ein Mensch nur noch wenige Tage zu leben

hat, wird ihm klar, dass es wertvoll sein kann, eigene Antworten zu finden. Warum die kostbaren letzten Momente mit zweckmäßigen Handlungen verschwenden, wenn es auch bedeutungsvolle Momente gibt?

Ihr Horizont

Der Mensch existiert bereits seit über 300 000 Jahren auf diesem Planeten. Früher als Nomade. Heute als moderner Nomade. Geblieben ist, dass wir Orientierung im Leben brauchen. Wir finden sie, indem wir die stärkste Frage beantworten: Wohin will ich?

Nomaden orientieren sich dabei am Horizont. Mal sind es die Sterne, mal markante Wegpunkte oder eine Gebirgskette. Diese Fähigkeit liegt uns in den Genen. Und Sie können sie nutzen, indem auch Sie Ihren persönlichen Horizont gestalten. In Ihren Horizont packen Sie einfach alles rein, was Sie interessiert. Was Sie anlockt. Fasziniert. Begeistert. Neugierig macht. Ob realistisch oder verrückt – völlig egal. Sammeln Sie in Ihrem Horizont alles, worauf Sie Lust haben.

Gestalten Sie Ihren Horizont und leben Sie das Leben, das Sie leben wollen. Geben Sie diesem Leben eine Bedeutung.

Keine Sorge, nur weil es im Horizont steht, heißt es nicht, dass Sie es auch angehen müssen. Der Horizont ist keine Verpflichtung. Kein Versprechen. Sondern bietet Ihnen lediglich Optionen. Sie können jeden Tag aufs Neue entscheiden, welche der Optionen Sie angehen – und welche Sie fallen lassen.

Denn im Leben ist es nicht nur wichtig, Ziele zu erreichen und Neues zu lernen. Mindestens genauso wichtig ist es, zu verlernen. Loszulassen. Denken Sie an eine echte Reise: Mit weniger Ballast reist es sich besser.

Mein persönlicher Horizont besteht aus rund 400 Post-it-Zetteln. Auf einem habe ich vor vielen Jahren notiert: Rolex kaufen. Und zwar eine ganz bestimmte. Ihr Preis: knapp über 30 000 Euro. Eines Tages schaute ich auf meinen Horizont und mir fiel der Rolex-Zettel in die Hände. Ich musste lachen. So viel Geld für eine Uhr ausgeben? So ein Schwachsinn. Meine Einstellung hatte sich geändert.

Die Uhr war mir nicht mehr wichtig. Also zerknüllte ich den Zettel und warf ihn weg.

Das ist das Gute am Horizont: Er ist kein schönes, fertiges Kunstwerk. Sondern lebendig. Er entwickelt sich auf Ihrer Reise durchs Leben mit Ihnen. So wie ein echter Horizont: Sie erreichen ihn nie, sondern streben immer nur auf ihn zu.

Zutat für ein gutes Leben

Der Horizont gibt Ihnen Orientierung. Wenn Sie auf ihn schauen, lockt er Sie förmlich an. Kein Wunder: Es befinden sich ja auch nur die Themen darin, auf die Sie Lust haben. Seien Sie also ruhig neugierig. Sie werden sehen: Wenn Sie sich für viele Themen interessieren, erscheint Ihnen die Welt bunt und vielfältig. Wenn Sie dagegen nur in Ihrer unmittelbaren engen Erlebniswelt bleiben, wird die Welt klein – und irgendwann vielleicht auch langweilig. Neugier ist Wellness für Ihre geistige Kommandozentrale.

Nichts!

»Was machen Sie denn sonst gern, wenn Sie nicht arbeiten?«, will ich von dem Investmentbanker wissen. Wir sitzen in meinem Büro. Er arbeitet mindestens 80 Stunden die Woche. Und sucht Unterstützung, um aus dem Hamsterrad rauszukommen.

»Nichts! Die Antwort ist: nichts. Seit drei Jahren besteht mein Leben aus arbeiten und schlafen. Ich komme zu nichts anderem. Interessiere mich für nichts anderes. Und habe auch keine Freude an irgendetwas anderem!«, entgegnet er mir mit leerem Blick.

Wie sieht es bei Ihnen aus? Lässt Ihr Kalender noch Freiraum, um neugierig zu sein? Oder ist Ihr Tag so durchgeplant und anstrengend, dass Sie froh sind, wenn Sie es abends noch nach Hause schaffen? Beschäftigt sein ist der Feind jeglicher Neugier.

Sie brauchen zwei Dinge. Erstens: Zeit. Zweitens: Ihren Horizont.

Vielleicht protestieren Sie jetzt und sagen: »DAS ist genau mein Problem: Ich habe keine Zeit, um mich um Horizontfragen zu kümmern.« Kein Thema. Sie sind halt ein Opfer der Umstände, haben einfach keine Zeit. Es ist Ihr Leben. Tun Sie sich selbst einen Gefallen und sprechen Sie laut und deutlich die Entscheidung aus, die Sie getroffen haben: »Ich laufe fremdbestimmt durchs Leben – und will daran nichts ändern!« Wenn Sie sich nicht die Zeit nehmen wollen, um an Ihrem Horizont zu arbeiten, dann sind Ihnen andere Themen eben wichtiger. Hören Sie aber auch auf, sich darüber zu beschweren.

Oder nervt es Sie, dass Sie »keine Zeit haben«? Dann bleibt Ihnen nur der eine Weg, den alle Menschen gehen müssen: Ändern Sie Ihre Prioritäten.

Eine Frage der Perspektive

In Unternehmen ist es selbstverständlich, dass die Menschen sich mit Themen wie Mission, Vision, Strategie und Zielen beschäftigen. Und alles dafür tun, um die gesteckten Ziele zu erreichen. Und wie sieht es privat aus? In meinen Coachings erlebe ich leider häufig: Still ruht der See. Dieselben Menschen, die im Job so intensiv Gas geben, lassen privat ihr Leben mehr oder weniger schleifen. Als Orientierung reicht oft die Standardvariante »Mein Haus, mein Lebenspartner, meine Kinder«. Und vielleicht spart man noch auf einen teuren Sportwagen oder träumt von einer Weltreise. Nur die konkreten Taten, die fehlen.

Im Job ist so eine Larifarihaltung inakzeptabel. Dabei ist der Preis, den Sie privat für so ein halbherziges Vorgehen zahlen, viel höher: Denn schludrige Lebensführung kostet Sie Ihre Lebenszeit. Geld können Sie immer wieder neu verdienen. Vergangene Lebenszeit bekommen Sie nie mehr zurück.

Die Frage, was Sie aus Ihrem Leben machen wollen, ist eine schöne Frage. Doch wenn ich sie Menschen stelle, erlebe ich keine Jubelschreie. Sie werden ruhig. Nachdenklich. Woran das wohl liegt? Vielleicht werden sie sich ihrer Vergänglichkeit bewusst und dass unsere Lebenszeit wirklich kurz ist. Wer weiß.

Dabei wartet die Welt darauf, von Ihnen erkundet und gestaltet zu werden. Also beantworten Sie die Frage: Wohin wollen Sie? Erstellen Sie Ihren Horizont. Wenn Sie dazu weitere Anregungen wünschen, schauen Sie hier rein: www.peterholzer.com/horizont-fragen. Neben Ihren Wünschen, Träumen und Zielen sollte Ihre innere Haltung unbedingt auch Teil Ihres Horizonts sein. Dazu gehören vor allem die folgenden Prinzipien:

- *Ich bin selbst verantwortlich für mich.* Sie – und nur Sie – haben die Verantwortung für Ihr Leben. Sie können sich natürlich Unterstützung von Familie, Freunden oder Coaches holen, aber erwarten Sie nicht, dass diese Menschen Ihr Leben für Sie regeln. Und hören Sie auf, anderen die Schuld für Probleme in Ihrem Leben zu geben. Vor allem Ihren Eltern gegenüber. Selbst wenn diese viel falsch gemacht haben sollten: Die Verantwortung Ihrer Eltern für Ihr Leben endet auch einmal. Mein Tipp: spätestens heute!

- *Ich erschaffe Wohlstand.* Wir sprachen bereits im Kapitel »Verloren im Rattenrennen« darüber. Wohlstand geht für mich weit über Geld und Vermögen hinaus. Tragen Sie dazu bei, dass unsere Lebensqualität steigt. Ich habe in meinem Horizont den Wohlstand anderer fest im Blick: Ich helfe meinen Kunden bei Führungs- und Kommunikationsfragen, sodass sie erfolgreicher werden. Privat sorge ich für Wohlstand, indem ich meinen Sohn früh zum Investieren an der Börse motiviert habe (ich selbst habe damit viel zu spät angefangen) und ihn immer wieder darin bestärke: Geh deinen eigenen Weg! Mir ist wichtig, dass ich für die Menschen in meinem Umfeld in vielen Facetten hilfreich bin. Mal inspiriere ich einen Kunden dazu, regelmäßig Sport zu treiben. Mal helfe ich, eine Ehe zu retten – oder endlich den Mut aufzubringen, sie zu beenden. Und mal spende ich durch meine Bücher und Videos einfach nur Kraft, eine Entscheidung im Leben zu treffen. Ich trenne nie zwischen Work und Life. Alles ist Life, mal beruflich, mal privat. Das ist für mich Wohl-Stand.

- *Ich führe mich selbst.* Das sollte in Großbuchstaben in Ihrem Horizont stehen. Nur wenn Sie die aktive Selbstführung in Ihrem Leben übernehmen, haben Sie eine Chance, ein wirklich erfülltes Leben zu leben. Nur wenn Sie aufstehen und die Rolle des Anführers in Ihrem Leben übernehmen, können Sie Ihr Schicksal selbst in die Hand nehmen. Selbstführung ist vor allem die Fähigkeit, die richtigen Risiken besonnen einzugehen und sich schnell zu erholen, falls dabei etwas schiefgehen sollte.

Gestalten Sie Ihren Horizont. Am besten fangen Sie heute damit an. Wenn Sie dies nicht tun, werden andere Sie für Ihre Zwecke benutzen. Am Ende haben Sie dann zwar auch ein Leben gelebt. Aber mit Sicherheit nicht das, das Sie wollten. Verschwenden Sie Ihr Leben nicht, indem Sie es zweckmäßig runterleben. Genießen Sie es, indem Sie ihm eine Bedeutung geben.

Gegenwart machen: Den Horizont gestalten

Vielleicht lief es bisher super in Ihrem Leben – auch ohne Horizont. Die Gelegenheiten tauchten einfach immer zur richtigen Zeit auf und Sie ergriffen sie beim Schopfe. Klasse!

Doch wo ständen Sie heute, wenn Sie die Gelegenheiten gezielter gefunden hätten, weil Sie einen klaren Horizont verfolgen? Und was passiert, wenn eines Tages nicht mehr die passenden Gelegenheiten von allein auftauchen? Entscheiden Sie selbst.

Ich würde mich an Ihrer Stelle nicht ausschließlich auf das Schicksal verlassen, sondern ihm einen kleinen Schubs geben. Blocken Sie sich Zeit. Denken Sie über Ihren Horizont nach. Und beantworten Sie die stärkste Frage, die ein Mensch stellen kann: Wohin will ich?

Wenn Sie dabei meine Unterstützung wünschen, schauen Sie hier rein: www.peterholzer.com/selbstbestimmt-leben.

3. Trainieren Sie Ihren Entscheidungsmuskel!

Normale Selbstzweifel

Aus den Boxen dröhnt klassische Musik. Zwischenzeitlich sind wir von Rotwein auf Whiskey umgestiegen und schauen von der Schweizer Seite auf den Bodensee. Peter ist nicht nur Namensvetter, sondern auch ein väterlicher Freund, dessen Rat ich sehr schätze. »Ich bin mir nicht sicher, ob ich den Weg als Berater weitergehen will«, teile ich ihm meine Bedenken mit. Ich bin vor ein paar Monaten aus dem Private Equity Fonds ausgestiegen, habe danach ein paar Beratungsprojekte gemacht und bin mir noch nicht ganz sicher, wohin meine Reise gehen soll.

»Waren deine Kunden bisher mit deiner Arbeit zufrieden?«, will Peter wissen. »Klar. Sehr sogar«, entgegne ich ihm. »Macht dir die Arbeit Spaß?«, bohrt er weiter. »Auch das!«, antworte ich. »Aber ich weiß nicht, ob ich auch in Zukunft meine Kunden begeistern kann …«

»Stopp!«, unterbricht Peter mich und schaut mich ernst an. »Selbstzweifel sind normal. Die hat jeder von uns. Ob Politiker, Arzt oder Berater. Warum sollst du davon frei sein? Halte dir einfach immer einen Grundsatz vor Augen.« Er hält einen Augenblick inne. »Nimm nur Projekte an, die erfolgreich sind!«

Die lähmende Angst vor Fehlern

Dem Partner das Jawort geben. Kinder in die Welt setzen. Ein Buch veröffentlichen. Neuen Job anfangen. Weltreise machen. All diese Erfolge haben etwas gemeinsam: Ihnen ging am Anfang eine Entscheidung voraus. Ohne Entscheidung kein Erfolg. So weit, so einfach. Doch wenn wir uns in dem Moment befinden, in dem wir uns entscheiden müssen: Woher wissen wir, was die richtige Entscheidung ist? Wenn wir den Gedanken meines Freundes Peter fortsetzen, ist die Definition ganz einfach: Eine Entscheidung ist dann richtig, wenn am Ende eine Erfolgsstory herauskommt.

Doch dieser kluge Ratschlag kann Sie in einen Hinterhalt führen, wenn Sie ihn falsch verstehen. Nämlich dann, wenn das Streben nach Erfolg dazu führt, dass Sie nur noch die sicheren Optionen in Ihrem Leben wählen und aus Angst vor Fehlern allen Risiken ausweichen.

Ich fragte Peter damals: »Woran erkenne ich, dass ein Projekt erfolgreich wird?« Er antwortete lachend: »Du musst lernen, es vorherzusehen. Es ist eine Kunst. Es erfordert Weisheit.« Heute weiß ich: Diese Kunst besteht darin, zu lernen, uns auf unser Bauchgefühl zu verlassen. Und dann alles dafür zu tun, dass die getroffene Entscheidung ein Erfolg wird. Doch was ist, wenn Sie sich für etwas entscheiden – im Glauben, dass es erfolgreich wird – und auf dem Weg kläglich scheitern? War die Entscheidung dann falsch?

Die gute Nachricht: Eine richtige Entscheidung hat nichts damit zu tun, was am Ende dabei herauskommt.

Die Qual der Wahl

Am besten orientieren Sie sich an der Natur. Die macht es uns nämlich ständig vor, wie es läuft: Überfluss generieren. Beim Fortpflanzungsakt schickt der Mann ja auch nicht nur ein Spermium auf die Reise, sondern unzählig viele. Wenn Sie eine Entscheidung treffen müssen, können Sie auch aus einer Vielzahl an Optionen eine auswählen, die Ihnen am besten erscheint.

Vielleicht hatten Sie schon einmal eine schwierige Beziehung. Wussten nicht, ob Sie sich trennen oder für das Liebesglück kämpfen sollten. Dann haben Sie eine Liste gemacht. Linke Spalte: Gründe, um zu bleiben. Rechte Spalte: Gründe, um sich zu trennen. Am Ende zählen Sie alle Argumente zusammen. Die Trennungsspalte hat haushoch gewonnen. Also ist die Entscheidung doch klar: trennen. Doch sofort meldet sich ein schlechtes Bauchgefühl. Die rational völlig klare Entscheidung, sich zu trennen, ist für Ihre Intuition absolut falsch.

Es gibt Menschen, die in solchen Momenten auf ihren Bauch gehört haben und bis heute in einer neuen erfüllten Beziehung leben. Andere hörten ebenfalls auf ihren Bauch, blieben – und die

Beziehung ging trotzdem in die Brüche. Dann wird gegrübelt: War die Entscheidung falsch? Hätte ich mich doch trennen sollen?

Nein. Es ist egal, was nach der Entscheidung herauskommt: Sie war – für den damaligen Zeitpunkt – richtig. Natürlich können Sie daraus lernen und mit den gewonnenen Erkenntnissen, die Sie heute haben – damals jedoch noch nicht hatten – zu dem Entschluss kommen, dass Sie die Entscheidung heute anders treffen würden. Aber das ist ein theoretisches Gedankenexperiment. Denn damals konnten Sie nicht in die Zukunft reisen und mit neuen Erkenntnissen zurückkommen.

Akzeptieren Sie das Entscheidungsparadox: Wir wollen die richtige Entscheidung wählen, können diese aber nicht mit absoluter Sicherheit vorherbestimmen. Treffen Sie also nach bestem Wissen und Gewissen Ihre Wahl und leben Sie mit den Konsequenzen.

Diese Ungewissheit kann wehtun. Doch es gibt noch einen weiteren Schmerz bei der Qual der Wahl. Wenn Sie eine Entscheidung treffen, müssen Sie selektieren. Heißt: Sie entscheiden sich für eine Option – und damit automatisch gegen alle Alternativen.

Deswegen tun sich viele Menschen auch so schwer damit, eine Entscheidung zu fällen. Denn eine Entscheidung schlägt viele andere Türen zu. Wenn Sie an Silvester zur Party von Ihrer Schwester gehen, müssen Sie Ihren Freunden und den Nachbarn absagen. Wenn Sie sich für einen neuen Job entscheiden, müssen Sie Ihren bestehenden kündigen. Die Qual der Wahl gehört zum Leben dazu. Nutzen Sie Ihren Kopf *und* Ihren Bauch. Wägen Sie ab und übernehmen Sie Verantwortung, indem Sie sich für einen Weg entscheiden – und aufbrechen.

Zerdenken hilft nichts

Der Weg bleibt ungewiss und stellt Sie immer wieder vor neue Situationen, in denen Sie eine Entscheidung treffen müssen. Deswegen brauchen Sie einen starken Entscheidungsmuskel. Schauen Sie sich um und Sie werden viele Menschen sehen, die diesen Muskel viel zu wenig trainieren. Im Restaurant studieren manche Leute 20 Minuten die Karte, bis sie auch wirklich alle Optionen durchgelesen haben, zaudern dann immer noch und suchen schließlich Hilfe bei den anderen: Was nehmt ihr?

Sind Sie auch von dieser Sorte? Wenn es Ihnen in solch banalen Situationen bereits schwerfällt, eine Entscheidung zu treffen, wie wollen Sie dann die großen Herausforderungen des Lebens meistern?

Keine Sorge: Wir alle treffen falsche Entscheidungen. Kaufen überteuerte Produkte, die wir gar nicht brauchen. Nehmen Aufträge an, obwohl wir kein Herzblut für das Thema haben. Fangen mit einem Menschen etwas an, nur weil es im Bett super läuft, jedoch die Zusammenleben-Kompatibilität fehlt. Shit happens – die genannten Beispiele gehörten zu meinem Lebensweg. Rückblickend war es shit. Aber in dem Moment, als ich die Entscheidungen traf, fühlte es sich so verdammt richtig an.

Treffen Sie Entscheidungen, indem Sie sich auf Ihr Bauchgefühl verlassen und dieses mit Ihrem Verstand hinterfragen.

Erinnern Sie sich an den Ratschlag meines väterlichen Freunds? »Nimm nur Projekte an, die erfolgreich sind.« Ja. Genau. Richtig. Aber zerdenken Sie Ihre Entscheidungen nicht. Auf der verbissenen Suche nach der absolut richtigen Entscheidung, die es – wie gesagt – nicht gibt, verspannen wir uns nur. Spannung ist Druck. Und unter Druck entstehen selten kreative, gute Ideen.

Überlegen Sie: Was nutzt es Ihnen, alle möglichen Handlungsoptionen und die eventuellen Folgen zu durchdenken, wenn Sie die Zukunft sowieso nicht vorhersehen können? Wenn Sie mir das nicht glauben, suchen Sie sich eine Ameise draußen und versuchen Sie, ihren Weg auch nur für fünf Sekunden vorherzusagen. Sie werden kläglich scheitern.

Also: Hören Sie Ihren eigenen Gedankengängen zu. Wenn Sie sich dabei erwischen, wie Ihr Kopfkino weit in die Zukunft denkt, lachen Sie ruhig über Ihren Hochmut und Ihren Anspruch, die Zukunft kontrollieren zu wollen. Statt verbissen die einzig richtige Entscheidung zu finden, entwickeln Sie lieber eine entspanntere Haltung dazu.

Lieber schnell und klein als zu spät

Gerade wenn das Thema unangenehm ist, weichen wir einer Entscheidung gern aus. Beispiel *Partnerschaft*. Wenn Ihnen die ständigen schmerzhaften Verhaltensweisen Ihres Partners wehtun, reden Sie sich das nicht als harmlose Ausnahmen schön. Doch statt dem Treiben ein rechtzeitiges Ende zu setzen, wird Kosmetik aufs Problem aufgetragen: Hochzeit, Haus, Kinder. Sie geben Gas, in der Hoffnung, dass ein falscher Weg richtig wird, nur weil Sie ihn schneller laufen. Am Anfang wäre die Beziehung noch leicht zu beenden gewesen. Doch je länger Sie in einer toxischen Beziehung verharren, desto schwieriger wird es, sie zu verlassen.

Das Gleiche gilt für Probleme in Freundschaften. Im Job. Für alle Bereiche im Leben. Untätigkeit macht das Problem und damit die Entscheidungsintensität größer. Entscheiden Sie lieber schnell, wenn die Entscheidung noch klein ist, als zu lange zu warten, sodass Ihnen dann unter Umständen die Entscheidung gar nicht mehr gelingt und Sie einen Zustand für den Rest Ihres Lebens ertragen, den Sie so gar nicht wollten.

Der Schmerz des Lebens

Nichts im Leben fällt vom Himmel. Sie müssen sich Glück, Erfolg, Liebe erarbeiten. Sich dafür anstrengen. Klar, Sie können natürlich nach den statistischen »Unfällen« im Leben suchen. Wenn Sie von den Eltern ein dickes Vermögen erben. Im Lotto gewinnen. Oder Sie Ihre Liebe auf den ersten Blick gefunden haben. Solche angenehmen, da anstrengungsfreien Fügungen gibt es. Freuen Sie sich darüber. Aber erwarten Sie nicht, dass der Rest Ihres Lebensweges frei von jeglichen Schmerzen ist. Irgendwann trifft es auch Sie.

Und dann wünsche ich Ihnen, dass Sie gut trainiert sind, um die unangenehmen Herausforderungen des Lebens zu meistern. Dass Sie vorher schon das ein oder andere Mal Ihre Frau oder Ihren Mann stehen mussten. Denn wenn das Leben von Ihnen eine schwere Entscheidung fordert, haben Sie nur zwei Optionen: Möglichkeit eins – Sie ertragen den Schmerz Ihrer Entscheidung. Was auch immer Sie wählen: Ihre Partnerschaft intensivieren, ein Kind in die Welt setzen, an Ihrer Persönlichkeit arbeiten, ein erfolgreiches Unternehmen aufbauen, ein Buch schreiben oder körperlich fit werden. Es kostet Sie Schweiß, Blut und Tränen, um die Dinge zu erreichen, die wirklich bedeutsam im Leben sind. Sich für Ihre Ziele im Leben anzustrengen und sie zu erreichen.

Möglichkeit zwei: Sie weichen diesem Schmerz der Entscheidung aus. Doch das tut auch weh. Denn dann spüren Sie einen anderen Schmerz: den Schmerz des Bedauerns. Hätte ich damals doch mal …

Welcher Schmerz tut Ihnen mehr weh? Auch das ist eine Entscheidung. Und zwar Ihre.

Gegenwart machen: Ihren Entscheidungsmuskel trainieren

Übernehmen Sie Verantwortung und nehmen Sie die offenen Enden in Ihrem Leben in die Hände. Treffen Sie Entscheidungen, wie Sie weiter vorgehen wollen. So stehen Sie mit starkem Rückgrat im Leben und trainieren Ihren Mut, Haltung zu zeigen.

Am besten üben Sie das jeden Tag. Gewöhnen Sie sich an, die kleinen Entscheidungen schnell und früh zu treffen. Überlegen Sie nicht lange, welches Essen Sie bestellen; seien Sie der Erste, der startklar ist. Antworten Sie nicht mit »Ich weiß nicht«, wenn Sie im Alltag gefragt werden, welchen Film Sie schauen wollen oder ob es heute Abend Nudeln oder Reis geben soll. Entscheiden Sie sich.

So entwickeln Sie Entscheidungsstärke, die Sie dann auch auf die wichtigen Fragen in Ihrem Leben anwenden. Also: Was sind die kleinen und großen offenen Enden in Ihrem Leben? Entscheiden Sie: Wie wollen Sie damit umgehen?

4. Werden Sie zum künstlerischen Berserker!

Hören Sie auf, nach Perfektion zu streben!

Ernsthaft? Ja!

Denken wir gemeinsam darüber nach. »Perfektion« heißt, vollkommen, also fehlerfrei zu sein. Die meisten Menschen finden Perfektion nicht bei sich selbst, sondern eher bei anderen. Bei Idolen. Vorbildern. Menschen, die sie bewundern. Wenn Sie perfekt tanzen wollen, sind Sie vielleicht ein Fan von Patrick Swayze und schauen sich immer wieder *Dirty Dancing* an; nur um jedes Mal festzustellen, dass Sie noch meilenweit von seinen Fähigkeiten entfernt sind. Dieser Vergleich macht nicht nur schlechte Laune. Er lässt sie vielleicht sogar aufgeben, weil Sie denken: Das hat eh keinen Sinn; so gut wie der werde ich nie.

Das Streben nach Perfektion kann Sie also lähmen. Aber was soll die Alternative sein?

Exzellenz vs. Perfektion

Entscheiden Sie sich bloß nicht für Mittelmaß. Streben Sie lieber nach Exzellenz. »Exzellenz« bedeutet für mich, dass ich an meinem Ideal arbeite. Also der Beste werde, der *ich* werden kann. Potenzial und Talente in mir freisetze und entwickle. Egal, ob es jemanden anderen gibt, der genau das noch besser kann als ich. Die entscheidende Frage ist: Habe *ich* das Bestmögliche gemacht, was *ich* in dem Moment abliefern konnte?

Perfektion vergleicht mit anderen; Exzellenz vergleicht Sie mit *Ihrem* Potenzial. In diesem Sinne bedeutet das Streben nach Exzellenz eine positive Form von Egoismus: *Ich* werde an *meinen* Talenten und Fähigkeiten arbeiten, um der Beste zu werden, der *ich* sein kann. Und Sie werden niemals Ihre Exzellenz erreichen, wenn Sie ständig versuchen, eine Kopie von anderen Menschen zu werden.

Hören Sie mit der verdammten Vergleicherei mit anderen Menschen auf! Ich weiß, es kann manchmal schwer sein. Aber denken Sie lieber wie ein guter Künstler. Einer von ihnen, Sol LeWitt, brachte es auf den Punkt: »Learn to say ›Fuck You‹ to the world once in a while.« »Fuck You« bedeutet: Verlassen Sie die Herde. Hören Sie auf Ihre innere Stimme: Was steckt in Ihnen und will entfaltet werden?

Am besten machen Sie das jetzt sofort: Prüfen Sie, wie klar Sie sind und ob Sie ein Bild Ihres Horizonts vor Augen haben. Falls nicht: Dann brauchen Sie gar nicht erst aufzubrechen. Dann bleiben Sie besser stehen. Denn was nutzt es Ihnen, weiterzulaufen, wenn Sie gar nicht wissen, ob die Richtung die richtige ist? Nehmen Sie sich Zeit und entwickeln Sie Ihren Horizont. Ohne Horizont keine Exzellenz. Und erst recht keine Erfüllung.

Wenn Sie aber Ihren Horizont haben, dann lassen Sie uns weiterdenken. Wie finden Sie jetzt heraus, was Ihre Exzellenz ist? Ich wette mit Ihnen: Ihre Exzellenz hat nicht nur etwas mit Ihnen selbst zu tun. Sie besteht vor allem darin, dass Sie anderen Menschen dabei helfen, dass sie ihre Exzellenz entwickeln. Ob bei Ihrem Lebenspartner, Ihren Kindern, Freunden, Kollegen, Chefs, Kunden, Nachbarn, Lehrern oder Ihrem Hund: Helfen Sie anderen dabei, zu wachsen und besser zu werden. Dann haben Sie positive Spuren hinterlassen.

Hier kann Ihnen künstlerisches Denken weiterhelfen. Denn Sie müssen nicht von heute auf morgen die ganze Welt retten. Weltmarktführer werden. Tausende Kunden gewinnen. Der beste Vater, die beste Mutter der Welt werden. Das Motto lautet: »Einer reicht!« Ein Künstler will genau das: mit seinem Werk den einen Menschen erreichen, der gerade davorsteht. Lieber in einem Menschen wirklich etwas bewegen als bei Zehntausenden ein klein wenig – und damit nichts.

Künstler verbiegen sich nicht, um für die Masse zu produzieren – und wenn doch, dann sind sie keine Künstler. Ihnen ist wichtiger, ihr eigenes Ding zu machen, auszudrücken, was in ihnen steckt, und im Extrem nur den einen Käufer damit zu gewinnen.

Was heißt das für Sie und Ihr Vorhaben? Fokussieren Sie sich auf den einen Menschen, der gerade vor Ihnen sitzt. Konzentrieren Sie sich auf Ihre eigenen Kinder und nicht darauf, den landesweiten

Elternwettbewerb zu gewinnen. Geben Sie alles für den einen Menschen, mit dem Sie zusammenleben, anstatt ständig daran zu denken, ob es nicht irgendwo noch eine bessere Alternative gibt. Freuen Sie sich über den einen Menschen, der nach Ihrem Vortrag wirklich etwas in seinem Leben ändert, und gieren Sie nicht nach dem Applaus der 499 anderen, die nur belustigt wieder in ihre alten Routinen verfallen.

»Einer reicht!« ist kein kleines, sondern ein selbstbewusstes Denken. Denn es erfordert Mut, selbstbestimmt zu leben – und damit das Risiko einzugehen, bei anderen anzuecken. Dieser Mut wird im Laufe der Zeit immer wieder belohnt. Und so wird aus »Einer reicht« Tag für Tag eine immer größere Anzahl an Menschen, denen Sie geholfen haben.

Perfektion vergleicht mit anderen; Exzellenz vergleicht Sie mit Ihrem Potenzial. Arbeiten Sie an Ihren Talenten und Fähigkeiten, um der Beste zu werden, der Sie sein können.

Reinhauen

Doch Denken reicht nicht, wenn Sie etwas in Ihrem Leben bewirken wollen. Sie müssen sich auch ins Zeug legen. Machen. Abliefern. Da der Mensch faul ist, hat er sich dazu vor vielen Hundert Jahren Zugtiere wie Stier oder Pferd zu Hilfe genommen. Auch im Zeitalter der Maschinen offenbart unsere Sprache immer noch, wo wir herkommen: sich ins Zeug legen, jemanden unter ein Joch zwingen. Manche scherzen sogar über das »Joch« der Ehe. Wir sprechen auch vom »idealen Gespann«. Oder motivieren mit den Worten »nicht lockerlassen«. Die Worte passen auch im digitalen Zeitalter.

Vergessen Sie die Illusion, dass Ihnen im Leben etwas geschenkt wird. Und nur weil Solidarität gepredigt wird, heißt das nicht, dass andere herbeieilen, Ihre Probleme für Sie lösen oder einfach nur für Sie da sind, wenn Sie es wirklich brauchen. Natürlich können Sie Glück haben. Verlassen würde ich mich darauf jedoch nicht.

Jeder Künstler weiß, dass es nicht ausreicht, nur eine gute Idee oder kluge Gedanken zu haben. Irgendwann muss er zur Tat schreiten und die Gedanken in Realität verwandeln. Ein Buch entsteht, indem *Sie* es schreiben. Ein Bild entsteht, indem *Sie* es malen. Erfolg und Erfüllung entstehen, indem *Sie* Verantwortung übernehmen und etwas dafür unternehmen. Der Maler Chuck Close kommentierte das so: »Inspiration is for amateurs – the rest of us just show up and get to work«.

Sie brauchen also Disziplin, damit aus Ihren Träumen, Wünschen und Vorsätzen Wirklichkeit wird. Aber wie kann das im Alltag gelingen? Von Ihren vielen Neujahrsvorsätzen wissen Sie, dass jedes Vorhaben mit maximaler Euphorie begann und dann doch viel zu schnell im Tal der Tränen verendete. Sie brauchen drei Dinge, damit es besser klappt.

Fokus

Erstens, Fokus. Ohne Horizont verkommt Ihr Leben zum Glücksspiel. Wie viele Tage Sie noch vor sich haben, wissen Sie nicht. Es kann schneller zu Ende gehen, als Sie es erhoffen. Ihre Energie und Kapazitäten sind begrenzt. Also engagieren Sie sich bei wenigen, aber für Sie wichtigen Dingen. Verzetteln Sie sich nicht. Sie müssen sich für das Wenige entscheiden, was Ihnen jetzt wichtig ist. Und gegen das, was erst mal warten muss.

> ***Man kann nicht alles haben***
> *Ein Unternehmer hat ein dringendes Anliegen. Er hat sich mit seinem Sohn zerstritten, sodass der Generationswechsel zu scheitern droht. Am Telefon schildert er mir sein Anliegen. Ich muss seine Erwartungen jedoch bremsen: »Es tut mir leid, dass bei Ihnen die Hütte brennt. Aktuell schreibe ich an einem neuen Buch und bin deswegen mit meinen laufenden Mandaten voll ausgelastet. Wenn sich das Thema nicht lösen lässt, kann ich Ihnen gerne in ungefähr drei Monaten zur Seite stehen.«*

Meine Karriere ist mir wichtig. Doch ich habe mir einige Versprechen gegeben: aktuell das Buch schreiben. Grundsätzlich auf meinen Körper achten. Zeit mit meiner Frau, mit meinem Sohn und auch mit meinem Hund verbringen. Und mit voller Kraft für meine bestehenden Kunden da sein. Wenn ich nun jedes weitere Projekt annehme, das plötzlich am Wegesrand auftaucht, werde ich meine Versprechen nicht halten können. Schnell kann es zu Problemen in Bereichen kommen, in denen es wirklich wehtut: Gesundheit, Familie. Und das will ich nicht. Und so musste ich – wenn auch sehr ungern – meinen Fokus scharf halten und den Auftrag ablehnen.

Passen Sie auf, dass Ihnen das Diktat von Arbeit und Pflichterfüllung nicht die Lebensführung aus den Händen reißt. Die Französische Revolution war unter anderem ein Kampf gegen die Ausbeutung des Menschen durch den Menschen. »Und weiter hinein in die Provinzen haben die armen Leute nichts, müssen wie das Vieh arbeiten, um die Abgaben aufzubringen, leben auch, wie das Vieh«. So beschreibt Heinrich Sander im Jahr 1783 die Zustände in Frankreich. Damals war die Masse der Menschen arm und wurde von einer kleinen Elite wie die Zugtiere unterjocht. Es sollte Ihr Anspruch sein, nicht zum modernen Zugtier zu verkommen. Das gelingt Ihnen durch, zweitens, harte Arbeit.

Harte Arbeit

Zugtiere denken nicht, arbeiten dafür aber *viel*. Seien Sie klüger: Denken Sie erst nach und arbeiten Sie dann *hart*! Behalten Sie einen klaren Kopf und suchen Sie die Abkürzungen. Stellen Sie sich ein Hochhaus vor. Alle wollen in die oberste Etage. Sie stürmen zu den Aufzügen. Drängeln sich im Treppenhaus. Doch es ist überall voll und nirgends geht es wirklich schnell vorwärts. Legen Sie sich draußen unter den Baum. Denken Sie in Ruhe nach, wie Sie außen an der Fassade hochkommen, um oben durchs Fenster einzusteigen.

Denken Sie wie ein Künstler. Und ackern Sie wie ein Berserker für Ihre Sache. Berserker waren königliche Elitekrieger. Sie standen an vorderster Front. Übernahmen die gefährlichsten Positionen im Gefecht. Freiwillig. Sie kämpften wie im Rausch. Ignorierten jeden Schmerz. Sie müssen zum Glück nicht in den Krieg. Doch Sie sollten sich wie ein Berserker für die Themen einsetzen, die Ihnen im Leben wichtig sind.

In der Praxis hat sich bewährt: Machen Sie jede Woche einen Fortschritt. Denn wenn die Abstände, in denen Sie an einem Vorhaben arbeiten, mehr als eine Woche betragen, verlieren Sie Ihr Vorhaben schnell aus den Augen. Also: jede Woche. Mindestens einen Schritt nach vorn. Das muss drin sein. Wenn nicht, ist Ihnen das Thema einfach nicht wichtig genug.

Tagewerk sorgt für Entspannung

»Shit«, denke ich mir, als meine Frau anruft. Es ist 17.00 Uhr. Der Tag hat mich mit vielen Terminen auf Trab gehalten. »Essen wir heute um 19.00 Uhr zusammen?«, will Alina wissen. »Hm, eigentlich wollte ich heute noch an meinem Buch schreiben …«

Sie unterbricht mich: »Kein Thema. Dann nimm dir die Zeit und komm einfach später. Wir lassen auch etwas übrig.« Ein verlockendes Angebot, doch ich weiß, dass ich mich schlecht fühlen würde, wenn ich erst um 21.00 Uhr nach Haus kommen würde. Ich antworte ihr: »Nein. Ich bin um 19.00 Uhr da. Ich haue jetzt rein. Bis gleich!«

Ich mag den altmodischen Begriff »Tagewerk«. Dazu erstelle ich mir eine Liste mit Themen, die ich heute machen muss, weil ich das so will. Ich mache nicht mehr, aber auch nicht weniger. In diesem Fall stand unter anderem »Buch schreiben« auf der Liste. Eigentlich hätte ich am Morgen dazu auch drei Stunden Zeit gehabt, habe mich jedoch durch den Tornado des Tagesgeschäfts ablenken lassen. Und so schrieb ich wenigstens noch anderthalb Stunden am Abend und konnte guten Gewissens nach Hause fahren.

Es geht nicht immer nur um die Menge oder Qualität. Manchmal reicht es bereits aus, dass Sie überhaupt etwas gemacht haben und sich vom Tornado des Alltags davon nicht haben abhalten lassen. Und dazu brauchen Sie, drittens, Glauben.

Glauben

Ihr Weg in Richtung Horizont ist nicht immer einfach. Sie müssen daran glauben, dass es der richtige Weg ist. Ihr Weg. Auch, wenn nicht immer alles rund- und einfach läuft. Das Tal der Tränen ist völlig normal und gehört zu jedem Lebensweg dazu. In der Regel mehrfach. In Teil IV sprechen wir darüber ausführlicher.

An dieser Stelle für Sie als Anführer vorweg: Ihr Horizont ist überlebenswichtig. Er zeigt Ihnen, wofür es sich im Leben lohnt, sich anzustrengen. Ihr Horizont stärkt Ihren Glauben: Mein Weg ist richtig, da er für mich sinnvoll ist. Ich muss ihn nur konsequent weitergehen und dranbleiben!

Gegenwart machen: Zum künstlerischen Berserker werden

Ernest Hemingway soll gesagt haben: »There is nothing to writing. All you do is sit down at a typewriter and bleed.« Zu Deutsch: Schreiben ist nichts Besonderes. Du setzt dich einfach an die Tastatur und fängst an zu bluten.

Ob Buch schreiben, Karriere, Sport, Musik, Kindererziehung oder Ehrenamt. Denken Sie wie ein Künstler und hauen Sie rein wie ein Berserker. Investieren Sie Blut, Schweiß, Tränen für das, was Ihnen wichtig ist. Und damit Sie vor lauter Anstrengung nicht heiß laufen, achten Sie auf sich und begrenzen Ihre Arbeit durch das Tagewerk.

5. Drehen Sie sich nicht um!

Sie kommen auf Ihrem Lebensweg an Gabelungen, an denen Sie sich entscheiden müssen. Die Wahl fällt mal leichter, mal schwerer, und manchmal überlassen Sie sie sogar dem Schicksal. Doch Sie laufen weiter. Bis Zweifel auftauchen. Jetzt drehen Sie sich um, blicken zurück: War das die richtige Entscheidung? Doch wer zurückschaut, läuft Gefahr, über den Stein vor sich zu stolpern. Schauen wir uns die Zweifel also genauer an. Woher kommen sie nur?

Zweifel I: Schuld

Die erste Quelle liegt in Ihrer Vergangenheit: Schuld. Eine schwere Last. Wer mit Schuldgefühlen durchs Leben rennt, kann vor lauter Gewicht der Last nicht mehr aufrecht gehen. Verbiegt sich und kommt immer mehr vom Weg des selbstbestimmten Lebens ab. Die Ursachen für Schuld sind vielfältig. Ein paar Beispiele:

Eltern

Wurden Sie von Ihrem Vater bei Fehlern oder Fehlverhalten hart auf Spur gebracht? Im Laufe der Zeit kann sich dann ein falsches Selbstbild in Ihnen verfestigt haben: dass Sie die Schuld daran tragen, dass der Vater Sie nicht liebt. Oder Ihre Eltern hatten bestimmte Erwartungen an Sie, was Sie aus Ihrem Leben zu machen haben. Und wenn Sie diesen Ansprüchen nicht genügten, fühlten Sie sich schuldig dafür, dass Ihre Eltern enttäuscht sind. Manche Eltern machen ihren Kindern auch Vorwürfe: »Deinetwegen hatte ich bei der Geburt Schmerzen!« Oder: »Deinetwegen konnten wir uns keine Urlaube leisten, sondern mussten dein Studium finanzieren!« Die Opfermentalität solcher Eltern ist toxisch für die Kinder.

Lebenspartner

Es gibt Beziehungen, in denen der eine dem anderen die Verantwortung fürs Glück aufzwingt. Und wenn der dann etwas macht, was dem anderen nicht gefällt, kommen die Vorwürfe: »Deinetwegen fühle ich mich schlecht!« Ich habe einmal einen Unternehmer und seine Frau durch ihre Scheidung begleitet. Die Frau machte ihrem Mann heftige Vorwürfe: »Deinetwegen habe ich mein Leben verschwendet, keine Karriere gemacht, sondern nur zu Hause gehangen und mich um Haus und Kinder gekümmert!« Der Mann fühlte sich verletzt, nahm die Schuld aber dennoch an. Bis wir herausgearbeitet haben, dass er und sie sich vor vielen Jahren *gemeinsam* für diesen Lebensweg entschieden hatten: Sie wollte *freiwillig* zu Hause bleiben und er sollte sich darum kümmern, das Geld ranzuschaffen.

Medien

Wenn Sie schlechte Laune bekommen wollen, konsumieren Sie einfach die täglichen News. Klimawandel, Müllprobleme, Artensterben, Diskriminierung, Krieg … Man könnte den Eindruck gewinnen, dass die Welt morgen bereits zugrunde geht. Keine Frage: Es gibt unglaublich viel Handlungsbedarf, damit unser weltauffressender Lebensstil durch eine nachhaltige Lebensweise abgelöst wird. Doch die tödlichen Untergangsszenarien werden seit Jahrzehnten gepredigt, und bis heute ist es nicht zum katastrophalen Exitus gekommen. Medien leben von unserer Aufmerksamkeit. Und die bekommen sie nicht, wenn sie von schönen Dingen berichten. Sondern von Katastrophen und Schreckensszenarien.

Im Juni 2020 ist der Schwarze George Floyd nach einem unmenschlichen Polizeieinsatz verstorben. In den USA ist Rassismus leider ein alltägliches Problem. Für die sensationsgierigen Medien war der tragische Vorfall eine Story mit Aufmerksamkeitsgarantie. Auch die deutschen Medien sind aufgesprungen. Ohne ihre Berichterstattung hätten wir hier wahrscheinlich gar nichts von dem tragischen Vorfall mitbekommen.

Doch nun fühlen sich immer mehr deutsche Weiße auf einmal schuldig für die Rassismusprobleme in den USA, gehen dafür sogar auf die Straße, um zu demonstrieren. Dabei können wir hier gar nichts für die Umstände in den USA. Und durch Black-Lives-Matter-Demonstrationen in Deutschland sorgen die Teilnehmer vielleicht für eine Erleichterung ihres Gewissens, aber mit Sicherheit nicht für eine Verbesserung der Situation in Amerika.

Die Quellen für Schuldgefühle sind also vielfältig. Die Auswirkungen sind fatal. Vielleicht verlieren Sie an Selbstbewusstsein, nur weil der Lehrer Ihnen damals eingehämmert hat, dass Sie ein Taugenichts sind. Oder Sie vergraben Ihre Talente, nur weil Ihre Mutter Ihnen damals gesagt hat, dass Ihre Malerei Papierverschwendung sei. Andere Menschen ignorieren aus Schuldgefühl ihre eigenen Bedürfnisse; drücken nicht mehr aus, was ihnen wichtig ist.

In der harmlosen Version werden Sie zum Vegetarier, weil Sie sich schuldig fühlen, dass die Tiere in unseren industriellen Massentötungsfabriken so schlecht behandelt werden – obwohl Sie lieber Steak essen. In der schärferen Variante trauen sich Eltern nicht mehr, in der Erziehung Autorität zu zeigen, nur weil sie keine Schuld für vermeintliche Erziehungsfehler tragen wollen.

Das kann so weit gehen, dass Menschen ihren eigenen Missbrauch tolerieren: emotional wie physisch. Bei Opfern von häuslicher Gewalt wird dies manchmal besonders tragisch sichtbar. Manche Frauen laden sich die Schuld für die Schläge ihrer Männer selbst auf die Schultern. Nach dem Motto: »Ich habe mich falsch verhalten. Deswegen ist die Strafe richtig.«

Wenn Sie ein Opfer der Umstände sind, werden Sie sich schlecht fühlen. Übernehmen Sie Verantwortung und beeinflussen Sie den Lauf der Dinge. Dann werden Sie sich besser fühlen.

Harmlosere Situationen können Sie in Unternehmen beobachten. Manche Menschen fühlen sich schuldig, wenn sie selbstbewusst nach Chancen greifen, um erfolgreich zu sein. Wenn eine Beförderung ansteht, geben sie nicht alles, um die Position zu bekommen. In ihren Hinterköpfen schwebt oft noch der Ratschlag aus dem Elternhaus: »Du darfst nicht zu viel fordern!« Mir erzählte einmal eine Frau von diesem Problem: »Wenn ich mich um die Stelle bewerbe und den Posten bekomme, nehme ich den anderen die Stelle weg!«

So können Sie natürlich denken. Doch machen Sie sich klar: Ihr Schuldgefühl führt dazu, dass Sie andere Menschen weiterziehen lassen und Sie selbst stehen bleiben.

Natürlich wäre es schön, wenn wir alle nett und respektvoll miteinander umgingen. Doch so ist die Welt leider nicht. Es bekommen nicht alle das Gleiche, sondern Sie bekommen nur das, wofür Sie sich einsetzen. Schuldgefühle aus der Vergangenheit können dazu führen, dass Sie Schwäche entwickeln. Und die wird von dominanten Menschen gern ausgenutzt. Das mag zwar nicht dem Gleichstellungs-Mainstream entsprechen, ist jedoch eine alltagstaugliche Warnung.

Zweifel II: Sorgen

Die zweite Quelle liegt in Ihrer Zukunft: Sorgen. Sie sind aufgebrochen, wollen etwas Neues in Ihrem Leben erreichen. Vielleicht haben Sie sich frisch verliebt. Einen neuen Job angefangen. Ein Kind in die Welt gesetzt. Oder wollen einfach nur gesund alt werden. Und zack sind sie da: die Sorgen. Sie machen sich Gedanken über die Zukunft, was passieren könnte. Und sehen dabei das Schlechte. Das Bedrohliche. All das, was schiefgehen könnte. Die Lösung ist also: Hören Sie auf, sich Sorgen zu machen. Doch so einfach ist das leider nicht.

Ob das gut geht?

»Heute würde ich gern über etwas Privates sprechen, wenn das okay ist.« Der Unternehmer schaut mich fragend an. Bei den beruflichen Themen war er immer souverän. Seine plötzliche Unsicherheit überrascht mich. »Ich treffe seit ein paar Monaten eine Frau. Sie hat ein Kind. Will, dass wir viel Zeit miteinander verbringen. Und ist jedes Mal beleidigt, wenn ich sie mal ein Wochenende nicht sehen will, weil ich Zeit für mich brauche«, erzählt er.

»Was bereitet Ihnen denn genau Sorge?«, will ich wissen. Er antwortet: »Ich weiß einfach nicht, ob sie die Richtige für mich ist.«

Ich halte einen Augenblick inne. Erinnere mich gut an meine schwierige Zeit mit meiner Frau. Dann sage ich ihm: »In so einer Situation ist es immer leicht, als Außenstehender zum Klugscheißer zu werden. Niemand weiß, was Sie fühlen und was für Sie jetzt richtig ist. Aber eines weiß ich: Sie sind gerade mal vier Monate zusammen. Lassen Sie es ruhig angehen. Tiefe Liebe braucht Zeit und entsteht nicht über Nacht. Und Ihre Partnerin will einfach nur Sicherheit. Sie ist eine Mutter. Hat ein Kind. Und bestimmt keine Lust, ihre Zeit und ihr Herz mit ungewissen Spielchen zu vergeuden. Also geben Sie ihr Sicherheit. Erklären Sie, was Sie fühlen. Ihr Weg wird klar, wenn Sie ihn gemeinsam gehen.«

Das ist nun schon ein paar Jahre her, die beiden haben mittlerweile geheiratet, sind zusammengezogen und haben ein zweites Kind bekommen. Vor Kurzem bekam ich ein Paket mit einer Flasche Wein und einer Karte. Damit bedankte er sich für unsere damaligen Gespräche. Rückblickend sei ihm klar geworden, wie gefährlich seine Sorgen waren: Denn beinahe hätte ihn sein Kopfkino vom Weg abgebracht. Im Business kommt er mit der Ungewissheit der Zukunft recht gut klar. Doch privat ist es für ihn eine größere Herausforderung, weil es emotionaler und damit für ihn weniger greifbar wird.

Kampf gegen die Hilflosigkeit

Zweifel versetzen uns in einen Zustand der Hilflosigkeit. Bedeutet im Umkehrschluss: Wenn Sie sich einer Sache absolut sicher sind, können Sie keine Zweifel haben. Nur: Wie kommen Sie in diesen Zustand? Die Antwort lautet: Verantwortung. Wenn Sie Verantwortung übernehmen und Einfluss auf den Lauf der Dinge nehmen können, fühlen Sie sich sicher.

Sie zweifeln nicht an Ihrer Partnerschaft, wenn Sie die Qualität Ihrer Beziehung beeinflussen können. Sie zweifeln nicht an Ihrer Karriere, wenn Sie die notwendigen Maßnahmen ergreifen können, um auch in Zukunft die notwendigen Fähigkeiten, Kontakte und Erfahrungen zu haben, um erfolgreich zu bleiben.

Aber wehe, Sie sind sich dieser Verantwortung nicht mehr sicher. Sofort tauchen Zweifel auf. Die verderben nicht nur Ihre Laune, sondern entreißen Ihnen die Kontrolle und sorgen am Ende sogar dafür, dass die befürchteten Schreckensszenarien tatsächlich eintreffen. Vereinfacht gesagt ist es also eine Frage Ihrer inneren Haltung: Dominiert Hilflosigkeit oder übernehmen Sie die Verantwortung für Ihr Leben?

Spielen wir das gedanklich durch, indem wir uns vorstellen, ein schiefgegangenes Ereignis liegt hinter Ihnen, also in der Vergangenheit. Welche Auswirkungen hat das rückblickend für Sie? Im mentalen Modus »Hilflosigkeit« fühlen Sie sich schuldig. Das ist unsinnig und kein guter Zustand, denn durch Ihr Selbstmitleid ändern Sie nichts daran. Besser ist der Modus »Verantwortung«: Jetzt lernen Sie aus den Fehlern. Und vielleicht finden Sie sogar noch einen Dreh, um die Situation im Hier und Jetzt zu korrigieren.

	... Hilflosigkeit	**... Verantwortung**
Rückblickende ...	Sich schuldig fühlen	Lernen (eventuell korrigieren)
Vorausschauende ...	Sich Sorgen machen	Vorkehrungen treffen

Machen wir einen Zeitsprung: Ein Ereignis liegt nun vor Ihnen, also in der Zukunft. Vorausschauend aktiviert die innere Haltung »Hilflosigkeit« das mentale Programm »Sich Sorgen machen«. Das ist nicht hilfreich, denn Ihre Sorgen vermiesen Ihnen nur die Laune, verbessern jedoch nicht das mögliche Ergebnis. Schalten Sie mental also lieber in den Modus »Verantwortung«. Jetzt werden Sie aktiv und beginnen, »Vorkehrungen zu treffen«. Beim Thema »Liebe« lesen Sie vielleicht präventiv ein Buch über die Ehe (ich empfehle Ihnen »Die 7 Geheimnisse der glücklichen Ehe« von John Gottman). Im Job steht vielleicht ein anspruchsvolles Projekt an, für das Ihnen die Erfahrung fehlt. Sie bereiten sich darauf vor, indem Sie sich Fachliteratur besorgen oder einen erfahrenen Coach suchen.

Machen Sie sich bewusst: Ihre innere Haltung bestimmt Ihr Verhalten. Doch freuen Sie sich nicht zu früh. Selbst wenn Sie Verantwortung für Ihr Leben übernehmen, heißt das noch lange nicht, dass Sie auch die volle Kontrolle haben. Denn absolute Sicherheit und Gewissheit werden Sie auf Ihrem Lebensweg nie haben. Die Zukunft bleibt ungewiss. Es liegt an Ihnen, ihr mit Mut, Hoffnung und Zuversicht zu begegnen. Sind Sie bereit dafür, die volle Verantwortung für Ihr Leben zu übernehmen?

Gegenwart machen: Nicht umdrehen

Es werden Ihnen Hindernisse begegnen. Sie werden Fehler machen. Zweifel, Schuld und Sorgen werden Ihnen die Laune verderben. Und jeden Tag fragt das Leben Sie aufs Neue: Wollen Sie der Anführer in Ihrem Leben sein?

Dann haben Sie die Wahl. Entweder geben Sie sich Ihrer Hilflosigkeit hin oder Sie übernehmen die Verantwortung für Ihr Leben. Beides ist schmerzhaft. Deswegen empfehle ich Ihnen dringend die Verantwortung. Behalten Sie den Glauben an Ihren Weg!

Vincent van Gogh soll es so formuliert haben: »Ich kann nichts dafür, dass meine Bilder sich nicht verkaufen lassen. Aber es wird die Zeit kommen, da die Menschen erkennen, dass sie mehr wert sind als das Geld für die Farbe.«

6. Wählen Sie die richtigen Verbündeten!

Halten Sie es – ohne Ablenkung – mit sich allein aus? Für viele Menschen ist das unerträglich. Der Mensch als Herdentier braucht die Kommunikation zum Leben wie die Luft zum Atmen. Das Problem ist: Hören Sie in die Welt hinein, und Sie werden viel Lärm, jedoch wenig Signal wahrnehmen. Qualität ist eben selten. Also muss man die seichten Kommunikationsabfälle ertragen, um hier und da ein paar kommunikative Highlights zu erleben.

Dass ein Leben ohne Kommunikation an Qualität verliert, sehe ich auch so. Dass wir dazu den ganzen unnötigen Lärm ertragen müssen, jedoch nicht. Martin Buber bringt es auf den Punkt: »Alles wirkliche Leben ist Begegnung.« Doch zur Begegnung braucht es eben nicht einfach nur Lärm, sondern vor allem Tiefe und Qualität. Und wer die in der Welt finden will, sollte zunächst bei sich selbst anfangen zu suchen. Doch wenn Sie wirklich etwas hören wollen, müssen Sie still sein.

Leben nach innen

Im Nirgendwo der Marlborough Sounds. »Der nächste Nachbar ist auf der anderen Seite des Fjords. Wenn ich Glück habe, kann ich ihn mal mit dem Fernglas sehen«, erzählt Martin mir lachend. »Ansonsten kommen im Jahr vielleicht 20 Gäste vorbei und ich setze mit dem Boot alle sechs Wochen über, um einzukaufen. Aber das ist okay.« Wir schauen gemeinsam schweigend auf das Wasser. Mein Gastgeber hat über sein Leben ein Buch geschrieben. Über seine Hippie-Jugend. Wie er in der Pampa das Haus gebaut hat. Sein Leben in der Abgeschiedenheit. Und trotz allem weiß er Bescheid, was in der Welt so los ist. »Ich würde dich gern für meinen Podcast ›MUT-MENSCHEN‹ interviewen. Dann können wir deinem Buch helfen, mehr Leser zu finden«, unterbreche ich die Stille.

Er lächelt mich an. »Das ist wirklich sehr nett. Aber ich habe null Interesse an Selbstmarketing. Ich vertraue darauf, dass mein Buch auf ganz natürliche Weise in die richtigen Leserhände kommt. Außerdem habe ich es sowieso nicht geschrieben, um möglichst viele Exemplare zu verkaufen. Überhaupt interessiert mich eher mein Leben nach innen. Ich bin hier in den Sounds, genieße die besondere Energie der Natur. Und versuche, die Wahrheit meiner eigenen Seele zu ergründen.«

Ich spüre eine herzliche Kraft, die von seinen Augen ausstrahlt und die ganz anders ist als das, was mir manchmal unter dem Begriff »Esoterik« begegnet.

Mir ist der Gedanke »Das Leben nach innen leben« seitdem nicht mehr aus dem Kopf gegangen. Bei all dem Lärm und den Absurditäten unserer modernen Gesellschaft klingt das Leben nach innen so verlockend. Nach Ruhe und Frieden. Doch ich bin kein Aussteigertyp und habe keine Lust, in die Abgeschiedenheit des Nirgendwo auszuwandern. Im Gegenteil, so verrückt die moderne Welt auch manchmal erscheint, so sehr mag ich sie auch und liebe mein Leben hier.

Also habe ich mich gefragt: Wie kann ich die Haltung »Ein Leben nach innen« in das Leben innerhalb einer modernen Gesellschaft integrieren? Und die Antwort ist so einfach wie schwer zugleich.

Arthur Schopenhauer formuliert es so: »Ein Mann kann nur er selbst sein, solange er allein ist; und wenn er die Einsamkeit nicht liebt, wird er die Freiheit nicht lieben; denn nur wenn er allein ist, ist er wirklich frei.« Ich nehme mir also immer wieder Zeit für mich, in der ich allein mit mir bin, um mich selbst besser kennenzulernen und der zu werden, der ich wirklich sein will. Und dann habe ich den Mut, mich genauso auch in der Öffentlichkeit zu zeigen. Und das ist auch mein Rat an Sie: Werden und seien Sie immer mehr Sie selbst!

Ihr wichtigster Verbündeter

Wenn Sie nicht ehrlich zu sich selbst sind, wie wollen Sie dann überhaupt ein selbstbestimmtes Leben führen? Viel zu oft tragen wir Masken. Verbergen uns hinter Fassaden. Nur weil andere das so von uns erwarten.

Sie können diese Erwartungen natürlich erfüllen und versuchen, jeglichem Konflikt auszuweichen. Wenn Sie Glück haben, machen Sie es dann vielen, aber auf keinen Fall allen Menschen recht. Und einem ganz gewiss nicht: sich selbst. Mit all Ihren Masken können Sie zwar aus Ihrem Leben einen gut inszenierten Kostümball machen und sich und andere belügen. Doch es kommt der Tag, an dem Sie all diese Masken ablegen müssen, auf Ihr Leben zurückblicken und wünschen, Sie hätten den Mut gehabt, Ihr eigenes Leben zu leben …

Doch dann fehlt Ihnen schlicht die Zeit, noch etwas daran zu ändern. Wachen Sie also lieber jetzt auf. Nehmen Sie die Masken ab. Schauen Sie nach innen. Werden Sie immer mehr zu sich selbst. Natürlich ist das nicht einfach. Wenn Sie Sie selbst sind, werden Sie anecken. Kritisiert. Oder sogar an den Pranger gestellt.

Ich beruhige mich mit dem Gedanken: Wer anderen Anstöße geben will, muss anstößig sein. Klingt so leicht, ist es aber nicht. Mir tun die Schläge manchmal weh. Mal findet jemand meine gegelten Haare ätzend. Anderen ist meine Arbeit zu profan, weil ich keine trendigen Methoden predige, sondern »nur« auf gesunden

Menschenverstand und bewährte Prinzipien setze. Ein anderes Mal findet es jemand anmaßend, dass ich Klartext rede und zu direkt in meiner Wortwahl bin.

Ich für mich weiß aber auch: Es gibt zahlreiche Menschen, die mich für genau meinen Weg und meinen Mut zur Haltung schätzen. Dass ich nicht immer mit dem Zeitgeist schwimme, sondern mich traue, eine kontroverse Meinung zu vertreten – und mir nicht zu fein bin, diese Meinung in einem Lernprozess auch immer wieder zu hinterfragen. Und so gebe ich mir Mühe, dass mich Anfeindungen oder Erwartungen nicht tangieren. Solche Attacken dürfen nicht der Grund sein, einzuknicken.

Ich respektiere, dass andere Menschen andere Meinungen haben als ich – genauso erwarte ich, dass andere meine Meinung respektieren. Am Lebensende will ich einen letzten Blick in den Spiegel werfen und mir sagen können: Ich habe zwar nicht immer recht gehabt oder gewonnen, aber ich bin meinen Weg zumindest mit aufrechtem Rückgrat und stolzer Brust gegangen.

Egomanen, die mir ihre Meinung aufzwängen wollen und dazu lautstark mit Kritik um sich werfen, verschwinden meist schneller aus meiner Welt, als sie hineingekommen sind. Doch die Beziehung zu mir selbst, die will ich nicht beenden. Ich könnte sie schlimmstenfalls verlieren. Und wenn das passierte, würde ich nur noch orientierungslos durchs Leben taumeln. Und das will ich nicht! Also sehe ich zu, dass ich die Beziehung zu mir selbst gut pflege.

Wie sieht es bei Ihnen aus? Sehen Sie sich als treuester Verbündeter auf Ihrem Lebensweg? Wagen Sie den Blick nach innen und halten Sie aus, was Ihnen da entgegenblickt?

Falsche Verbündete

Dieser Blick nach innen macht Sie autark. Damit daraus kein narzisstischer Tunnelblick wird, brauchen Sie die richtigen Verbündeten, die Sie auf Ihrem Lebensweg begleiten. Nur wer sind die richtigen? Die Antwort wird schnell deutlich, wenn wir klären, wer die falschen sind.

Da ist zunächst Ihr Freundeskreis. Mir begegnen immer wieder Menschen, die einen großen Freundeskreis pflegen. Doch es zeigt sich, dass darin auch falsche Freunde sind. Nämlich die, die ständig sagen: »Nimm dich zurück. Halte dich an die Regeln. Mach das, was dir gesagt wird. Setz auf die sichere Karte. Warte, bis du dran bist. Frag erst um Erlaubnis. Lerne, Kompromisse zu machen.« Es mag sein, dass solche Ratschläge in einzelnen Ausnahmen sinnvoll sind. Doch wenn Sie sich ständig so verhalten, werden Sie auch ständig von anderen übervorteilt. Wie würden Sie sich fühlen, wenn Sie solche falschen Freunde aus Ihrem Leben verbannen?

Am besten fangen Sie zunächst mit sprachlicher Klarheit an. Nur weil Sie im Urlaub oder auf der Arbeit jemanden kennengelernt haben, ist das noch lange kein echter Freund. Der Begriff »Freund« hat im Zeitalter der Facebook-»Freunde« leider an Wert verloren. Ich unterscheide zwischen Freunden und Bekannten. Der Unterschied? Ganz einfach: Freunde lade ich zu mir nach Hause ein, Bekannte nicht. Und es gibt keine Handvoll Menschen außerhalb meiner Familie, die ich nach Hause einlade.

Suchen Sie sich Verbündete auf Ihrem Weg durchs Leben – Menschen, die an Sie glauben, Sie fordern und Ihnen dabei helfen, Ihr Potenzial freizusetzen.

Achten Sie darauf, welche Beziehungen Sie pflegen. Denn all das kostet Sie Lebenszeit. Manche Beziehungen sind toxisch. Tun Ihnen nicht gut. Sind vielleicht einseitig. Oder es geht Ihnen nach jedem Treffen schlechter als davor. Andere Beziehungen kommen nicht über den Status einer Zweckgemeinschaft hinaus. Sie beginnen, weil Sie im selben Sportverein sind, und enden, wenn Sie Ihre Mitgliedschaft kündigen. Mit anderen haben Sie studiert und mit dem Abschluss endete auch der Kontakt. Manche Beziehungen laufen von allein aus; manche enden durch den Tod. Anderen sollten Sie ein aktives Ende bereiten.

Sie können das mit einer Zugfahrt vergleichen. Ihr Leben ist der Zug. Sie sitzen in einem schicken Großraumwagen. Menschen steigen ein und nehmen bestimmte Plätze und damit Rollen in Ihrem Leben ein. Manchmal wird Ihnen schlecht, wenn eine Person das Abteil betritt. In anderen Fällen genießen Sie die gemeinsame Reise und hoffen, dass die gemeinsame Zeit möglichst lange anhält. Wenn dann Menschen Ihren Zug verlassen, sind Sie mal traurig, mal erfreut. Doch eines bleibt: Ihre Reise durchs Leben geht immer weiter.

Besondere Rolle: die Eltern

In meinen Coachings erlebe ich, dass es gerade die Eltern sind, die zu einem toxischen Wegbegleiter für die Betroffenen werden können. Manche Eltern machen ihren erwachsenen Kindern durch Schuldgefühle den Lebensweg schwer: »Nie findest du Zeit, um mich anzurufen. Und früher hast du mich auch noch öfter besucht!«

Durch solche Vorwürfe werden Menschen emotional erpresst. Doch eine Erpressung ist nur dann möglich, wenn Sie sich auch erpressen lassen. Sie können natürlich hoffen, dass sich Ihre Eltern ändern und mit den Vorwürfen aufhören. Sie können auch versuchen, die Konflikte offen anzusprechen. Wie hoch die Chancen stehen, werden Sie nur erfahren, indem Sie es ausprobieren.

Am besten fahren Sie, wenn Sie Ihre innere Haltung ändern. Denn dazu brauchen Sie nicht Ihre Eltern. Sondern nur sich selbst. Ihre Eltern haben sich damals entschieden, ein Kind in die Welt zu setzen. Dabei sind zufällig Sie herausgekommen. Gefragt, ob Sie das auch wollen, hat Sie niemand. Und so haben Ihre Eltern Ihnen etwas Wertvolles geschenkt: Ihr Leben. Haben Sie großgezogen. Vieles richtig, einiges falsch gemacht. Doch egal, was Ihre Eltern getan haben: Sie haben nicht die Verantwortung für sie. Außer: Sie möchten das freiwillig.

Die richtigen Verbündeten

Wen sollten Sie also als Verbündete auf Ihrem Weg durchs Leben an Ihrer Seite haben? All die, die Ihnen Gutes wollen. Die Ihnen dabei helfen möchten, das Potenzial in Ihnen freizusetzen. Die an Sie glauben. Die Sie unterstützen wollen, dass Sie einen Schritt näher auf Ihren Horizont zuschreiten. Die sich mit Ihnen freuen. Die mit Ihnen weinen. Mit denen Sie echte Gefühle teilen. Bei denen Sie echt sein können. Menschen, die ähnlich sind wie Sie. Menschen, die völlig anders sind als Sie. Neugier und Vielfalt machen das Leben interessant. Also stellen Sie sich einen bunten Clan zusammen mit Menschen, die nett, sympathisch, liebevoll, warmherzig, kritisch, unbequem, widersprüchlich, tiefgründig, oberflächlich, witzig, ernst, reflektiert, pragmatisch, jung, alt sind.

Und ja, manchmal nerven diese Menschen auch. Aber das ist nicht schlimm: Denn sie wollen von Herzen das Beste für Sie. Und wenn das nicht so ist, lassen Sie sie an der nächsten Bahnstation aussteigen. Und fahren Sie in Ihrem Zug ohne sie weiter.

Gegenwart machen: Die richtigen Verbündeten wählen

Wenn es eine Bedienungsanleitung für ein gelungenes Leben gäbe, würde sie vielleicht so lauten: Sei, wie du bist. Entwickle, was du kannst. Werde, wie du sein willst. Und suche dir dazu die richtigen Verbündeten.

Um so zu leben, brauchen Sie Klarheit, was und wen Sie um sich herum haben wollen. Am besten nehmen Sie sich dazu ein Wochenende, an dem Sie sich so richtig langweilen. Denn Langeweile ist die Fähigkeit, es ohne Ablenkung mit sich selbst auszuhalten.

Und dann? Gönnen Sie sich Ruhe. In Hamburg fragte ich einen alteingesessenen Unternehmer: Was ist eigentlich der Unterschied zwischen »Moin« und »Moin Moin«? Seine Antwort: »Moin Moin ist Gesabbel.« An diesem Wochenende gibt es also kein Gesabbel, sondern Ruhe und keine Ablenkung. Nur Sie. Ihr Blick nach innen. Wer sind Ihre Verbündeten? Wer soll in Ihr Zugabteil einsteigen? Wer kann bleiben? Wer muss gehen?

7. Machen Sie Gegenwart!

Sie haben die Wahl, ob Sie Ihr Leben als Profi oder als Amateur leben. Positiv gedacht, betreiben Sie als Amateur ein Hobby. Gehen also einer Leidenschaft nach, ohne den Anspruch zu haben, damit

Geld zu verdienen. Negativ gedacht, fehlen Ihnen als Amateur die Kenntnisse, um bestmögliche Ergebnisse zu erzielen.

Ein Profi weiß dagegen, wie er die Dinge angehen muss, um zum gewünschten Resultat zu kommen. Arbeitet hart an sich, um besser zu werden. Akzeptiert Rahmenbedingungen nicht als unausweichliche Hindernisse. Sondern sucht nach Lösungen.

Ab nach Weißrussland

»Das Leben hier ist einfach und hart. Die Turnhalle hat keine Heizung. Draußen ist es saukalt. Drinnen auch. Aber egal. Das Training bringt mich schon zum Schwitzen«, erzählt mir Tanguy, ein Ringer aus der Schweiz. »Und warum hast du die Schweiz verlassen und bist nach Weißrussland gegangen?«, will ich wissen.

»Ganz einfach: In der Schweiz sind mir meine Gegner und Trainingspartner zu vertraut geworden. Ich kenne all ihre Tricks. Weiß, welche Techniken sie wann einsetzen. Es fehlt die Überraschung des Unbekannten. Hier in Weißrussland finde ich nicht nur das Unbekannte, sondern auch verdammt gute Ringer, die mich fordern und besser machen.«

Ich finde die Haltung von Tanguy Darbellay beeindruckend. Er ist ein echter Profi. Denn er ist bereit, alles dafür zu tun, um der Beste zu werden. Und lässt sich auch von Problemen nicht aufhalten. Er hatte zum Beispiel Schmerzen im unteren Rücken, trainierte jedoch trotzdem. Passte die Übungen einfach so an, dass sie rückenschonender sind. Er hat gelernt, bis an seine Grenzen zu gehen und bis zum Letzten zu kämpfen. Ob sich all die Entbehrungen lohnen und die Opfer am Ende zum gewünschten Erfolg führen? Weltmeister? Olympiasieger? Wer weiß. Falls nicht, wird Tanguy seinen Horizont anpassen und neue Wege gehen. Da bin ich mir sicher. Wir sollten also stets flexibel auf unserem Lebensweg gen Horizont bleiben. Albert Einstein soll dazu passend formuliert haben: »Zwei Dinge sind zu unserer Arbeit nötig: Unermüdliche Ausdauer und die Bereitschaft, etwas, in das man viel Zeit und Arbeit gesteckt hat, wieder wegzuwerfen.« Die Karriere als Ringer endet sowieso irgendwann – spätestens, wenn das Alter ruft.

Umgang mit Problemen

Wie sieht es in Ihrem Leben aktuell aus? Mit Sicherheit werden auch Sie das ein oder andere Problem haben. Doch ich habe eine schlechte Nachricht für Sie: Ich bin sicher, Sie haben noch viel mehr Probleme, als Sie denken. Klingt beunruhigend? Muss es nicht. Denn Probleme sind der Beweis dafür, dass Sie leben.

Alles in der Natur tendiert dazu, zu zerfallen und so für Probleme zu sorgen. Dafür müssen Sie gar nichts tun. Das passiert von allein. Wenn Sie sich nicht um Ihren Körper kümmern, sondern einfach nur auf dem Sofa liegen bleiben, bauen sich Ihre Muskeln ab, und irgendwann verdursten Sie. Wenn Sie sich nicht um Ihre Partnerschaft, Kinder oder Freunde kümmern, leben Sie sich im Laufe der Zeit auseinander, und diese Beziehungen verkümmern. Wenn Sie in Ihrer Firma einfach alles seinem Lauf überlassen, sind Sie entweder Ihren Job los oder Ihre Firma verliert den Anschluss an den Wettbewerb. Wenn Sie Ihren Garten einfach einmal Garten sein lassen, stehen Sie nach ein paar Monaten im Dschungel.

Alles tendiert dazu, zu zerfallen. Das ist ein Naturgesetz. Es nennt sich Entropie: das Streben nach Chaos. Alles verändert sich. Und Veränderungen führen zu Problemen. Sie müssen sich kümmern, Energie, Zeit, Kraft, Herzblut investieren, um diesen Zerfall zu verhindern und Lösungen zu finden.

Der Haken ist, dass wir ein Problem mit dem Wort »Problem« haben. Die meisten Menschen sehen in dem Wort etwas Negatives. Eine große, auf den ersten Blick unlösbare Aufgabe, die nur mit Mühe, Konflikten oder anderen unangenehmen Anstrengungen zu bewältigen ist. Unsere Ehrfurcht vor diesem Wort geht so weit, dass einige Menschen schon vor Schreck zusammenzucken, wenn sie es nur hören. Dabei sind Probleme gar nicht schlimm.

Weltmeister im Problemlösen

Was macht jeder Mensch mit gesundem Menschenverstand, wenn er ein Problem hat? Richtig: es lösen. Denken Sie nach: Wie viele Probleme haben Sie in den letzten drei Tagen einfach so gelöst, ohne dass Ihnen überhaupt bewusst geworden ist, dass Sie ein Problem hatten? Eine ganze Menge: Sie hatten Durst – und holten sich etwas zu trinken. Sie mussten die Flüssigkeit wieder loswerden – und gingen auf die Toilette, um sich zu erleichtern. Ihr Auto meldete einen leeren Tank – und Sie fuhren zur Tankstelle. Sie öffneten die letzte Milchpackung – und besorgten beim nächsten Einkauf eine neue. Easy, oder? Sie lösen bestimmt 99,9 Prozent Ihrer Problemchen einfach so.

Entwickeln Sie Ihren Horizont. Seien Sie stark darin, wahrzunehmen, was ist. Und seien Sie konsequent darin, wahr zu machen, was jetzt sein soll.

Vielleicht wenden Sie jetzt ein: Solche Kleinigkeiten sind doch des Wortes »Problem« nicht würdig. Dann frage ich zurück: Warum nicht? Probleme gibt es in groß und bedrohlich, doch in der Masse der Fälle sind sie klein und harmlos. Also sind Probleme gar nichts Negatives. Nutzen Sie diese Tatsache und machen Sie sich immer wieder bewusst: Sie sind ein Weltmeister darin, sie zu lösen.

Wir können die Zukunft nicht vorhersehen. Zum Glück. Denn wäre unser Schicksal in Stein gemeißelt, wären wir bloß noch ausführende Marionetten, die sowieso nichts beeinflussen können. Aber die Zukunft ist nicht vorherbestimmt. Sie ist ungewiss. Wir müssen sie gestalten. Uns den Problemen des Lebens stellen. Und zwar im Hier und Jetzt. Also sollten Sie ein Meister darin werden, das Stärkste zu unternehmen, was einem Menschen möglich ist: Gegenwart machen. Dazu brauchen Sie nur zwei Fähigkeiten zu beherrschen.

Wahr-nehmen, was ist

Werden Sie als Erstes verdammt gut darin, wahr-zu-nehmen, was ist. Tanguy stellte fest, dass er die Stärken all seiner Trainingspartner bereits im Schlaf vorhersehen konnte. Was nehmen Sie in Ihrem Leben wahr? Ist in Ihrer Partnerschaft wirklich alles so schön oder steckt hinter den Worten Ihres Partners vielleicht doch ein Schrei nach mehr Nähe und Liebe? Oder wenn Sie gerade Single sind: Warum haben die letzten Kontaktanbahnungen nicht geklappt und was können Sie daraus für das nächste Rendezvous lernen? Wie gehen Sie aktuell mit Ihrer Zeit um? Welche Lebensbereiche dominieren, welche kommen viel zu kurz?

Egal, wo Sie gerade im Leben stehen: Seien Sie präsent. Nehmen Sie gut wahr, was ist. Viele Menschen hetzen so schnell und beschäftigt durchs Leben, dass sie gar nicht mehr merken, was um sie herum wirklich los ist. Manche spüren noch nicht einmal, was in ihnen selbst vorgeht. Verlieren völlig die Verbindung zu sich.

Wahr-machen, was jetzt sein soll

Wenn Sie ein gutes Bild der Lage haben, ist es an der Zeit, die zweite Fähigkeit zu aktivieren: zu handeln. Aufzubrechen. Loszulegen. Kurzum: wahrzumachen, was jetzt sein soll. Der Ringer hatte realisiert, dass er in der Schweiz nicht weiterkam. Also ist er nach Weißrussland aufgebrochen.

Das Schöne und gleichzeitig Schwierige am Leben ist, dass Sie meistens nicht mit einem Schritt am Ziel ankommen. Im Gegenteil: Der Weg zu Ihren Zielen ist eine Reise. Und Sie können sie nur meistern, indem Sie Schritt für Schritt nach vorn gehen. Heißt: Jedes Mal, wenn Sie etwas wahr-ge-macht haben, beginnen Sie wieder, wahr-zu-nehmen, was ist. Und dann machen Sie erneut wahr, was als Nächstes sein soll. Der Gedanke des Gegenwartmachens ist im wahrsten Sinne des Wortes ein schrittweises Vorwärtsgehen.

Sie können gedanklich natürlich in die Vergangenheit abrutschen. Dann zweifeln Sie, ob Entscheidungen richtig waren. Tragen

Schuldgefühle mit sich herum. Oder Sie driften in die Zukunft ab. Machen sich Sorgen, ob das alles gut geht. Haben vielleicht Angst. Oder verfallen in motivierende Tagträume. Beides – Vergangenheit und Zukunft – sind jedoch die falschen Orte, um zu leben.

Leben findet nur in der Gegenwart statt. Hier müssen Sie präsent sein. Wahrnehmen, was ist. Und wahrmachen, was sein soll. Das gilt vor allem dann, wenn Sie unter Druck geraten.

Souverän bleiben

Zwischenstopp Singapur. Rund elf Stunden Flug stecken in unseren Knochen. Wir trödeln durch den Flughafen. Nach einer gefühlten Ewigkeit kommen wir mit den Letzten am Gate an. Die Dame von der Security hält uns zurück: »Wo sind Ihre Ausreisetickets?« »Wir wissen noch nicht, wie lange wir in Neuseeland bleiben wollen. Das Ausreiseticket nach Australien wollen wir spontan buchen«, erkläre ich entspannt. »Ohne Ausreiseticket dürfen wir Sie nicht nach Neuseeland fliegen lassen. Wollen Sie jetzt ein Flugticket buchen?«, schaut sie mich nett und doch bestimmt an.

Der Puls steigt. Das Boarding ist bereits fast abgeschlossen. Ich verbinde mich mit dem WLAN. »Verdammt, ist das langsam«, murmle ich vor mich hin. »Haben Sie das Ticket?«, mahnt die Security-Dame. Ich spüre leichten Schweiß auf meiner Stirn: Kreditkartennummer. Gültig bis … Jetzt kaufen.

»Hier ist es«, zeige ich erleichtert mein Smartphone. »In Ordnung. Und wo sind Ihre Visa für die Einreise?«, will sie wissen.

Ich bin völlig fassungslos: »Als ich die Tickets gebucht habe, gab es keine Visumspflicht.« »Das wurde zum Oktober geändert«, erklärt sie und fängt an zu telefonieren. Ich will etwas sagen, doch sie signalisiert, ich solle still sein.

Wir setzen uns, ich nehme meine Frau in den Arm. »Zur Not nehmen wir ein Zimmer und fliegen morgen«, versuche ich sie zu beruhigen, fühle mich aber selbst gar nicht wohl, während ich das sage.

Auf einmal kommt die Dame zu uns gelaufen und ruft »GO!«, während sie auf das Gate deutet …

Dieses Erlebnis hat mir deutlich gemacht, dass wir gerade dann, wenn wir unter Druck geraten, volle Verantwortung übernehmen müssen. Es kommt irgendwann ein Moment, in dem das Leben Sie hart trifft. Mal ist es »nur« die Gefahr, dass die geplante Urlaubsreise ein jähes Ende findet. Mal gibt es vom Arzt eine bedrohliche Diagnose. Beruflich ein Problem. Oder ein Streit mit einem geliebten Menschen. Solche Veränderungen machen Ihnen dann Probleme. Sie haben Angst. Machen sich Sorgen. Das ist menschlich.

Aber es nutzt nichts, wenn Sie jetzt den Kopf in den Sand stecken. Egal, wie hart das Leben zuschlägt, übernehmen Sie die Führung. Es gibt kein Problem auf dieser Welt, das Sie nicht lösen können. Der Weg ist nicht immer offensichtlich. Aber er wird klarer, mit jedem Schritt, den Sie nach vorn machen.

Ich nenne das *Gegenwart machen*. Sie haben dieses Motto in den Boxen an jedem Kapitelende bereits gelesen. Gegenwart machen ist das Stärkste, was Sie als Mensch unternehmen können. Weil es das Einzige ist, was Sie tun können. Vergangenheit ist vorbei und nicht mehr änderbar. Zukunft nur eine Fantasie, die vielleicht Realität wird, vielleicht aber auch nicht. Leben kann nur in der Gegenwart stattfinden. Also werden Sie ein Meister im Gegenwart machen.

Gegenwart machen

Wer versucht, die Zukunft durch Pläne in den Griff zu bekommen, hat Schiss. Ob es der Budgetplan im Büro ist. Oder die detaillierte Reiseplanung für den nächsten Urlaub. Es kommt sowieso meist anders, als Sie denken. Trainieren Sie also lieber Ihre Fähigkeit, Gegenwart zu machen.

Entwickeln Sie Ihren Horizont und halten Sie ihn im Auge. Seien Sie stark darin, wahrzunehmen, was ist. Und dann konsequent darin, wahrzumachen, was jetzt sein soll.

Und denken Sie bei allem Produktivitäts- und Fortschrittswahn an die Worte von Friedrich Hebbel: »Den Augenblick immer als den Brennpunkt der Existenz, auf den die ganze Vergangenheit nur vorbereitete, ansehen und genießen.« Gönnen Sie sich hin und wieder Augenblicke, in denen Sie Ihr Leben einfach nur genießen.

Teil IV

Die 7 Wegelagerer

Als Anführer Ihres Lebens haben Sie Ihren Horizont fest im Blick. Sie wissen: Nur Sie selbst können für Hoffnung, Zuversicht und Lebensfreude sorgen. Und so brechen Sie selbstbestimmt auf. Doch Ihre Euphorie wird schon bald verfliegen. Denn jede Lebensreise führt durch ein Tal der Tränen. Hier warten Wegelagerer nur darauf, Ihr Vorhaben zu zerstören. Stellen Sie sich darauf ein, dass solche Täler nicht nur einmal auftauchen. Sondern immer wieder. Hier wird es schwer. Anstrengend. Sie zweifeln. Wollen aufgeben. Doch lassen Sie sich nicht entmutigen. Kämpfen Sie!

1. Kritiker und Nörgler

Stellen Sie sich vor, ein Lehrer haut Ihnen eins mit dem Stock auf die Finger, wenn Sie widersprechen. Oder ein machthungriger Patriarch in Ihrem Unternehmen führt sich wie ein Hannibal Lecter im Konferenzraum auf und brüllt Sie an, nur weil Ihnen etwas nicht gefällt und Sie das sagen. Ein Graus!

Die Zeiten, als Kritik am Verhalten eines anderen noch in Form von Zucht und Ordnung ausgeteilt und ungewünschtes oder fehlerhaftes Verhalten konsequent bestraft wurde, sind vorbei. Und das ist auch gut so. Als moderne Zivilisation haben wir es verdient, einen menschlicheren Umgang miteinander zu finden. Besonders dann, wenn es darum geht, Kritik zu äußern.

Dabei sind wir aktuell ins andere Extrem gerutscht. Das neue Credo lautet: Kritik üben ist anmaßend. Denn Kritiker setzen sich auf einen überheblichen Thron, stellen sich über die Dinge und maßen sich an, ihr Gegenüber zurechtzuweisen und vorzugeben, wie es richtig zu laufen hat. Niemand darf sich im Wort oder Ton vergreifen. Auch nicht dann, wenn die Nerven blank liegen oder viel auf dem Spiel steht. Kritik ist zum Unwort mutiert und darf aus Sicht einer wachsenden Weichspülerfraktion kaum noch offen angesprochen werden. Stattdessen verbreitet sich ein pseudopolitisch korrektes Kauderwelsch, bei dem sich am Ende alle ratlos die Frage stellen: War die Nachricht nun gut oder schlecht?

In meiner Arbeit als Berater werde ich oft hinzugezogen, wenn es schwierige Situationen zwischen Menschen zu klären gibt. Konflikte sind für mich auch kein Vergnügen, aber wir kommen nur weiter, wenn wir uns ihnen stellen und an einer Lösung arbeiten. Immer wieder frage ich mich: Was stört uns Menschen eigentlich an Kritik?

Tränen

»Als Beraterin hatte ich immer meine drei, vier großen Konzerne, die mir ein Projekt gaben«, erzählt mir die gestandene Frau. »Doch seitdem Corona ausgebrochen ist, habe ich keinen einzigen Euro Umsatz mehr gemacht. Ich habe das Gefühl, ich werde gar nicht mehr

gebraucht.« Plötzlich fließen Tränen und sie kann ihren Schmerz nicht mehr zurückhalten.

Das trifft mich und ich warte, bis sie sich wieder beruhigt hat. »Fangen Sie jetzt bloß nicht an, sich unter Wert zu verkaufen. Lassen Sie uns daran arbeiten, wie Sie systematisch an Kunden kommen, die Sie auch wertschätzen.«

Keine Aufträge zu bekommen können Sie als besonders harte Form der Kritik missverstehen. Nur weil ein Kunde »Nein« sagt, heißt das aber noch lange nicht, dass Ihre Arbeit oder gar Sie als Person »schlecht« sind. Aber für diese Beraterin fühlte es sich trotzdem so an. Eine ähnliche Form von Kritik können Sie erleben, wenn Sie sich für einen neuen Job bewerben – und es nur Absagen hagelt. Wer das persönlich nimmt, kann so verletzt werden, dass nicht nur der Selbstwert leidet, sondern vielleicht sogar Depression oder Burn-out drohen.

Kritik bedeutet Ablehnung, ob Sie sie nun beruflich oder privat erleben. Wer will als Mensch schon abgelehnt werden? Klar, wir sollen die Inhalte von der Person, die Beziehungs- von der Sachebene trennen. Das wissen wir alles – und nehmen Kritik trotzdem persönlich. Fühlen uns verletzt. Nachvollziehbar also, dass weder Empfänger noch Überbringer sich dabei wohl in ihrer Haut fühlen.

Kritiklosigkeit führt ins Chaos

In manchen Unternehmen – und erst recht in Familien zu Hause – wird deswegen heutzutage spärlich mit Kritik umgegangen. Die Werkzeuge der Kritik, Autorität, Konflikte, heikle Botschaften: alles unangenehm. Also lautet die Marschrichtung, positiv zu formulieren. Anstatt »Sie haben Mist gebaut« sprechen wir von »Es gibt noch einige Potenziale, die Sie für sich erschließen können«.

Und auch in der Erziehung unserer Kinder werden wir vorsichtiger. Eine Förderschullehrerin erzählte mir, wenn lernbehinderte Schüler aus Migrantenfamilien die Hausaufgaben nicht machten oder gar dem Unterricht fernblieben, gebe es keine Sanktionen oder schlechte Noten. Im Gegenteil: Das Schwänzen werde oft einfach toleriert und die fehlenden Hausaufgaben im Zeugnis wohlwollend als Lob formuliert: »Schüler XY hat die Arbeitsblätter für die Hausaufgaben erhalten«. Niemand traut sich, die Wahrheit zu sagen: »Schüler XY war noch nicht in der Lage, die Hausaufgaben eigenständig zu erledigen.« Integration kann nur gelingen, wenn die Schüler liebevoll gefördert und gleichzeitig streng gefordert werden.

Doch Kritik, Sanktionen und Autorität haben für viele in der Erziehung von Kindern nichts zu suchen. Die Folge? Wir haben zunehmend mehr Störenfriede in den Schulen. In der Schweiz wurde eine Umfrage bei 450 Mitarbeitern an Schulen durchgeführt.[15] Bewertet wurde das Verhalten von 4300 Schülern. Demnach gilt jedes fünfte Kind als verhaltensauffällig.

Was harmlos klingt, muss man in Wirklichkeit erst einmal aushalten können. Viele Lehrer können das nicht mehr und überschreiten ihre persönlichen Belastungsgrenzen. Auch zu Hause liegen die Nerven mancher Laisser-faire-Eltern blank, wenn die Tochter, statt zu essen, eine Vase auf dem Boden zertrümmert oder der Sohn brüllend anfängt, um sich zu schlagen, statt sich einfach ins Auto zu setzen.

Wer Kritik, und damit auch eine Form von Autorität, ablehnt, wird ohnmächtig. Denn wenn Sie alles hinnehmen, was andere Menschen mit Ihnen machen, ordnen Sie sich devot unter. Wenn Sie hoffen, dass Sie Dominanz, Macht und die dazugehörigen sozialen Spielchen abschaffen können, indem Sie sie ignorieren, ist das bestenfalls naiv.

Glauben Sie im Ernst daran, dass die Menschheit zukünftig in einer Welt von Liebe, Luft und Frieden miteinander leben wird?

Wer gibt, dem wird genommen

»Ich weiß nicht, wie ich die ganze Arbeit bewältigen soll«, beklagt sich die junge Managerin eines großen internationalen Konzerns. »Mein Chef hat immer wieder neue Themen und Projekte, um die ich mich kümmern muss.«

»Das verstehe ich. Aber weder ist Ihr Chef für Ihre ›ganze Arbeit‹ verantwortlich, noch ›müssen‹ Sie sich darum kümmern«, nähere ich mich dem heiklen Schmerzpunkt. Sie senkt den Blick. Atmet tief ein und aus und murmelt: »Da haben Sie recht!« »Hey!«, unterbreche ich sie. »Haben Sie gemerkt, dass Sie mich nicht mehr anschauen? Wenn Sie mit dominanten Typen zu tun haben, dürfen Sie nicht zurückweichen. Setzen Sie eine Grenze. Halten Sie Blickkontakt und sagen Sie ›Nein‹. Oder stellen Sie Bedingungen, unter denen Sie die zusätzliche Arbeit bereit sind zu erledigen.«

Wenn Sie Konflikte vermeiden, werden Sie beeinflusst, dominiert und durch die Gegend geschoben. Stehen Sie für sich und Ihre Werte ein! Mag sein, dass es sich für Sie nicht gut anfühlt, Autorität anzuwenden und andere in ihre Schranken zu verweisen. Aber unter Autorität zu leiden, ist mindestens genauso schlimm.

Respekt heißt: Grenzen aufzeigen

Auf Ihrem Lebensweg werden Ihnen immer wieder Autorität, Ablehnung und Auseinandersetzung begegnen. Natürlich ist es gut, wenn Sie andere dennoch respektvoll behandeln. Doch bevor Sie nur an andere denken, denken Sie erst mal an sich. Denn Respekt bedeutet nicht, dass Sie alles hinnehmen müssen, was andere sagen oder tun. Ihr Respekt braucht Grenzen. Das hat uns Kant bereits aufgezeigt: »Die Freiheit des Einzelnen endet dort, wo die Freiheit des anderen beginnt.«

Eine Lehrerin muss es also nicht hinnehmen, wenn ein Schüler sie beleidigt. Ein Vater muss es nicht hinnehmen, dass die Tochter zu ihm sagt: »Ey, chill mal ab, Alter!«

Und Sie? Sie müssen ganz viel – nicht. Vor allem müssen Sie es nicht hinnehmen, wenn andere Menschen versuchen, Sie durch Kritik von Ihrem selbstbestimmten Leben abzubringen.

Wenn Sie selbstbestimmt sind, werden Sie automatisch anecken und Ablehnung erfahren. Es ist sogar noch krasser: Je *klarer* Sie in Ihren Aussagen sind, desto mehr Menschen werden Sie *ablehnen*.

Probieren Sie es aus. Suchen Sie sich ein heikles Thema: Geschlechterkampf, der nicht mehr nur der Chancengleichheit dient, sondern ein politischer Kreuzzug der Macht ist – Umgang mit jenen Flüchtlingen, die sich nicht in unsere Gesellschaft integrieren wollen – oder Corona und ob die Haltung »Jedes Menschenleben zählt, koste es, was es wolle« die richtige ist. Und dann formulieren Sie Ihre Meinung zu diesem Thema. Aber nicht nach dem Motto »Es kommt darauf an …«

Je klarer Sie in Ihren Aussagen sind, desto mehr Menschen werden Sie und Ihre Botschaft ablehnen. Trotzdem: Bekennen Sie Farbe!

Bekennen Sie Farbe. Vertreten Sie einen klaren Standpunkt. Schwarz oder weiß. Links oder rechts. Keine Grautöne. Keine Mitte. Und Sie werden sehen: Menschen werden Ihre Klarheit eher ablehnen als Ihre politisch korrekte Wischiwaschi-Meinung. Kritiker greifen nicht nur Ihre Meinung an, sondern attackieren alles in Ihrem Leben. Wie kann man bei diesem Film nur anfangen zu weinen? Wie kann man einen Menschen nur so sehr lieben, dass man ihm eine Niere spendet – oder gar selbst sterben will, wenn der andere gegangen ist? Wie können Sie nur Ihren sicheren Job bei einem bekannten Konzern kündigen und bei einer kleinen Klitsche anfangen, die keiner kennt? Wie können Sie nur zur Miete wohnen und sich kein Haus kaufen? Wie können Sie nur so ein teures Auto fahren? Wie können Sie nur mit dem Flugzeug in den Urlaub reisen? Egal, was Sie tun, Ihre Kritiker werden immer den passenden Kommentar haben.

Wenn Sie sich also für ein selbstbestimmtes Leben entscheiden, werden andere Sie genau deswegen ablehnen. Wenn Sie einen neuen Weg einschlagen, werden Menschen Sie belächeln. Beleidigen. Vielleicht sogar versuchen, Sie aufzuhalten. Denn Ihr Mut ist nichts anderes als ein Spiegel, der Ihren Kritikern zeigt: Ihr seid mutlose Loser, die ihr Leben nicht auf die Kette kriegen.

Soziale Hygiene

Was also tun, wenn Menschen Sie kritisieren und Ihnen Ablehnung widerfährt? 2009 habe ich meine neue Karriere gestartet und fing an, im Internet zu publizieren. Videos auf YouTube, Artikel in meinem Blog, eine Kolumne auf Focus Online. Und natürlich zerrissen sich irgendwelche Typen ihr digitales Maul, indem sie in einem aggressiv-verletzenden Ton harsche Kritik äußerten. Anfangs habe ich diese Kommentare gelesen. Das tat weh. Eine PR-Beraterin hatte einen guten Rat für mich: »Lesen Sie die Kommentare in den Medien nicht. Und zwar keinen einzigen!« Und damit hatte sie recht. Eine einfache Lösung, die sofort für ein besseres Gefühl sorgte. Bis heute.

Heißt für Sie: Schmeißen Sie die falschen Menschen aus Ihrem Leben. Wir sprachen über die richtigen und falschen Verbündeten bereits in Teil III. Ihre Lebenszeit ist zu kostbar, um sie mit den falschen Menschen zu verschwenden. »Falsch« ist hier gar nicht despektierlich oder überheblich gemeint. Im Gegenteil. Sie wollen ja auch die Zeit Ihrer Nörgler nicht verschwenden. Sollen die sich doch lieber mit Menschen beschäftigen, bei denen sie weniger auszusetzen haben. Soziale Hygiene ist eine Form von Respekt. Leben und leben lassen. Sie müssen nicht einer Meinung sein. Soll doch jeder seines Weges ziehen und den anderen einfach in Ruhe lassen.

Lassen Sie es mich noch mal wiederholen, weil es so wichtig ist: Schmeißen Sie die falschen Menschen aus Ihrem Leben!

Das bedeutet jedoch nicht, dass Sie alle Kritiker und Nörgler pauschal aus Ihrem Leben entfernen. Sie brauchen Kritiker, um besser zu werden. Ohne Kritiker schwimmen Sie nur in Ihrem eigenen gedanklichen Saft. Kritiker fordern Sie heraus, besser, schärfer, präziser zu denken und zu formulieren.

Seien Sie einfach wählerisch, was die Kritiker angeht. Negative Kritiker wollen Sie mit ihrer Kritik aufhalten. Vom Weg abbringen. Verbannen Sie diese Menschen. Holen Sie sich die positiven Kritiker ins Leben. Menschen, die Ihnen mit ihrer Kritik helfen wollen. Damit Sie vorwärts in Richtung Ihres Horizonts kommen. Und damit Sie lernen, auf dem Weg einfach ein besserer Mensch zu werden.

Gegenwart machen: Nur die Kritik hören, die Sie besser macht

Wer selbstbestimmt lebt, hat Charakter. Ist anders. Konträr. Vielleicht provokant. Auf jeden Fall mit Kanten und Ecken, an denen andere sich stoßen. Einerseits mögen die Menschen es, wenn jemand Kante zeigt. Den Mut zur Haltung hat. Andererseits lehnen dieselben Menschen andere umso eher ab, je klarer diese in ihren Aussagen werden. Es hagelt dann Kritik.

Behalten Sie im Hinterkopf: Kritik ist oft eine versteckte Form von Anerkennung. Lassen Sie sich davon also nicht von Ihrem Lebensweg abbringen. Gehen Sie weiter – und genießen Sie diese besondere Form der Bewunderung.

2. Fehler und Scheitern

Fehlerkultur? Ja, die wird häufig gepredigt, aber ich halte nichts davon. Denn sie impliziert, dass unser Ziel sein sollte, Fehler zu machen. Aber wer will das wirklich? Lesen Sie sich diese Worte durch: Fehler, Irrtum, Missgeschick, Patzer, Makel, Schaden, Fehlgriff, Fehlschlag, Panne, Griff ins Klo, Scheitern, schlecht abschneiden, versagen. Haben Sie da Bock drauf? Ich nicht. Denn was wäre, wenn eine Chirurgin einen lockeren Umgang mit Fehlern pflegt und versehentlich die Aorta in Ihrem Bauchraum verletzt? Oder ein Flugkapitän sich beim stürmischen Landeanflug leicht verschätzt und mit den Flügeln statt mit den Rädern aufsetzt? Solche lebensbedrohlichen »Kleinigkeiten« wären eine Katastrophe.

Doch auch wenn es nicht um Leben und Tod geht, hat uns die Angst vor Fehlern im Griff.

Mut braucht eine Stimme

Die Sonnenstrahlen brechen durch die Bäume, während ich mit meiner Frau durch den Wald spaziere. »Was ist los?«, will Alina wissen. »Was soll denn sein?«, frage ich zurück. »Seit Tagen bist du unruhig.

Wirkst oft abwesend. Hörst nicht mehr richtig zu. Schläfst nachts unruhig. Brauchst du noch mehr Hinweise?«

Ich muss lächeln. »Vor dir kann ich auch nichts verstecken. Du hast recht. Ich habe Stress. Denn ich weiß nicht, ob ich das Manuskript so an den Verlag schicken kann.« Alina bleibt abrupt stehen. »Warum das denn?«, will sie wissen. »Ich teile darin einige Geschichten aus meinem Leben mit, auf die ich nicht wirklich stolz bin. Manches waren echt dumme Fehler. Ich habe einfach keine Lust, dass andere mich als Loser sehen.«

Alina nimmt mich in den Arm. »Du bist kein Loser. Du bist stark. Denn du hast den Mut, auch darüber zu schreiben, was nicht so gut lief in deinem Leben. Also schick den Text ab!«

Das war im Jahr 2017. Ich habe den Text unverändert an meinen Verlag geschickt, und das Buch »Mut braucht eine Stimme« ist planmäßig erschienen. Von Lesern bekomme ich immer wieder zu hören, dass es gerade die persönlichen Geschichten sind, die das Buch lesenswert machen. Viele Leser wünschen sich sogar, noch mehr dieser Storys zu lesen. Es sind also genau die Teile gut, von denen ich dachte, dass es ein Fehler wäre, sie zu veröffentlichen. All die Sorgen – sie waren für die Katz. Warum also machen wir uns so einen Stress mit Fehlern?

Fehlerkultur der besonderen Art

Es gibt in Deutschland eine Fehlerkultur – und zwar die Null-Fehler-Kultur. Wir wollen perfekt sein. In allem. Wir optimieren unsere Ernährung mit Power-Food und Nahrungsergänzungsmitteln. Wir machen Sport mit perfekter Kleidung, Smartwatch und maßgeschneiderten Trainingsplänen. Wir optimieren unsere Kinder, indem sie neben der Schule auch noch von Yoga über Klavier bis zum Fremdsprachkurs alles mitmachen sollen, was nur irgendwie geht.

Machen Sie sich locker: Ihnen werden immer wieder Fehler passieren. Das können Sie gar nicht verhindern. Denn Sie sind keine göttliche Erscheinung, sondern nur ein Mensch – und damit fehlbar. Wenn andere oder Sie selbst nun ständig Druck machen, dass alles perfekt sein soll und bloß kein Fehler unterlaufen darf, führt das zu nichts Gutem. Sie verspannen sich. Haben noch mehr Angst davor, einen Fehler zu machen. Und machen genau dann erst recht etwas falsch.

Wie sieht es in der Praxis aus? Alle versuchen zwar den Anschein zu erwecken, als hätten sie keinen Schiss davor, zu scheitern. Erzählen: Fehler machen ist kein Thema. Doch wenn dann tatsächlich mal etwas schiefgeht, sehe ich Erwachsene, die sich wie dreijährige Kinder benehmen, vor denen die Eltern mit dem tadelnden Zeigefinger stehen. Höchste Zeit also, dass wir lernen, einen wirklich entspannten Umgang mit Fehlern zu finden. Denn Fehler sind unvermeidbar. Schauen wir uns dazu zwei mögliche Ursachen an und wie Sie souverän und selbstbestimmt mit ihnen umgehen.

Leistungsfehler

Da sind zunächst die Leistungsfehler: Ich habe es *falsch gemacht*. Sie haben sich zwar für das Richtige entschieden, es jedoch nicht gut umgesetzt. Eine Bekannte schrieb mir zum Geburtstag eine E-Mail und gratulierte mir. Sie kündigte ein Paket mit einer Überraschung an. Als ich die Überraschung öffnete, waren darin Produktproben. Sie hat im Multi-Level-Marketing-Vertrieb eines Kosmetikunternehmens einen neuen Job angefangen. Ihre Idee, mich mit einer Aufmerksamkeit zu überraschen, war gut. Die Absicht, mich dadurch als neuen Kunden zu ködern, plump und falsch.

Leistungsfehler haben viele Ursachen. Sie passieren, wenn Sie unaufmerksam sind. Etwas schnell-schnell erledigen, anstatt in Ruhe bei der Sache zu sein. Verramschen Sie Ihren eigenen Namen nicht, indem Sie Mittelmaß abliefern. Stehen Sie für Premiumqualität. In der Partnerschaft: Erobern Sie Ihren Partner immer wieder aufs Neue. Überraschen Sie mit einem romantischen Abendessen. Oder einem gemeinsamen Ausflug. Im Job: Ruhen Sie sich nicht im Status quo aus. Streben Sie danach, immer besser zu werden. Nutzen Sie Ihr Hirn und überlegen Sie, wie Sie eine starke Wirkung und ein tolles Ergebnis hinbekommen. Machen Sie nicht Standard. Sondern strengen Sie sich an und seien Sie einfach verdammt gut.

Einschätzungsfehler

Die zweite Gattung sind die Einschätzungsfehler: Sie setzen zwar gut um, haben jedoch *nicht das Richtige* getan. Sie haben sich also für das Falsche entschieden. Vor ein paar Jahren habe ich viel Geld in eine Social-Media-Beratung investiert. Man bläute mir damals ein, die neue Goldwährung sei die Anzahl der Follower. Und so holte ich mir völlig unnötigen Stress in mein Leben: ständig irgendetwas posten, Inhalte produzieren, Statistiken analysieren, Konvertierungsquoten optimieren.

Entscheidend ist: Lernen Sie aus der Situation – und wiederholen Sie Ihre Fehler nicht!

Nach ein paar Monaten habe ich den Not-Aus-Knopf gedrückt. Ich will kein Influencer sein. Ich will auch nicht möglichst viele Follower haben. Ich will mein Ding machen und die Inhalte veröffentlichen, die ich veröffentlichen will. Und nicht Inhalte erstellen, die für irgendwelche Algorithmen oder Zielgruppen optimiert sind. Mir sind 1000 qualitative Follower wichtiger als 500 000, von denen nicht einer meine Bücher kauft oder mich als Sparringspartner bucht.

Wann unterlaufen Ihnen solche Einschätzungsfehler? Ihnen fehlt vielleicht ein klarer Horizont, wohin Sie im Leben wollen – oder Sie haben ihn vorübergehend aus den Augen verloren. Als ich damals den falschen Weg bei Social Media wählte, hatte ich kurzzeitig aus den Augen verloren, wohin ich im Berufsleben wollte – und bog daher falsch ab.

Eine andere Ursache: Sie haben keine Gegenwart gemacht. Sie erinnern sich: Dazu gehören zwei Fähigkeiten. Wahrnehmen, was ist – und wahr machen, was jetzt sein soll. Wenn Sie nicht im Hier und Jetzt sind und nicht gut wahrnehmen, was ist: Wie wollen Sie da die richtige Handlungsalternative finden?

Umgang mit Fehlern

Wir lügen uns die Wahrheit viel zu oft schön. Haben blinde Flecken. Gestehen uns Schwächen nicht ein. Wollen nur das Gute sehen. Aber was können Sie tun, wenn Ihnen trotz allem ein Fehler unterläuft? Als Erstes: Übernehmen Sie Verantwortung. Schieben Sie die Schuld nicht auf andere. Das würde Sie nur schwach erscheinen lassen. Zeigen Sie lieber Stärke, indem Sie Gesicht zeigen. Denn wenn etwas schiefgelaufen ist, wollen die Betroffenen nicht immer eine Lösung – jedoch auf jeden Fall einen Menschen, der sich zeigt und sich nicht versteckt oder andere vorschickt. Es gibt bestimmt auch einen Weg, den Fehler zu korrigieren oder die Sache wiedergutzumachen. Entscheidend ist: Lernen Sie aus der Situation – und wiederholen Sie den Fehler nicht!

Aber manchmal reicht es nicht, nur zu versuchen, einen Fehler zu korrigieren oder wiedergutzumachen. Dann jetzt geht es nicht mehr um die Sache, sondern um das Zwischenmenschliche. Ziel ist nicht, den Schuldigen an den Pranger zu stellen, sondern um Wiedergutmachung. Die Beziehung muss repariert werden. Um einen gütigeren Umgang mit uns und anderen zu finden, empfehle ich Ihnen, sich an vier Stufen zu orientieren, die sich in der Praxis bewährt haben.

Stufe 1: Sich entschuldigen

Hier steckt das Wort »Schuld« drin. Jemand soll Sie also von Ihrer Schuld befreien. Formulieren wir es anders: Sie haben einen Fehler gemacht und bitten den anderen um Nachsicht. Ob Ihr Gegenüber die Bitte um Entschuldigung annimmt, hängt von den Umständen ab. Eine Entschuldigung ist dann angemessen, wenn Ihr Fehler eher klein ist. Sollten Sie größeren Mist gebaut haben, müssen Sie eine Stufe höher in der Beziehungspflege steigen.

Stufe 2: Verzeihen

Wenn Ihr Fehlverhalten einen anderen Menschen gekränkt hat, reicht eine Bitte um Entschuldigung nicht mehr aus. Dann müssen Sie um Verzeihung bitten. Das Wort »zeihen« ist nicht mehr Teil unseres modernen Sprachgebrauchs. Es bedeutete *vorwerfen* oder *beschuldigen*. *Ver-zeihen* ist demnach das Gegenteil: also einen Vorwurf, eine Anklage wieder zurückziehen. Mal angenommen, jemand hat richtig Mist gebaut. Die Person wendet sich nun an Sie und bittet um Verzeihung. Damit macht die Person deutlich, dass Sie – sollten Sie ihrer Bitte nachkommen – Großzügigkeit zeigen.

Wenn Sie jemandem etwas verzeihen, haken Sie die Sache damit ab. Sie werden vielleicht noch das ein oder andere Mal daran denken. Jedoch werden Sie die Person nicht weiter beschuldigen oder die alten Vorwürfe erneut zur Sprache bringen. Das Thema ist für Sie – zumindest im Kopf – erledigt. Sie können jemandem verzeihen, auch wenn diese Person nicht darum bittet oder vielleicht sogar bereits verstorben ist. Denn Verzeihen ist eine bewusste Geisteshandlung, die nur in Ihnen stattfindet. Wenn Sie verzeihen, hat Ihr Verstand die Kontrolle übernommen, auch wenn Ihr Herz vielleicht noch etwas anderes fühlt.

Stufe 3: Vergeben

Manchmal hat jemand so viel Mist gebaut, dass verzeihen nicht funktioniert. Wir empfinden, dass der andere schuldig ist. Vergebung ist jetzt gefragt. Hier steckt das Wort »geben« drin. Als derjenige, der etwas falsch gemacht hat, erhalten Sie also etwas von einer anderen Person: Sie erlässt Ihnen die Schuld. Das ist deutlich stärker, als nur zu verzeihen. Statt nur den Vorwurf zurückzuziehen, spricht Sie die Person frei von Ihrer Schuld. Das Herz dieser Person ist nun rein von jeglichem Groll, der einmal war. Im *Vater unser* beten die Christen: »Vergib uns unsere Schuld.« Vergeben ist in vielen Religionen eine göttliche Eigenschaft. Wer das als Mensch schafft, ist also schon richtig weit vorangeschritten in seiner Entwicklung.

Stufe 4: Vergessen

Wenn Sie Stufe 3 gemeistert haben, sind Sie und Ihr Gegenüber reif für das Finale: Vergessen. Es tut gut, wenn wir nicht nur lernen, sondern auch vergessen können. Sorgen, Ängste, Groll, Hass und Wut – gegen andere Menschen oder uns selbst – sind dann nicht mehr notwendig. Wir können uns von altem Ballast befreien und uns von tiefstem Herzen aus versöhnen. Manch einem gelingt zumindest das Versöhnen. Mit dem absoluten Vergessen ist es manchmal etwas schwieriger. Denn oft bleiben Narben, die ein Leben lang erinnern.

Andere machen Fehler. Wir selbst ebenfalls. Manchmal übertreten Menschen dabei auch eine rote Linie. Dann kann es besser sein, einen endgültigen Schlussstrich zu ziehen: Verbannen Sie den Menschen einfach aus Ihrem Leben. In allen anderen Fällen: Retten Sie die Situation. Wie gut uns das gelingt und wie gutmütig wir uns dabei verhalten, ist eine Frage von Kopf und Herz – und nicht immer so einfach. Vielleicht leben wir Menschen deswegen so lange, damit wir ausreichend Zeit haben, um an uns zu arbeiten und zu lernen: Zu einem guten Streit gehört auch, zu vergeben, zu vergessen und sich zu versöhnen.

Gegenwart machen: Schnell erholen ist wichtiger als Perfektion

Mein Leitgedanke für Sie ist: »Lieber unperfekt umgesetzt als perfekt gezögert.« Gerade in großen Unternehmen können Sie erleben, wie viel Schiss die Menschen haben: Statt hierarchieübergreifendem Denken und Arbeiten, flexiblen Strukturen, hoher Geschwindigkeit, Mut und Entschlossenheit und der Bereitschaft, aus Fehlern zu lernen, herrscht eine Absicherungskultur. Statt intelligenter Kooperation dominieren politische Spielchen, Druck, Schuldzuweisung, Selbstüberschätzung und Machtgerangel. Wie sieht es in Ihren Lebensbereichen aus?

Trauen Sie sich, Fehler zu machen – und vermeiden Sie sie. Beides ist richtig. Doch besonders wünsche ich Ihnen, dass Sie ein Weltmeister darin werden, sich schnell zu erholen.

3. Auf Erlaubnis warten

Wer dumme Fragen stellt, bekommt dumme Antworten. Besonders dumm ist dabei die Frage nach Erlaubnis. Meine Wertung »dumm« erzürnt Sie? Lassen Sie uns kurz das Wort definieren, um ein gemeinsames Verständnis zu haben. »Dumm« bedeutet für mich: nicht klug bzw. im Verhalten wenig Überlegung zeigend.

Was soll also dumm daran sein, um Erlaubnis zu fragen? Schließlich leben wir aktuell in einer Zeit, in der sich immer schärfere Schluchten durch unsere Gesellschaft ziehen. Die Meinungsfronten verhärten sich und der Ton verroht zunehmend. Ist es da nicht an der Zeit, mehr Höflichkeit walten zu lassen – und als eine Form von Höflichkeit, um Erlaubnis zu fragen, bevor man handelt?

Ich finde: Nein!

Grenzenlos

Ich sitze mit zwölf Managern im Führungsseminar. Thema: Mut zur Haltung. »Wer nach Deutschland auswandert, ohne sich in unsere Kultur zu integrieren, kann und darf auf Dauer hier nicht leben!«, werfe ich eine These in den Raum, bei der ich selbst innerlich zucke. Ich führe den Gedanken weiter aus. Die Teilnehmer hören mir zu, schweigen aber. »Komisch, kein Widerspruch?«, schießt es mir durch den Kopf.

Ich gehe ich in die Offensive. »Finden Sie das eigentlich alles gut und richtig, was und wie ich es sage?« Ein paar rutschen nervös auf ihren Stühlen. Einer meldet sich: »Nein. Ihre Formulierungen sind verletzend«, offenbart er sich. »Und warum macht dann keiner von Ihnen den Mund auf, um mir eine Grenze aufzuzeigen?«, will ich wissen. Die Antwort: »Sie sind doch der Seminarleiter. Da dachte ich mir, dass Sie damit schon Ihren Zweck verfolgen.«

Ich setze mich auf die Tischkante. »Unser Thema lautet ›Mut zur Haltung‹. Und mein Zweck war, durch extreme Thesen dafür zu sorgen, dass einer von Ihnen das öffentlich hinterfragt. Wollen Sie warten, bis ich Ihnen die Erlaubnis zum Sprechen gebe?«

Ich will niemanden verletzen. Doch um in einem Seminar eine echte Emotion bei den Teilnehmern zu erzielen, muss ich etwas wagen. Bei vielen heiklen Themen gibt es keine einfachen Wahrheiten. Manchmal habe ich selbst unterschiedliche Ansichten, widerspreche also meiner eigenen Position, wenn ich Gedanken ins Extrem führe, um aus den Kontrasten und Gegensätzen Klarheit zu gewinnen. Ich muss unhöflich zu mir selbst sein, um gedanklich nicht stecken zu bleiben. Doch Unhöflichkeit gehört sich in unserer Kultur nicht. Jedes Mal erklären mir die Seminarteilnehmer, dass es eine Frage der Höflichkeit sei, mir nicht zu widersprechen.

Und genau diese Begründung ist falsch.

Falsche Höflichkeit

Sitte und Anstand, Höflichkeit und Respekt: Wir sind uns einig, dass es keine Alternativen dazu gibt, wenn wir friedlich nebeneinander koexistieren wollen. Doch Höflichkeit als Erklärung dafür, warum wir um Erlaubnis bitten, etwas tun oder sagen zu dürfen – oder Höflichkeit als Begründung dafür, anderen die Erlaubnis zu geben, sie erst mal machen zu lassen: Das ist mir zu einfach.

Ich behaupte sogar: Höflichkeit ist nur ein Vorwand. Denn in Wahrheit haben die meisten Menschen einfach nur Angst davor, eine Meinung zu vertreten. Je klarer Sie sich positionieren, desto höher die Chance, dass sich irgendwer beleidigt, diskriminiert oder anderweitig schlecht behandelt fühlt – und Sie dafür an den Pranger gestellt werden. Wer sich kritisch äußert, bricht einen Konflikt vom Zaun. Und Konflikte scheuen die meisten von uns wie der Teufel das Weihwasser.

Unsere Erlaubnissucht zieht sich durch alle möglichen Situationen im Leben. Sie macht uns klein und unselbstständig. Und das gehört zu einem selbstbestimmten Leben definitiv nicht dazu. Wenn Sie jetzt denken: »Unsinn, ich lebe selbstbestimmt und frage nichts und niemanden nach Erlaubnis«, dann sollten Sie nicht voreilig einen Haken an die Sache machen. Schauen wir uns ein paar Beispiele an.

Da ist zunächst der finanzielle Wohlstand. Entscheiden Ihr Geld und Ihr Lebensstandard darüber, wie selbstbestimmt und ehrlich Sie im Beruf auftreten? Aus Sorge, dass die Karriere ein plötzliches Ende findet, trauen sich viele Menschen nicht, sich kritisch zu äußern. Selbst dann, wenn ihr Vorgesetzter einen Fehler macht, halten sie lieber die Klappe, als dass sie ihren Job aufs Spiel setzen. Andere sind mit ihrem Job unzufrieden. Würden gern bei einem kleineren Unternehmen arbeiten. Haken: Das Gehalt wäre dann deutlich geringer. Wenn das Einkommen weg- oder einbricht, kann der Lebensstandard nicht mehr gehalten werden.

Marc Antonius Dominick studierte mit mir an der EBS, einer privaten Hochschule. Machte dann in einer Bank Karriere. Doch seine Leidenschaft sind die Kunst und insbesondere die Musik. Eines Tages war er mutig: Kündigte und machte sich als Künstlerberater selbstständig.[16] Verdient nun weniger und lebt auf kleinerem Fuß. Dafür verdient er Geld mit dem, was ihn wirklich erfüllt. Wären Sie bereit, für Ihre Erfüllung Rückschritte zu machen – oder klammern Sie sich lieber am Status quo fest, auch wenn Sie sich dafür verbiegen müssen?

Denken Sie darüber nach: Wer entscheidet in Ihrem Leben, was Sie zu tun und zu lassen haben? Wer darf Ihnen die Erlaubnis geben oder sie verweigern?

Ein anderer Erlaubnisbereich ist unsere Scheu vor dem Risiko. Böse formuliert haben mögliche Risiken für viele Erwachsene einen größeren Einfluss auf ihr Leben als Eltern auf ihre Babys. Solche Menschen zeigen dann teils abstruse Verhaltensweisen. Verbiegen sich oder machen sich klein. Hauptsache, jegliches Risiko wird vermieden. Und so entscheidet das Risiko darüber, was im Leben erlaubt ist und was nicht. Dabei ist das größte Risiko im Leben, kein Risiko einzugehen. Denn wer kein Risiko eingeht, hat aufgehört zu leben.

Ein dritter Bereich ist besonders weit verbreitet: die Erlaubnis durch das, was andere über uns denken. Wenn Sie sich ständig darüber den Kopf zerbrechen, was andere über Sie denken, wenn Sie das oder jenes sagen und machen, leiden Sie unter dem Gemochtwerden-wollen-Virus. Sie verhalten sich wie ein Kleinkind, das immer das macht, was Papa und Mama von ihm wollen. Hören Sie auf damit. Denn es wird immer Menschen geben, die etwas an Ihrem Leben auszusetzen haben.

Hätte ich doch mal …

Die Gewissheit, dass der Weg zum Tierarzt die letzte Fahrt mit unserem Hund Mozart ist, zerreißt uns das Herz. Aber es muss sein: Er humpelt. Verliert beim Pinkeln das Gleichgewicht. »Ich habe gelesen, dass der Hund erst sediert wird, bevor er dann das Mittel zum Einschlafen bekommt …«, schaue ich den Tierarzt fragend an. »Heutzutage verabreichen wir das Mittel in einer Dosis.« »Können Sie ihm denn einen Katheter legen?«, bohre ich nach. »Nein, Katheter brauchen wir nicht. Wir geben das Medikament direkt mit der Spritze und er wird dann friedlich einschlafen«, beruhigt mich der Arzt.

Ich habe ein mulmiges Gefühl im Bauch, will aber die ärztliche Kompetenz nicht infrage stellen. Der Arzt setzt die Spritze. »Das Mittel läuft daneben. Wir müssen ans andere Bein!«, weist der Arzt seine Assistentin an. Ich fasse es nicht. Mozart ist nur halb betäubt, kämpft trotz seines Alters um sein Leben. Auch am anderen Bein verfehlt die Nadel immer wieder die Vene. Mozart quietscht und hängt irgendwo zwischen Leben und Tod.

Ich kann mich nicht mehr zurückhalten. »Es reicht! Sorgen Sie endlich dafür, dass das Tier aufhört zu leiden!«, fahre ich den Arzt unter Tränen an. Er legt Mozart auf die Seite und sticht ihm mit der Spritze ins Herz. Mozart jault auf und ist tot. »Er hat keine Schmerzen gespürt«, versucht mir der Arzt zu versichern.

Wenn ich daran denke, laufen mir die Tränen. Wochenlang hatte ich recherchiert, wie Hunde eingeschläfert werden. Von Komplikationen gelesen. Wusste, dass es bei Blutabnahmen immer wieder Probleme bei Mozart gab. Hatte mir geschworen, wenn der Tag der Einschläferung kommt, bestehe ich darauf: venösen Katheter legen statt direkt mit der Spritze in die Vene.

Und dann kam der Tag und ich ließ mich von meinem Vorsatz abbringen. Und der Grund ist einfach nur scheiße: Ich wollte den Arzt in seiner Kompetenz nicht hinterfragen. Damit er mir nicht vorwirft, dass ich die Situation als Laie ja wohl kaum beurteilen könne. Weil ich mir selbst die Fuck-Erlaubnis nicht gegeben habe, darauf zu bestehen: »Entweder Sie legen einen Katheter oder wir gehen zu einem anderen Arzt!«

Mag sein, dass der Tierarzt laut Lehrmeinung alles richtig gemacht hat. Aber Mozart war mein Freund fürs Leben. Ich hätte auf unserem letzten gemeinsamen Gang mutiger für ihn kämpfen sollen. So ein Katheter kostet keine drei Euro. Doch der Schmerz der Fehlentscheidung ist unerträglich.

Die vier Stufen der Erlaubnis

Wenn Sie ein reifer Erwachsener sein wollen, wird es Zeit, einen souveränen Umgang mit dem Thema *Erlaubnis* zu gewinnen. In der Psychologie gibt es das Modell der Kompetenzstufenentwicklung. Dabei geht es um den Weg vom inkompetenten zum kompetenten Menschen.

Auf der einen Achse des Modells befinden sich logischerweise Kompetenz und Inkompetenz. Auf der anderen Achse liegen Intuition (unbewusst) und Analyse (bewusst). Dieses Modell habe ich auf das Thema *Erlaubnis* angewendet. Schauen Sie sich dazu bitte die Abbildung an:

	Intuition (unbewusst)	**Analyse** (bewusst)
Kompetenz	Stufe 4 **Selbstverständlichkeitsprinzip** Ich nehme Einfluss und gestalte meine Umwelt in meinem Sinne, ohne dass mir das überhaupt bewusst ist. Meine Souveränität ist natürlicher Teil von mir. *»Ich hätte gerne die Pizza Spinaci – zusätzlich mit Pilzen und ohne Knoblauch.«*	Stufe 3 **Sich selbst die Erlaubnis geben** Ich weiß, dass nicht andere, sondern ich selbst die Führung übernehmen muss, wenn ich etwas im Leben erreichen will. Deswegen gebe ich mir einen Ruck, regele die Dinge in meinem Sinne und fühle mich gut dabei. *»Ich hätte gerne die Pizza Spinaci, aber mit einer Änderung: Machen Sie bitte zusätzlich Pilze drauf und lassen Sie den Knoblauch weg.«*
Inkompetenz	Stufe 1 **Keine Erlaubnis** Ich bestelle nur, was auf der Karte steht – und komme gar nicht erst auf die Idee, dass man das auch anders machen könnte. *»Ich hätte gerne die Pizza Spinaci.«*	Stufe 2 **Um Erlaubnis bitten** Ich frage nach, empfinde das als unangenehm und rechne damit, dass mein Wunsch auch abgelehnt werden könnte. *»Wäre es vielleicht möglich, dass ich die Pizza auch mit Pilzen und ohne Knoblauch bekomme?«*

Die Stufen unterscheiden sich deutlich voneinander. Abgesehen von Stufe 3 und 4: Wenn Sie Menschen auf diesen Stufen beobachten, wird Ihnen als Außenstehender der Unterschied gar nicht auffallen. Deswegen klingen die Beispielformulierungen in der Tabelle auch so ähnlich. Den Unterschied zwischen Stufe 3 und 4 können nur die Betroffenen innerlich fühlen. Auf Stufe 3 weiß die Person, dass sie sich nun selbst eine Erlaubnis geben muss, und tut das dann auch. Auf Stufe 4 macht sie es einfach, ohne dass sie sich darüber bewusst geworden ist.

Auf welcher Stufe befinden Sie sich? Das lässt sich pauschal nicht beantworten. Es hängt vom Kontext ab. Oder welche Personen involviert sind. Vielleicht sind Sie im Umgang mit einem Kellner auf Stufe 4, während Sie im Dialog mit einem Polizisten auf Stufe 1 stehen. Am besten nehmen Sie sich etwas Zeit, um über Ihr Leben nachzudenken. Wo verhalten Sie sich wie? Und wo sind Sie mit Ihrem Verhalten unzufrieden? Dann können Sie hier gezielt daran arbeiten, das Thema »Erlaubnis« auf das gewünschte Level zu entwickeln.

Vielleicht denken Sie jetzt, dass sich mein Buch wie ein Freifahrschein für eine Renaissance des Egoismus liest. Mitnichten. Wir kommen darauf in Teil V noch genauer zu sprechen. An dieser Stelle schon einmal so viel: Es geht um das Thema Lebensführung. Und wenn Sie ein selbstbestimmtes Leben führen wollen, müssen Sie die Verantwortung dafür übernehmen.

Wenn Sie das als Egoismus bezeichnen – von mir aus. Wir sollten lieber eine andere Frage diskutieren: nämlich wann die (Selbst-) Erlaubnis berechtigte Grenzen bekommen muss. Da betreten wir die Welt von Ethik, Moral und gesellschaftlich-sozialen Spielregeln. Und die sind ständig im Wandel. Was vor ein paar Jahren noch in Ordnung war, ist heute verpönt. Und umgekehrt.

Damit wir uns in der Hektik des Zeitgeists nicht verheddern, nutzen wir lieber unseren gesunden Menschenverstand. Orientierung bietet das Grundgesetz. Sie wissen ja: Die Würde des Menschen ist unantastbar. Also verhalten Sie sich auch so. Am Anfang von Teil IV sind wir bereits Kant begegnet: »Die Freiheit des Einzelnen endet dort, wo die Freiheit des anderen beginnt«. Doch so einfach ist es nicht. Denn wenn das die einzige Marschrichtung wäre, setzen wir uns irgendwann schachmatt und sind völlig handlungsunfähig, da überall und ständig jemand sich in seiner Freiheit eingeschränkt fühlt.

Nehmen wir also Jean-Jacques Rousseau, dem das folgende Zitat zugeschrieben wird: »Die Freiheit des Menschen liegt nicht darin, dass er tun kann, was er will, sondern, dass er nicht tun muss, was er nicht will.«

Sie finden das kompliziert? Willkommen im Leben. Machen Sie etwas daraus!

Gegenwart machen: Selbstverständlichkeitsprinzip leben

Wenn Sie selbstbestimmt leben wollen, machen Sie einfach Ihr Ding. Vielleicht wenden Sie jetzt ein: »So einfach ist das nicht.« Damit haben Sie recht. Denn ständig melden sich irgendwelche Menschen zu Wort. Kritisieren uns. Bewerten, was wir tun. Belächeln unsere Träume. Warten Sie nicht darauf, bis Sie die Erlaubnis von diesen Menschen bekommen, dass Sie Ihr eigenes Leben leben dürfen.

Und hören Sie vor allem nicht auf die erniedrigendste Instanz, bei der wir um Erlaubnis flehen: den Selbst-Kritiker in uns. Er ist der Mörder Ihrer selbstbestimmten Zukunft. Nutzen Sie die Herausforderungen des Lebens, um einen souveränen Umgang mit der Erlaubnis zu gewinnen.

4. Raubbau an sich selbst

Wollen Sie Ihr Leben im Durchschnitt verbringen? Wenn Sie am Lebensende zurückblicken und sagen: »Das war ein erfülltes Leben« – dann war es wahrscheinlich ein gelebter Durchschnitt. Und Ihr Mut zum Durchschnitt war etwas Gutes.

Die Frage nach dem Durchschnitt

Moment mal: Durchschnitt? Bei dem Wort mag sich Ablehnung oder gar Ekel in Ihnen regen. Wer will schon Durchschnitt sein? Aber bevor Sie jetzt den Kopf schütteln und zum nächsten Kapitel springen, lassen Sie uns das Thema genauer ansehen.

Die Harvard-Universität stellte den Teilnehmern eines Experiments folgende Frage: Welchen Job würden Sie wählen – Option A: $ 50 000 Einkommen pro Jahr oder Option B: $ 100 000 Einkommen pro Jahr? Wofür würden Sie sich entscheiden? Ich denke, die Antwort ist klar – wer würde schon das kleinere Gehalt wählen?

Doch hier kommt der Haken: In Option A, so war die Bedingung, verdient Ihr soziales Umfeld nur $ 25 000 pro Jahr – Sie verdienen also doppelt so viel wie die anderen. In Option B verdienen die anderen $ 200 000 – Sie verdienen also im Vergleich zu Ihren Nachbarn nur die Hälfte.

Raten Sie mal, wie sich die Mehrheit der Teilnehmer entschieden hat. Stimmt: für Option A. Sie wählten das kleinere Einkommen, obwohl sie in Option B doppelt so viel verdienen könnten.

Das erinnert mich an die 7 Todsünden aus Teil I: Wenn die Menschen in unserem Umfeld das Doppelte verdienen, fangen wir an, uns zu vergleichen. Sehen, dass alle anderen mehr verdienen – und plötzlich verhagelt uns der Neid die gute Laune. Also wählen wir lieber das Leben, in dem wir im Vergleich zu den anderen besser dastehen; auch wenn wir uns so ein höheres Einkommen entgehen lassen. Und wie sieht es bei Ihnen aus: Welche Option würden Sie mit diesen neuen Informationen wählen?

Immer wieder erlebe ich gefuchste Seminarteilnehmer, die erklären: »Wenn ich ehrlich bin, würde sich Option A für mich auch angenehmer anfühlen. Ich gebe dann einfach Gas, um in kurzer Zeit auch die $ 100 000 im Jahr zu verdienen. Dann habe ich die Vorteile von beiden Welten vereint.«

So eine Haltung gefällt mir. Denn diese Menschen hängen nicht in der Erlaubnisfalle aus dem vorherigen Kapitel fest. Sie geben sich einfach selbst die Erlaubnis, die Optionen zu wählen, die sie für richtig halten, und das, was fehlt, nach ihren Vorstellungen zu gestalten. Und das ist gut so. Bei allem Herumgehacke auf Geld und Wohlstand: Die Probleme dieser Welt lassen sich nun mal in einer Villa besser ertragen als in einer kleinen Bruchbude.

Männliche Selbstoffenbarung

Der erste Teil des Workshops ist geschafft. Die acht Männer aus sechs Nationen sind entspannt und bei bester Laune. Der Vorstandsvorsitzende hat mich beauftragt, dabei zu helfen, sein neues internationales Managementteam zu formen und für eine vertrautere Form der Zusammenarbeit zu sorgen. »Okay, meine Herren. Beschäftigen Sie sich während der Mittagspause bitte mit folgender Frage: Was bereue ich am meisten in meinem Leben?« Ich halte kurz inne, um die Frage wirken zu lassen. »Nach der Pause hat jeder zehn Minuten, um uns davon zu erzählen.«

Nach zwei Stunden sitzen wir wieder zusammen. Der erste der gestandenen Männer erzählt: »Meine Töchter werfen mir immer noch vor, dass ich zu wenig Zeit mit ihnen verbracht habe. Mein Job war mir immer wichtiger als meine Kinder.« Der nächste, ein Mittfünfziger und Italiener, übernimmt: »Als ich in den USA gearbeitet habe, erkrankte meine Mutter in Italien schwer. Sie starb, ohne dass ich mich von ihr verabschiedete. Damals dachte ich, dass ich meinen Job nicht vernachlässigen dürfte.«

Die Stimmung im Raum ist ruhig und auf eine besondere Art magisch, als der Vorstand das Wort ergreift: »Ich erzähle immer mit einem Augenzwinkern: Meine Frau war alleinerziehend, weil ich ständig mit dem Job beschäftigt war. Aber so witzig ist das nicht. Das Verhältnis zu meinen drei Kindern ist heute – sagen wir mal – nicht das warmherzigste. Ich hoffe einfach, dass sie bald Kinder kriegen und ich es bei meinen Enkeln besser machen kann.«

Er fängt an zu lachen. Alle anderen stimmen mit ein. Ich lache auch. Aus Höflichkeit. Aber innerlich ist uns allen eher zum Weinen zumute …

Die Zusammenarbeit mit diesem Führungsteam werde ich nie vergessen. Ich hatte mit so viel Offenheit nicht gerechnet. Die Vorstellung, die fehlende Zeit mit den Kindern bei ihren Enkeln nachholen zu können, ist naiv. Aber auch verständlich. Denn die traurige Wahrheit ist: Die verlorene Zeit mit unseren Kindern können wir nicht wiedergutmachen.

Auf der Jagd nach Erfolg, Anerkennung, Macht und Geld

Wir leben in einer kapitalistischen Welt. Geld ist das Blut, das unsere Gesellschaft am Leben erhält. Und so ist es klar, dass wir uns anstrengen, um ausreichend davon zu verdienen. Geld ist zwar nicht alles – und doch ist ohne Geld vieles nichts. Ich selbst war noch nie in meinem Leben angestellt. Ich kann mir zwar nicht vorstellen, eines Tages in den Ruhestand zu wechseln, aber wer weiß, wie lange ich arbeiten will und kann. Also gilt es, mehr als genug Geld zu verdienen, um für später zu sparen. Sollte ich mit 65 aufhören zu arbeiten und mit 85 noch leben, sind das 20 Jahre. Da müssen schon einige Euros auf Seite, um meine Rente finanzieren zu können. Außerdem will ich weiter Bücher schreiben. Das ist zeitaufwendig. Wenn ich ein Buch schreibe, muss ich meinen Job für einige Monate auf Sparflamme stellen. Auch um das zu finanzieren, brauche ich ausreichende Rücklagen.

Doch es ist nicht nur das Geld und die Notwendigkeit, genug davon zu haben. Wenn Sie etwas tun, was Sie wirklich lieben, etwas, in dem Sie richtig gut sein wollen, dann verbringen Sie automatisch viel Zeit damit. Mein Job ist kein Job für mich, sondern eine Verwirklichung. Besonders die schwierigen Projekte faszinieren mich. Jedes Mal, wenn ich Menschen helfen kann, komplizierte Führungs- und Kommunikationsaufgaben zu lösen, erfüllt mich das mit einem tieferen Sinn.

Gleichzeitig gilt: Wer Probleme auf der Welt löst, wird dafür bezahlt. Sie können es also gar nicht vermeiden, Geld zu verdienen, wenn Sie ein guter Helfer sind. Was auch immer der Treiber ist, ob direkt oder indirekt: Ich bin genau wie Sie im Rattenrennen hinter der Kohle her. Die Frage ist: Wie weit würden Sie gehen auf Ihrer Jagd nach Erfolg, Anerkennung, Macht und Geld?

Alles für die Note

Ich halte einen Vortrag vor Studenten. Der Hörsaal ist voll. Die Stimmung gut. Das Thema: Überleben im Leistungswettrennen. »Vielen Dank für den Vortrag«, spricht mich eine Studentin an. »Hat er Ihnen denn gefallen?«, möchte ich wissen, während ich meinen Laptop einpacke. »Ganz ehrlich, der Teil, in dem Sie darüber gesprochen haben, dass unser Körper das einzige Zuhause ist, aus dem wir nie umziehen können, der klang schön, aber mir kommt er unrealistisch vor. Ich habe keine Lust darauf, aus Rücksicht auf meine Gesundheit meine Klausuren zu verhauen …«

Ich unterbreche mein Packen und schaue sie an. »Ich weiß, dass sich einige Studenten Drogen reinziehen, um dem Leistungsdruck standzuhalten. Aber keine Note ist es wert, dass Sie Ihre Gesundheit dafür aufs Spiel setzen!«

Meine Erfahrung ist, dass die Menschen ganz genau wissen, was sie anders machen müssten. Das Problem ist: Sie tun es nicht. Das ist so schön menschlich. Aber kann auch tragisch enden. Beispiel Rauchen. Wir wissen, dass Hunderttausende Menschen weltweit jedes Jahr an den Folgen des Tabaks erkranken und Tausende Menschen täglich daran sterben. Und trotzdem rauchen viele immer noch freiwillig und inhalieren das Gift. Anderes Beispiel: Alkohol. Ebenfalls eine legale und gesellschaftlich akzeptierte Droge.

Als SARS-CoV-2 plötzlich auftauchte und jeden Tag Tausende Tote weltweit beklagt wurden, die an oder mit Corona verstorben waren, hatten viele Menschen Angst vor dem Virus. Es war ein Schockrisiko: Viele Menschen sterben plötzlich und in einem kurzen Zeitraum. Alkohol und Tabak dagegen sind ein langsames Gift, das schleichend zum Tod führt. Das merken wir nicht oder reden es uns schön – und verharmlosen die Drogen so.

Oft höre ich als Begründung für den Tabak- und Alkoholkonsum: Es hilft, mich zu entspannen. In was für einer Arbeitswelt leben wir, dass wir sie ohne Rauschmittel nicht mehr aushalten? Menschen haben Stress. Burn-out gehört zu den anerkannten Volkskrankheiten. Durchschlafen ist für viele ein Fremdwort geworden. Grübelnde Gedanken legen unsere Nerven blank. Depressionen versauen uns die Stimmung. Das ständige Sitzen lässt unsere Muskeln verkümmern. Wir treiben uns selbst in eine gesundheitliche Sackgasse.

Dabei sollten wir auf uns achten: Geist, Körper, Herz und Seele mit Selbstfürsorge pflegen. Doch die Praxis zeigt: Solange es keine ernsten Probleme gibt, wissen wir unsere Gesundheit einfach nicht zu schätzen. Erst wenn es plötzlich kracht, ist das Geheule groß. Bevor ich damals die Diagnose Krebs bekam, habe ich auch zehn, zwölf Stunden am Tag gearbeitet. War bis spät in die Nacht mit Geschäftspartnern essen, auf die ich gar keinen Bock hatte. Aber ich wollte das Geschäft mit ihnen.

Sie haben die Wahl: Entweder werden Sie richtig gut in einer Sache oder Sie genießen ein gutes Leben. Spitzenleistung oder ausgewogene Lebensqualität – was ist Ihnen wichtiger?

Das war Raubbau an meinem Körper pur. Von den Folgen für meine Ehe und Familie ganz zu schweigen. Nachdem ich die Krankheit besiegt hatte, habe ich eine Kehrtwende gemacht und meinem Leben eine neue Richtung gegeben. Und heute? Versuche ich, einen Kompromiss zwischen Spitzenleistung und Durchschnitt hinzubekommen.

Durchschnitt vs. Spitzenleistung

Sie haben die Wahl: Entweder werden Sie richtig *gut in einer Sache* – oder Sie genießen ein *gutes Leben*. Wenn Sie richtig gut in einer Sache werden wollen, dann erleben Sie 1 Prozent des Möglichen. Soll heißen: Ein Spitzensportler verbringt 99 Prozent seiner Zeit mit 1 Prozent der möglichen Themen, die ihm das Leben bietet. Es gibt nur: Training, Ernährung, noch mehr Training, Erholung und Wettkämpfe. Beim Spitzenmusiker das Gleiche. Und wenn Sie in Ihrem Job zur Spitze gehören wollen, wird es Ihnen genauso ergehen. Das Prinzip lautet: Wer Spitzenleistung will, schränkt sein Leben stark ein und fokussiert alle Energie auf das gewünschte Thema.

Wenn Sie dagegen ein gutes Leben haben wollen, sollten Sie 100 Prozent Ihrer Zeit mit 100 Prozent der Themen verbringen. Nicht nur Job und Karriere. Wo bleiben Geist, Körper, Spaß und

Liebe? Ernährung, Sport, Partnerschaft, Beziehung zu Ihren Kindern, echte Freunde, Zeit in der Natur, gute Bücher, in der Natur sein, fremde Länder bereisen, kochen, einfach mal etwas Neues ausprobieren. Oder gar nichts tun und versuchen, sich zu langweilen. Denken Sie an den Horizont aus Teil III: Wenn Sie sich für viele Themen interessieren, wird das Leben bunt.

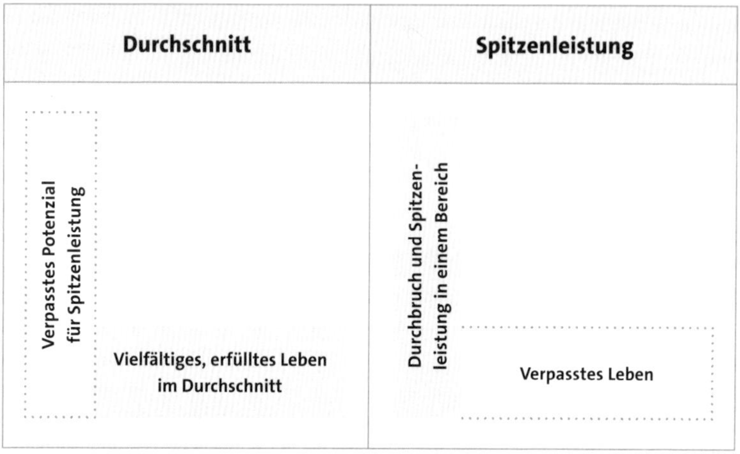

Aber wie können Sie gut in Ihrem Job werden *und* ausreichend Geld verdienen *und* gleichzeitig ein gutes Leben im Durchschnitt führen? Gute Frage. Darauf habe ich keine Standardantwort. Es ist eines der Lebensparadoxe: Viele Menschen wollen im Beruf kein Mittelmaß sein. Und sind deswegen bereit, unglaublich viel Lebenszeit und Energie für die Karriere aufzubringen. Doch je mehr sie sich nur auf einen Bereich ihres Lebens fokussieren, desto größer die Gefahr, dass ihnen ihr Leben insgesamt misslingt. Also: Es liegt an Ihnen, sich von den äußeren Umständen nicht treiben zu lassen, sondern Ihr Leben so zu führen, dass Sie eines Tages gern darauf zurückblicken. Durchschnitt ist in diesem Sinne eine Balance der Lebensbereiche. Und wenn Sie am Lebensende zurückblicken, ist es mit großer Wahrscheinlichkeit dieser Durchschnitt, der Ihr Lebensglück ausmacht. Erfolg im Leben ist nicht einseitig. Sie entscheiden, was er für Sie bedeutet.

Gegenwart machen: Erfüllung nicht dem Erfolg opfern

In meinen Führungsseminaren arbeiten wir immer wieder heraus: Wer andere Menschen wirkungsvoll führen will, muss erst einmal lernen, sich selbst gut zu führen. Lebensführung ist eine Art der Selbstfürsorge. Wo betreiben Sie Raubbau an sich selbst? Opfern Sie sich für andere Menschen oder bestimmte Themen? Wer soll an Sie denken, wenn nicht Sie selbst?

Treffen Sie also Ihre Entscheidungen, auch wenn diese manchmal hart und schwer sind. Dann stehen die Chancen gut, dass Sie rückblickend ohne Reue auf Ihr Leben schauen können. Nehmen Sie sich dieses Zitat von Marie von Ebner-Eschenbach zu Herzen: »Ich bereue nichts, sagt der Übermut. Ich werde nichts bereuen, die Unerfahrenheit.«

5. Keine Lust

Was in manchen Unternehmen passiert, erinnert mich an Männer in der Midlife-Crisis, die ihre Familie gegen eine junge Lady tauschen, sich eine Harley kaufen und im nächsten Urlaub mit dem Rafting-Boot endlich mal wieder Adrenalin in den Adern spüren. Einfach den alteingefahrenen Gewohnheiten einen neuen Anstrich verpassen, in der naiven Hoffnung, dass dann alles besser wird.

Wir wollen nicht nur in unserem privaten Leben Energie spüren, sondern auch im Job. Wer als Unternehmen engagierte Talente anlocken will, muss mehr bieten als nur einen Job. Die Arbeit muss Sinn machen. Die Unternehmen stehen hier unter Zugzwang. Denn zunehmend mehr Menschen haben keine Lust mehr, sich für Geld allein krummzumachen. Spaß, Selbstverwirklichung, die Zugehörigkeit zu einem großen Ganzen sind wichtiger als Produktivität, Gewinn und Umsatz.

Und so veranstalten die Unternehmen einen wilden Zirkus, um dem schnöden Geschäftsmodell einen gut klingenden *Purpose* zu verpassen. Es mit den deutschen Worten »Zweck« oder »Sinn« zu beschreiben, klingt wahrscheinlich zu uncool. Wenn dann noch die geschniegelten Anzugträger – ohne Krawatte oder Kostüm, dafür in Sneakern – davon sprechen, dass Unternehmertum und Mut von den Mitarbeitern gefordert werden, müssten eigentlich alle in Tränen ausbrechen. Denn es ist pure Heuchelei: Ein Angestellter wird niemals zum Unternehmer – außer er kündigt seinen Job und macht sich selbstständig.

Das Paradies ist anstrengend

In Neuseeland verbringe ich ein paar Tage auf einer Wasserbüffelfarm. Die Farmerin Lucy erklärt mir, dass die Südinsel des Landes zwar landschaftlich einem Paradies gleicht, das Leben hier aber für die Menschen auch hart und herausfordernd ist.[17] *Die Arbeit mit den Wasserbüffeln ist die reinste Maloche. Lucy und ihr Mann müssen sich ständig um die Tiere kümmern. Parallel zum Verkauf von Milch und Käse geht ihr Mann immer noch am lokalen Flughafen arbeiten.*

»Habt ihr nicht mal daran gedacht, bei der ganzen Plackerei einfach alles hinzuschmeißen und den Job zu wechseln?«, frage ich sie. »So einfach ist das nicht«, lacht sie. »Die Insel ist dünn besiedelt. Etwas Neues zu finden gar nicht so einfach. Einige Menschen brauchen zwei oder drei Jobs, um über die Runden zu kommen. Oder müssen lange Fahrtwege in Kauf nehmen.«

Sie schaut aus dem Fenster. »Man nimmt also, was man bekommt«, sagt Lucy mit einem harten Ton in der Stimme. Aber sie beschwert sich nicht, sondern macht ihre Arbeit.

Dagegen leben die meisten von uns in einem Schlaraffenland. Unser Anspruch ist, dass der Job nicht nur das Brot zu Hause auf dem Tisch sicherstellt, sondern uns auch mit einem tieferen Sinn erfüllt. Sonst vergeht uns einfach die Lust am Arbeiten. Aber ist das wirklich realistisch?

Fehlende Anstrengungsbereitschaft

Egal, ob Sie angestellt sind oder Ihr eigenes Unternehmen führen. Ob Sie in einer Partnerschaft leben oder Ihr Single-Dasein genießen. Ob Sie Kinder haben oder kinderlos sind. Ob Sie im Job oder in Ihrem Hobby das nächste Level erreichen wollen. Sie werden garantiert einen Moment erleben, an dem Sie einfach keinen Bock auf Ihre Arbeit haben. In dem Sie alles ankotzt. Oder nichts zu gelingen scheint ...

Sie sind müde. Vielleicht sitzt auch das Messer am Hals und Sie wissen nicht mehr weiter. In Momenten wie diesen stellen Sie Ihren Lebensweg infrage. Zweifeln daran, ob das alles richtig ist. Diese Gedanken sind nachvollziehbar und völlig in Ordnung. Vergessen Sie den *Purpose* und reißen Sie sich einfach zusammen, so wie Lucy. Hören Sie auf zu quietschen und machen Sie weiter. Einer meiner Kunden ist Amerikaner und pflegt eine direkte Sprache: »Get the fucking shit done!« Ich mag diese direkten Worte. Wenn Ihnen das zu hart oder vulgär ist, suchen Sie sich eben eine nettere Formulierung. Aber halten Sie sich nicht zu lange damit auf – und machen Sie weiter!

Doch der Zeitgeist geht eher in eine andere Richtung ...

Sonderwünsche

»Ich bin heute echt fertig«, eröffnet die Personalleiterin unser Telefonat. »Was ist denn los?«, will ich wissen. »Wir können uns vor Arbeit kaum retten. Brauchen jede helfende Hand. Und heute habe ich die Ergebnisse unserer Mitarbeiterumfrage bekommen.« Sie atmet tief durch: »Von den unter 30-Jährigen fordert fast die Hälfte Teilzeitmöglichkeiten. Und Sabbaticals. Aber bloß keine Überstunden. Fehlt nur noch, dass sie ein Fahrdienst zu Hause abholt«, lacht sie.

»So witzig ist das gar nicht«, entgegne ich. »Bei einem meiner Kunden haben Mitarbeiter das schon gefordert – und auch bekommen.«

Unternehmen sollen zu Wohlfahrts- und sozialen Wellnesstempeln werden. Der Small Talk an der Kaffeemaschine ist für viele wichtiger, als Ergebnisse abzuliefern. Wo bleibt die Anstrengungsbereitschaft der Menschen? Damit die Arbeit im Job erledigt wird, müssen Sie arbeiten. Wenn Sie ein Kind in die Welt setzen, müssen Sie es über Jahre hinweg großziehen. Damit aus Ihrer neuen Liebe eine lebenslange Partnerschaft wird, müssen Sie an ihr arbeiten. Wenn Sie im Sport neue Spitzenleistungen bringen wollen, müssen Sie härter oder anders trainieren. Es fällt eben nichts vom Himmel. Also fangen Sie am besten gar nicht erst an zu quietschen, sondern bleiben Sie am Ball. Und sollten Sie bereits angefangen haben, sich zu beschweren, hören Sie sofort wieder auf damit.

Oder um es in den Worten des Amerikaners zu sagen: Shut the fuck up!

Spaß und Freude

Vielleicht sehnen Sie sich nach Spaß und Freude. Und wollen die unangenehmen Seiten des Lebens vermeiden. Dann hat sich der Kauf dieses Buches bereits gelohnt. Denn ich sage Ihnen: Sie befinden sich auf einem Trip der Illusion. Und dieser Trip endet genau jetzt und hier. Denn das Leben besteht nicht nur aus Friede, Freude, Eierkuchen. Es ist und bleibt anstrengend, wenn Sie sich im Tal der Tränen befinden. Und es gibt nur einen Weg hinaus: indem Sie einfach weitergehen. Manchmal auch weiterkämpfen.

Hören Sie auf mit der Rosinenpickerei. Tun Sie, was jetzt zu tun ist! Ende.

Die Träumer haben die Illusion, dass das Credo anders lauten kann: Tue nur das, was du auch liebst. Diese Haltung ist einerseits gar nicht so schlecht. Denn unsere Lebenszeit ist kurz. Und wir sollten sie nicht verschwenden. Aber das Credo ist gleichzeitig auch falsch. Denn es kann Sie auf eine gefährliche Fährte führen. Mir sind auf meinen Vorträgen schon Menschen begegnet, die so was von panisch nach ihrem Lebenssinn suchten – das war beängstigend. Ihnen wird von irgendwelchen Persönlichkeitsgurus auch noch eingeredet: »Bei jedem von uns gibt es einen speziellen Sinn, warum er geboren wurde. Deine Daseinsberechtigung. Finde sie. Verwirkliche dich. Und du musst nie wieder arbeiten.«

Was für eine Quacksalberei!

Es gibt nichts, das frei ist von allem Unangenehmen. Keine Tätigkeit. Keinen Job. Keine Ehe. Keine Freundschaft. Kein Leben. Und das ist auch gar nicht schlimm. Die Schwierigkeiten und die Täler der Tränen gehören zum Lebensweg dazu. Neben meiner Arbeit als Coach halte ich auch rund 40 Vorträge im Jahr. Ich liebe es, mit und für Menschen zu sprechen. Die Herausforderung, eine Verbindung zum Publikum aufzubauen. Besonders dann, wenn spezielle Anforderungen eines Unternehmens oder ein bestimmtes Ziel erreicht werden sollen. Diese Herausforderung. Dieser Nervenkitzel. Das motiviert mich und erfüllt mich mit Sinn und tiefer Erfüllung.

Doch um diese Vorträge halten zu können, fahre ich stundenlang durch die Gegend. Im Extrem sind es schnell mal sechs Stunden Anfahrt. Zwei Stunden vor Ort: Technik-Check. Warten. Dann 45 Minuten Vortrag. 30 Minuten Bücher signieren. Fragen beantworten. Mittlerweile ist es 18.00 Uhr und es stehen weitere vier Stunden Autofahrt an. Dank der Rushhour werden daraus sechs und ich falle um Mitternacht erschöpft ins Hotelbett, um am nächsten Morgen um 8.00 Uhr wieder auf der Matte zu stehen.

Vorträge zu halten liebe ich. All das Drumherum – hasse ich! Aber ich bin bereit, dies in Kauf zu nehmen, für diese 45 Minuten, die ich mit den Menschen sprechen darf. Ich feile stundenlang an meinen Inhalten, analysiere meine Videos, arbeite hart an mir, um weiter dazuzulernen, um eine bestmögliche Leistung abzuliefern. Doch mein »Hass« auf dieses ganze Reisen drumherum war auf Dauer nicht gut. Also habe ich mich entschieden, mit dem Quengeln aufzuhören. Ich liebe einfach das, was ich im Kern tue. Und dazu gehört, dass ich den »Rest des Pakets« einfach mit kaufe.

So weit, dass ich sage: »Ich liebe diesen Rest«, bin ich jedoch noch nicht. Und ja, es gibt auch Tage, an denen mich der Rest des Pakets noch richtig nervt. Aber auch das ist menschlich.

Tal der Tränen vs. Sackgasse

Was also tun, wenn Sie in einem Tal der Tränen stecken und keine Lust mehr haben? Müde sind. Nicht mehr können. Zunächst sollten Sie prüfen, ob es wirklich nur ein Tal der Tränen ist. Richtig, »nur« ein Tal der Tränen. Denn es gibt noch einen anderen Zustand, der sich ähnlich anfühlt wie das Tal der Tränen: die Sackgasse. Woran erkennen Sie den Unterschied?

Wir haben Bekannte, die seit Jahren zwischen den Extremen pendeln: von himmelhochjauchzend verliebt – bis zu hoffnungslos zerstritten und getrennt. Sie ist dreimal ausgezogen und immer wieder zu ihm gezogen. Und das Ganze geht schon seit Jahren so. Mittlerweile sind sie zum dritten Mal verlobt. Häufig erzählt sie meiner Frau unter Tränen, wie scheiße das alles ist. Bis sie beim nächsten Mal wieder in voller Euphorie schwärmt. Sie steckt also in der Sackgasse fest! Das Tragische ist: Sie weiß das. Aber hat nicht den Mut, das zu tun, was in einer Sackgasse dringend notwendig ist: stehen bleiben. Und zwar sofort!

Solche Sackgassen begegnen Ihnen überall im Leben: im Job, wenn Sie immer wieder an eine gläserne Decke stoßen, weil der Chef Sie einfach nicht mag. Mit einem Kunden, der Ihnen nicht mit Respekt begegnet und immer wieder für unnötige Probleme und Streitereien sorgt – oder einfach nicht bereit ist, den Preis zu zahlen, den Sie oder Ihre Angebote wert sind. Oder wenn die Beziehung mit einem Familienmitglied immer nur aus Vorwürfen oder verletzenden Sticheleien besteht.

Wie lange wollen Sie sich solche Folter antun? Hören Sie auf. Steigen Sie aus der Sackgasse aus.

Im Tal der Tränen sieht die Sache anders aus. Hier hören Sie nicht auf – hier gehen Sie weiter. Ob Sie nun in der Sackgasse oder im Tal feststecken, können Sie herausfinden, indem Sie auf Ihre innere Stimme hören. Damit meine ich Ihr Bauchgefühl. Ihre Intuition. In meinem Buch »Mut braucht eine Stimme« gehe ich intensiv darauf ein. An dieser Stelle sei gesagt: Ihre innere Stimme liefert Ihnen eine Antwort, kann diese jedoch nicht erklären. Sie fühlen einfach, was richtig ist – und was nicht. Also fragen Sie sich:

Glaube ich grundsätzlich daran, dass das Thema XY sich zum Guten wendet? Und jetzt fühlen Sie, was Ihre innere Stimme Ihnen sagt.

Und was bedeutet »zum Guten«? Diese Antwort können nur Sie selbst sich geben. Und Sie finden sie in Ihrem Horizont. Alles, was Sie näher an Ihren Horizont bringt, ist für Sie gut. Also werfen Sie doch noch mal einen Blick auf Ihren Horizont. Er sollte Ihnen ausreichend Gründe geben, dass es sich jetzt lohnt, im Tal der Tränen zu kämpfen, sich anzustrengen und weiterzumachen. Und auch dann Lust zu haben, wenn es schwierig ist.

Gegenwart machen: Lust zur Disziplin machen

Egal, wo Sie sich im Leben verwirklichen wollen: Beruf, Kinder, Freundschaften, Partnerschaften, Affären, Ehen, Kundenbeziehungen, Hobbys. Selbst wenn Sie in den Urlaub fahren: Zu allem Schönen gehört auch immer ein unangenehmer Teil. Laufen Sie nicht weg, wenn Ihnen Hindernisse auf Ihrem Weg begegnen. Stellen Sie sich diesen Problemen und lösen Sie sie.

Und wenn es einmal richtig schwer, anstrengend oder anscheinend nicht zu schaffen ist und Sie ans Aufgeben denken – dann liegen noch ungeahnte Kräfte in Ihnen. Mir gefällt das Zitat von Émile Zola gut: »The artist is nothing without the gift, but the gift is nothing without work.« Zu Deutsch: Der Künstler ist nichts ohne seine Begabung, aber die Begabung ist nichts ohne Arbeit.

Wenn selbst die Künstler sich anstrengen müssen und nicht auf die Muße hoffen dürfen, schaffen Sie das erst recht. Also: Aufbrechen. Anstrengen. Den nächsten Schritt machen.

6. Kampf der Freude

Ein Brief

Das Telefon klingelt, meine Frau ruft an: »Der Brief von der Uniklinik ist da.« Ich atme tief ein – die Ergebnisse der Krebsnachsorge. »Soll ich ihn aufmachen?«, fragt Alina vorsichtig. »Ja, bitte.« Ich schließe die Augen und warte auf die Worte meiner Frau.

»Die Werte liegen zwar immer noch im leicht erhöhten Bereich, sind jedoch konstant. Wir empfehlen, die Medikation beizubehalten und in sechs Monaten den nächsten Kontrolltermin wahrzunehmen.« »Das sind doch gute Nachrichten!«, höre ich sie durchs Telefon strahlen. »Ja, das sind es wohl«, murmele ich. Jedoch will keine wirkliche Freude in mir aufkommen.

Diese Routine begleitet mich, wie Sie wissen, nun schon seit vielen Jahren. Daran gewöhnt habe ich mich keinesfalls. Leider empfinde ich keine ungetrübte Freude, wenn die guten Nachrichten kommen. Die Werte im Graubereich sind ja keine schlechte Botschaft. Aber insgeheim habe ich doch erwartet, dass sie endlich eindeutig bei null liegen und die Ungewissheit ein Ende hat. Und so will sich meine Freude nicht voll entfalten. Das liegt wohl daran, dass dieser Graubereich der Werte mich daran erinnert, wie fragil und kostbar meine Gesundheit und das Leben an sich sind.

Mit meinem Kampf mit der Freude bin ich auf jeden Fall nicht allein. Bei meinen Kunden erlebe ich ständig, dass sie sich viel zu wenig freuen. Ein neuer Auftrag flattert per E-Mail rein. Das wird zur Kenntnis genommen. Vielleicht gibt es ein kurzes »Klasse. Gratuliere!« vom Kollegen und schon wird weitergearbeitet.

Eine schwierige Aufgabe wird gemeistert. Und statt innezuhalten und den Erfolg zu feiern, geht es direkt weiter. Wir sehen ständig das, was noch zu tun ist, anstatt uns über die kleinen und großen Erfolge, die wir bereits erreicht haben, zu freuen.

Doch das ist nicht nur im Beruf so. Aus den Gesprächen mit meinen Kunden weiß ich, dass der Mangel an Freude zu Hause weitergeht. Die Tochter bringt eine 2 nach Hause und die Mutter kommentiert es mit den Worten: »Super gemacht. Hast du denn auch schon für die Englischarbeit gelernt?« Dem Hund bringen wir bei, auf das Kommando »Sitz« zu sitzen, und ärgern uns gleichzeitig darüber, dass er das Kommando »Platz« noch nicht beherrscht.

Wo ist sie nur geblieben – unsere Freude?

Freude ist kein Spaß

Wer keine Freude im Leben hat, der leidet. Was also tun wir, wenn die Freude fehlt? Irgendwie für Ablenkung sorgen, um dem wahren Schmerz nicht zu begegnen. Und so haben wir das Loch der fehlenden Freude zugedeckt, indem wir nach Erlebnissen suchen, die uns einen positiven Kick bieten. Unsere Emotionen geben dem Leben Farbe und lassen uns die Realität intensiv und echt erleben.

Manche betreiben Risikosportarten. Andere heiraten, setzen Kinder in die Welt. Der Kinobesuch, Shoppingtouren, sportliche Verausgabung oder das frivole Vögeln im Bett. Wir erleben oder erarbeiten uns ein Highlight nach dem anderen. Doch all das ist keine Freude. Es ist Spaß. Vergnügen. Und fester Bestandteil unserer Konsum- und Anspruchskultur, die wir uns bereits in Teil I und II dieses Buches angeschaut haben. Der Spaß gipfelt in einem orgasmusähnlichen Hochgefühl. Dieser Spaß kommt so schnell, plötzlich und intensiv, wie er auch wieder verschwindet. Und so hangeln wir uns von einem Höhepunkt zum nächsten, um uns ein gutes Lebensgefühl zu sichern. Doch dieser Spaß ist nur Oberfläche. Freude ist tiefer.

Freude ist für mich ein Lebensprinzip. Eine seelische Haltung, mit der wir auf das Leben schauen. Es gibt keinen Orgasmus der Freude. Freude ist leichter Rausch im Dauerzustand, ohne das Bedürfnis, uns durch besondere Ereignisse ekstatische Höhepunkte zu besorgen. Das Leben als solches ist Grund und Anlass zur Freude. Und diese bedingungslose Freude am Leben ist ausreichend, um uns zu berauschen. Aber ist uns wirklich bewusst, welch großartiges Geschenk es ist, leben zu dürfen?

Vor ein paar Tagen habe ich die *Ode an die Freude* gehört. Die vertonte Version von Beethoven hat es immerhin zur EU-Hymne geschafft. Insofern meint sie jeder von uns zu kennen und kann wahrscheinlich auch ein paar Zeilen mitsingen. Für manche bloß klassischer Edelkitsch. Aber das stimmt nicht. An jenem Tag habe ich mir das Stück bewusst angehört. Den Text gedanklich mitgesungen. Die Worte trafen mich mit voller Wucht. Ich bekomme Gänsehaut, wenn ich daran denke. Die Musik dröhnte durchs ganze Büro. Durchflutete meinen Körper. Ich war gepackt von der kraftvollen Macht der Worte. Der gigantischen Musik. Eine wahre Ode an die Freude:

»Freude, schöner Götterfunken,
Tochter aus Elisium,
Wir betreten feuertrunken,
Himmlische, dein Heiligthum.
Deine Zauber binden wieder,
Was die Mode streng getheilt,
Alle Menschen werden Brüder,
Wo dein sanfter Flügel weilt.«[18]

Freude ist ein göttliches Geschenk. Ein Funke, der auf uns überspringen kann. Elisium ist in der griechischen Mythologie eine besondere Insel. Die Götter schickten dort jene Helden hin, die sie besonders liebten oder denen sie Unsterblichkeit schenkten. Schiller beschreibt mit dem Wort »feuertrunken« den ekstatischen Zustand der Freude, der einfach entsteht – wie ein Zauber. Und in diesem Zauber liegen eine Magie und eine Kraft, die uns Menschen vereinen. Die eine Brücke bauen, trotz all der Unterschiedlichkeiten und Konflikte, die im Laufe unserer Leben einfach dazugehören.

Am besten legen Sie das Buch zur Seite und hören sich gleich jetzt die *Ode an die Freude* an.

Freude finden

Was können wir also tun, um diese wahre Freude am Leben wiederzufinden – und der reinen Spaß- und Konsumwelt zu entkommen? Für mich hat Freude etwas mit Demut und Dankbarkeit zu tun. Machen Sie sich bewusst, dass Sie nicht das Zentrum dieser Welt sind. Schauen Sie am besten mal raus – weit über den Tellerrand Ihres Lebens hinaus.

Acht Milliarden Menschen auf einem Planeten mit 12 700 km Durchmesser, den wir Erde nennen. Weiter!

Unser Sonnensystem, bestehend aus acht Planeten, von denen die äußeren nur aus Gas bestehen. Die Temperatur da draußen beträgt minus 270 Grad. Weiter!

Unser Sonnensystem ist nur ein kleiner Punkt in der Milchstraße, einer Galaxie mit geschätzten 100 bis 300 Milliarden Sternen. Immer weiter … unendlich weit.

Glauben Sie wirklich, dass Ihnen irgendetwas zusteht, nur weil Sie geboren wurden? Es ist ein wahres Wunder, dass Sie leben. Und je nachdem, wo Sie geboren wurden, hatten Sie entweder unglaubliches Glück – oder gigantisches Pech. Rund 820 Millionen Menschen leiden an Hunger. Hatten Sie schon mal echten Hunger? Ich meine nicht Appetit. Sondern körperliche Schmerzen aufgrund von Unterernährung. Wie sieht es mit Armut aus? Ich meine nicht, dass Ihr Geld nicht reicht, um sich ein Haus mit schicker Küche zu leisten. Oder Sie ein paar Monate für die neueste Playstation sparen müssen. Oder sich ein neues iPhone gönnen. Wer weniger als 1,90 Dollar am Tag zur Verfügung hat, gilt als arm. Könnten Sie davon leben? In Deutschland auf keinen Fall. Könnten Sie sich vorstellen, in ein Land zu ziehen, in dem Sie von 1,90 Dollar leben könnten? Ich kann es nicht.

Um wieder zu wahrer Lebensfreude zu finden, müssen wir uns von den Nebenwirkungen der Überfluss- und Konsumrauschgesellschaft befreien. Wir müssen wieder nüchtern werden, um das zu schätzen, was die wahre Freude ausmacht.

Schillers *Ode an die Freude* geht dazu in der zweiten Strophe so weiter:

Wem der große Wurf gelungen,
eines Freundes Freund zu seyn;
wer ein holdes Weib errungen,
mische seinen Jubel ein!
Ja – wer auch nur eine Seele
sein nennt auf dem Erdenrund!
Und wer's nie gekonnt, der stehle
weinend sich aus diesem Bund!

Sie können viele Menschen *kennen* – aber einen echten Freund fürs Leben zu finden, das ist ein Geschenk. Sie können viele Beziehungen mit Menschen eingehen, doch wenn Sie einen Lebenspartner finden, mit dem Sie wahre Liebe teilen können, dann ist auch das ein Geschenk. Eine Verbindung mit einem Kind zu finden, die auch noch dann anhält, wenn aus Ihrem Kind ein erwachsener Mensch geworden ist. Das sind tiefe Begegnungen im Leben. Und all das können Sie für kein Geld der Welt kaufen. Sie können es durch keine Macht der Welt erzwingen.

Besinnen Sie sich auf das, was Sie als Mensch auszeichnet und wirklich wichtig ist. Dann leben Sie selbstbestimmt und empfinden wahre Freude.

All das sind Geschenke des Lebens, für die Sie sich anstrengen und engagieren müssen. Wie bei einem Diamanten, dem Sie durch viel Aufmerksamkeit und Konzentration den Schliff zum Brillanten geben.

Schatten über der Freude

Woher kommen die dunklen Wolken in Ihrem Leben? Was verhagelt Ihnen die Freude? Ich erwische mich immer wieder dabei, wie ein einzelnes Thema mir die Laune verderben kann. Und das, obwohl so viele andere Dinge in meinem Leben wunderbar sind. Ich habe meine Traumfrau an meiner Seite. Eine tolle Beziehung mit meinem erwachsenen Sohn. Einen Ort, an dem ich mich zu Hause fühle. Wenige, dafür echte Freunde, bei denen ich so sein kann, wie ich bin. Einen erfüllenden Job mit tollen Kunden und spannenden Herausforderungen.

Und dann ist da Buch Nummer 3, an dem ich gerade schreibe. Ich hadere mit mir, weil mir die Qualität von einem Kapitel noch nicht gefällt. Oder bin genervt, dass sich ein Kongressorganisator für einen anderen Festredner entschieden hat. Wenn diese Themen existenzielle Nöte in meinem Leben auslösen würden, wäre meine Unfreude nachvollziehbar. Tun sie aber nicht. Dennoch haben solche Steinchen auf dem Weg die Kraft, mir die Laune zu verderben. Es ist wie eine latente Unzufriedenheit. Oder vielleicht auch eine Zukunftsangst, die mich antreibt, immer weiterzumachen.

Das ist das erste Mal, dass ich das in der Öffentlichkeit so teile. Weil ich weiß, dass es vielen Menschen so geht: Sorgen um Sicherheit. Dass es Ihnen so geht. Und das ist schade. Denn wir vergessen vor lauter Unzufriedenheit und all den Aufgaben, die noch zu erledigen sind, wahre Freude zu empfinden.

Wie können wir uns aus den Klauen der Unfreude befreien? Mir hilft dabei, gedanklich zwischen meiner Position und meiner Person zu unterscheiden. In meiner Position arbeite ich als Berater, Kongressredner, Autor und Coach – und an dieser Position hängen auch all die Aufgaben, Probleme und Themen, die mich nerven können.

Doch all das hat nichts mit meiner Person zu tun. Ich als Mensch bin weder besser noch schlechter durch das, was ich in meiner Position erreiche. Was wird aus mir, wenn ich meine Position verliere? Nicht mehr den Job mache, an dem ich heute so sehr hänge? Das Leben als Person geht weiter. Und ich werde neue Positionen finden. Ich habe erkannt, dass viele Quellen meiner Unfreude eher an meiner Position hängen.

Und so gebe ich mir Mühe, abends auf dem Weg nach Hause mental umzuschalten. In meine Person zu gehen und einfach nur Mensch zu sein. Meine Frau und mein Sohn lieben mich nicht für das, was ich in meiner Position mache. Sondern für das, was ich als Person bin. Ist das leicht? Nein. Gelingt es mir oft? Immer öfter. Für mich ist es ein erstrebenswertes Ziel, darin besser zu werden und so der wahren Lebensfreude immer mehr Raum zu geben.

Gegenwart machen: Freude als das wahre Glück erkennen

Viele Menschen sehnen sich nach Glück als Krönung des Lebens. Aber was ist Glück? Sie können Tausende Bücher lesen und sind am Ende doch genauso schlau wie vorher.

Versuchen Sie es stattdessen mit der Freude. Die erleben Sie dann, wenn Sie selbstbestimmt leben. Im Wort »Lebensfreude« wird das deutlich. Doch machen Sie die Freude nicht an einzelnen markanten Wegpunkten oder erreichten Zielen fest. Sehen Sie die Freude lieber als einen bedingungslosen Zustand im Hier und Jetzt.

Prüfen Sie Ihr Leben: Schauen Sie zu sehr auf die dunklen Wolken in Ihrem Leben? Dann brauchen Sie mehr Frohmut! Also mehr Mut zur Freude für das, was jetzt gerade bereits da ist. Und mehr Vorfreude auf das, was Sie noch auf Ihrem Weg gen Horizont erwartet. Über den Wolken scheint immer die Sonne.

7. Zwischen Geld und Leidenschaft

Was ist mein Sinn des Lebens? Wozu bin ich hier? Was ist meine wahre Leidenschaft?

Vorsicht! Es kann sein, dass Sie Ihr Leben lang nach Antworten auf diese Fragen suchen, aber nie etwas finden!

Was habe ich mir damals den Kopf zermartert, als ich noch völlig unerfüllt in der Finanzindustrie arbeitete. Unzählige Gespräche, Bücher und Notizen. Und was kam dabei heraus? Nichts. Das ganze Denken, Suchen und Grübeln sorgte nicht für Klarheit, sondern für noch mehr Nebel.

Heute lebe ich meine Erfüllung. Habe nicht das Gefühl, dass ich arbeite, sondern vielmehr, dass ich etwas Sinnvolles tue. Ich berate, coache, schreibe Bücher, erstelle digitale Trainings, halte Vorträge. Wie nennt man so einen Job? Ich habe keine Ahnung. Ist mir auch egal. Ich mache es einfach. Ich habe zwar nach meiner Leidenschaft gesucht – doch gefunden hat sie mich.

Macht mir das alles uneingeschränkt Freude? Nein, nicht immer. Wie ich zu meinen Vorträgen stehe, habe ich Ihnen in einem vorherigen Kapitel bereits beschrieben. Nehmen wir nun das Beispiel Schreiben. Ja, ich schreibe gerne. Aber ob es meine Leidenschaft ist? Oder gar meine Bestimmung? Keine Ahnung. Was ich weiß, ist, dass ich eine zwiespältige Haltung zum Schreiben habe. Ich liebe es. Und gleichzeitig hasse ich es. Ich mache mir selbst viel Druck, gute Texte zu produzieren. Inhaltlich auf den Punkt zu kommen. Ihnen als Leser anregende Impulse und gedankliche Reibungsfläche zu bieten.

Gleichzeitig ist mein Anspruch, dass meine Sachbücher fesselnd wie ein Roman sind. Denn es gibt nichts Fataleres als zu langweilen. Und so quäle ich mich manchmal durch das Schreiben – und finde es gleichzeitig erfüllend. Nachdem mein zweites Buch erschienen war, sagte mir mein Kopf: Jetzt brauchst du erst mal eine Schreibpause. Und ja, ich hatte keinen Bock mehr auf Gliederung, Konzepte und Schreiberei.

Gleichzeitig war meine innere Stimme ganz klar: Schreib weiter!

Dabei hat mir der ein oder andere Deutschlehrer zur Schulzeit zu verstehen gegeben, dass ich kein guter Schreiber sei. Interessanterweise hat keiner von denen selbst auch nur ein Buch verfasst. Also: Fuck it! Ich habe trotzdem geschrieben. Zum Glück habe ich nicht auf diese Klugscheißer gehört. Rückblickend waren sie vieles – jedoch auf keinen Fall inspirierende Vorbilder. Die habe ich mir woanders gesucht.

Passen Sie auf, wessen Ratschläge Sie annehmen. Am besten nur von den Menschen, von denen Sie geliebt werden und die wirklich nur das Beste für Sie wollen.

Leidenschaft war also nur bedingt mein Wegweiser, um Bücher zu schreiben und das selbstbestimmte Leben zu leben, für das ich seit vielen Jahre hart an mir arbeite. Aber was war es dann? Die Frage, die dahintersteht, lautet: Was können Sie tun, um auf einem erfüllenden Lebensweg unterwegs zu sein?

Beauftragen Sie sich selbst

Vor ein paar Jahren habe ich mich dazu in eine einsame Hütte in der Eifel zurückgezogen. Die Landschaft war schneebedeckt. Es war saukalt. Ich saß vor einem Kaminfeuer und dachte darüber nach, wie ich meine berufliche Erfüllung finden kann. Ich wollte all das notieren, wofür ich von anderen tolles Feedback bekam. Was andere Menschen begeisterte. Was sie an meiner Arbeit faszinierte. In der Hoffnung, so eine Antwort zu finden.

Und dann traf es mich wie ein Blitz: Die Antwort steckt nicht in dem, was andere toll finden oder was ich gern mache; sondern sie steckt in den Problemen, die ich lösen soll. Mir fiel auf, dass ich – wie ein Magnet – immer wieder ähnliche Probleme meiner Kunden anziehe. Die Fragestellungen, für die Menschen mich beauftragen. Die Aufgaben, denen ich nicht hinterherrenne, sondern die immer wieder zu mir kommen. Diese ganz spezielle Art von Arbeit ist meine Bestimmung. Meine Bestimmung hat mich gefunden. Ich musste gar nicht nach ihr suchen.

Zum Beispiel das Schreiben: Ich schrieb schon als Schüler für eine Lokalzeitung und verdiente damit mein erstes Geld. Als ich in der neunten Klasse war, gründete ich mit Schülern der Oberstufe eine monatlich erscheinende Computerzeitung. Als Junge pflegte ich immer wieder Brieffreundschaften, teilweise über Jahre. Ich habe schon immer geschrieben, weil das Schreiben mich gefunden hatte.

Beispiel Vertrauen gewinnen. Ob als Berater, Coach oder Vortragsredner: Ich muss das Vertrauen der Menschen gewinnen, damit wir gemeinsam etwas bewegen können. Und auch das kam schon als Jugendlicher in mein Leben. Ich arbeitete als Schüler für mittelständische Unternehmen, realisierte Internetprojekte und verdiente in den Ferien mehr pro Monat als mancher Angestellter.

Im Studium übernahm ich die Verantwortung für eine studentische Unternehmensberatung. Akquirierte in der Wirtschaft Aufträge, die ich dann mit einem Team von Studenten realisierte, von denen keiner angestellt war. Ich musste ihre freiwillige Gefolgschaft gewinnen und halten – auch dann, als Klausuren anstanden und plötzlich nur noch die Hälfte des Teams motiviert war, am Projekt zu arbeiten. Und so hielt ich schon als Jugendlicher immer wieder Reden, vor kleinen Gruppen von fünf bis 40 Menschen – auch wenn mich jedes Mal ein riesiges Lampenfieber nervös gemacht hat.

Wie sieht es in Ihrem Leben aus? Welche Aufgaben landen immer wieder auf Ihrem Tisch, die Sie einfach machen und bei denen Sie immer wieder gute Qualität abliefern? Grübeln Sie nicht über Ihre Bestimmung, sondern schauen Sie dahin, wo Sie einfach verdammt gute Arbeit abliefern und Probleme für andere Menschen lösen.

Verlockende Versuchung

Meine Frau und ich sprechen beim Abendessen über ein Angebot von einem Private Equity Fonds, das ich bekommen habe: »Das Gehalt ist super. Und die Möglichkeit, dich unternehmerisch zu beteiligen, attraktiv. Aber ist das auch wirklich das Richtige für dich?«, fragt meine Frau.

»Warum nicht? Ich mache das sechs, vielleicht sieben Jahre. Zwischendurch kann ich hier und da noch ein paar Vorträge halten. Und mit der Beratung mache ich einfach in ein paar Jahren weiter«, erkläre ich mich.

»Ich meine eher, ob du deine Selbstbestimmung für die Verlockung des Geldes opfern willst?«, hakt sie vorsichtig nach. Das sitzt. Sie hat den Finger sanft, aber deutlich in den wunden Punkt gebohrt.

Dieses Angebot kam Anfang 2020. Im Februar habe ich abgelehnt. Und im März betrat SARS-CoV-2 die Weltbühne und schaltete mein Vortrags- und Seminargeschäft mehr oder weniger aus. Mein Umsatz brach spürbar ein. Zum Glück hatte ich als Berater und Coach ein zweites Standbein, sodass ich nur blaue Flecken bekam – im Gegensatz zu vielen anderen, die durch die verordneten Berufsausübungsverbote in ihrer Existenz bedroht waren.

Und dennoch: Als der Lockdown immer wieder verlängert wurde, Veranstalter reihenweise Vorträge absagten, große Kunden ihren Mitarbeitern Seminarverbote gaben, da fragte ich mich schon, ob es nicht besser gewesen wäre, wenn ich das verlockende Angebot des Private Equity Fonds angenommen hätte.

Aber dann erinnerte ich mich an eine meiner 7 Regeln eines mutigen Anführers: Nicht umdrehen! Und so habe ich mich selbst dazu ermahnt. Was bringt es, mit der Vergangenheit zu hadern? Es ändert sowieso nichts. Erstens wäre es lächerlich, jetzt eine Kehrtwende zu machen und den Fondsmanagern zu sagen: »Ich hab's mir anders überlegt. Ich bin doch dabei!« Zweitens weiß ich, dass ich durch diesen Schritt alles aufgeben würde, was ich mir über die Jahre erkämpft habe. Allem voran: meine Freiheit und Selbstbestimmung. Ich war schon mal in der Branche und weiß, wie es läuft.

Der Volksmund rät zwar: Sag niemals nie. Doch hier bin ich mir sicher: Ich werde nie in diese Branche als Angestellter zurückkehren.

Cash is king?

Sie wenden jetzt vielleicht ein: Jeder ist käuflich. Alles nur eine Frage des Preises. Da haben Sie wahrscheinlich recht. *Cash is king*, heißt es dazu treffend. Doch das Leben hat mich gelehrt, dass diese Aussage einen zweiten Teil haben muss: *Cash is king – and ideas are the Queen.*

Entwickeln Sie Horizont-Ideen: Ihr Horizont ist der Wegweiser, der Sie zu Ihrem Erfolg, zu Ihrer Erfüllung und zu Ihrem Glück leitet.

Machen wir uns nichts vor. Das Leben ist nicht immer einfach. Und in diesem Teil des Buches dreht es sich um die Wegelagerer, die Ihnen und Ihrem selbstbestimmten Leben gefährlich werden können. Natürlich ist es dann hilfreich, *Cash* zu haben. Immer wenn ich vor Studenten einen Vortrag halte, empfehle ich ihnen: »Fangt möglichst früh damit an, Geld zur Seite zu legen und an der Börse zu investieren. Baut euch ein ›Fuck-You-Konto‹ auf. Wenn euch dann mal jemand krumm kommt, könnt ihr einfach abhauen, eine Zeit lang vom ›Fuck-You-Konto‹ leben und euch etwas Neues suchen.« Immer wieder habe ich gestandene Erwachsene in meinen Coachings, bei denen die Ausgaben mit ihrem Einkommen gewachsen sind und denen so ein Konto fehlt.

Geld macht unabhängig und frei. Zumindest auf den kapitalistischen Spielwiesen. Aber fehlendes Geld darf nicht die Ausrede dafür werden, dass Sie sich selbst verraten und verbiegen.

Jetzt kommt der ergänzte Teil der Aussage ins Spiel: *Ideas are the Queen*. Was immer auch gerade das Tal der Tränen in Ihrem Leben ist: Ob es in der Beziehung kracht. Die Kinder Ihnen den letzten Nerv rauben. Sie sportlich nicht aufs nächste Level kommen. Ihre Diät ins Stocken gerät. Oder ob auf Ihre Bewerbungen nur Absagen erfolgen. Viel wichtiger als Geld ist, dass Sie jetzt gute Ideen haben, wie es weitergeht.

Zwei Arten von Ideen

Es gibt zum einen die *Weglauf-Ideen*. Beim ersten Gegenwind lautet hier die Devise: aufgeben und schnell was Neues suchen. Bitte, machen Sie das ruhig. Beschweren Sie sich dann nur nicht, dass Sie sich beim Weglaufen auf einmal selbst verloren haben. Wenn Sie immer nur den einfachen Weg zu Erfolg und Erfüllung suchen, werden Sie wahrscheinlich niemals ankommen. Widerstehen Sie den Verlockungen. Den vermeintlich einfachen Alternativen. Denn sie sind keine guten Wegweiser. Und machen Sie auf Dauer schwach.

Der einzige Wegweiser, der Sie zu Ihrem Erfolg, zu Ihrer Erfüllung, zu Ihrem Glück führt, ist: Ihr Horizont. Und was da drinsteht, kommt idealerweise nur von Ihrer inneren Stimme. Und damit kommen wir zur zweiten Art der Ideen, die Ihnen im Tal der Tränen helfen: die *Horizont-Ideen*. Sie kommen tief aus Ihrem Herzen. Und sie werden Ihnen Kraft und Stärke geben, um auf Kurs zu bleiben. Nehmen Sie Ihr aktuelles Problem. Schauen Sie auf Ihren Horizont. Und nun fragen Sie sich: Was muss ich jetzt tun, um einen Schritt auf meinen Horizont zuzugehen?

Während der Coronazeit hatten meine Frau und ich ein seltenes Erlebnis: Wir haben uns gestritten. So sehr, dass ich mein Handy ausgemacht habe und ins Büro gefahren bin. Nach einer Stunde habe ich es jedoch nicht mehr ausgehalten. Ich hatte mich wieder beruhigt und dachte an unseren Horizont: Ich will mit meiner Frau gemeinsam und glücklich alt werden. Nicht die Anzahl der gemeinsam verbrachten Jahre ist für mich entscheidend, sondern die Qualität dieser Jahre.

Und so war klar, was der nächste Schritt ist: Handy einschalten, meine Frau anrufen und mich entschuldigen. Eine Beziehung ist wie eine Brücke, die jeden Tag von beiden Seiten neu aufgebaut werden muss. Meine Frau entgegnete mir lachend: »Ich war diesmal schneller und habe dir schon auf die Mailbox gesprochen!« Wir lachten beide und konnten uns schnell wieder erholen.

Gegenwart machen: Horizont-Ideen entwickeln

Ihre Beziehung läuft gerade mies? Ihr Job nervt Sie jeden Tag? Sie sind zu dick? Haben zu wenig Zeit für sich? Jeder Mensch hat sein individuelles Tal der Tränen. Manchmal auch mehrere gleichzeitig. In meinen Coachings erlebe ich dann etwas sehr Erstaunliches: Im Grunde weiß jeder, was er jetzt eigentlich tun müsste. Auch Sie! Doch die meisten Menschen tun es einfach nicht. Machen sogar häufig genau das Gegenteil von dem, was richtig wäre.

Hören Sie auf damit! Schauen Sie auf Ihren Horizont: Wo wollen Sie hin? Überlegen Sie: Was ist der nächste Schritt, der Sie ein Stück näher gen Horizont führt? Und dann haben Sie den Mumm, aufzubrechen und das zu tun, was richtig ist. Der Preis des Lebens ist Veränderung. Also sorgen Sie dafür, dass die notwendigen Veränderungen in Ihrem Leben stattfinden. Warten Sie nicht auf morgen.

Ihr selbstbestimmtes Leben beginnt jeden Tag aufs Neue. Und vor allem: Jetzt!

Teil V

7 Verbündete in Kopf und Herz

Die Menschheit hat viel ausprobiert. Doch nicht alles war gut und sinnvoll. Schauen wir nach vorn: Wofür lohnt es sich anzutreten? Natürlich will jeder Mensch für sich Erfolg und Erfüllung haben. Dieser Egoismus ist gut und sinnvoll. Alles andere wäre auch weltfremd. Doch Egoismus um jeden Preis, das kann es nicht sein. Wir haben nur diesen einen Planeten. Und müssen es schaffen, nebeneinander friedlich zu koexistieren. Wie kann unsere Gesellschaft lebendiger, lebensfreundlicher werden – und jeder gleichzeitig sich selbst entfalten und verwirklichen? Dafür lohnt es sich, jeden Tag aufzustehen und zu kämpfen. Denn Freiheit wird größer, wenn wir sie teilen.

1. Menschlich und weltoffen

Vier Teile des Buches, 28 Kapitel, sind geschrieben. Aber ich tue mich schwer, die letzten Gedanken zu Papier zu bringen. Warum nur?

Die Lage im Frühjahr 2021

Deutschland befindet sich im Lockdown. Ein bizarres Jahr liegt hinter uns. Wer hätte gedacht, dass es möglich ist, unsere Freiheit so leicht von einem Grundrecht in ein Privileg zu verwandeln? Die Regierung hat Verordnungen erlassen, die im Parlament nur unzureichend diskutiert wurden. Tausende Menschen haben faktisch ein Berufsverbot. Für viele der Tod ihrer wirtschaftlichen Existenz.

Die Politiker nehmen sich für sich selbst Privilegien heraus, die sie der Bevölkerung verbieten. Jede Woche erscheinen sie mit frisierten Haaren in den Talkshows persönlich vor Ort, um vor dem gefährlichen Virus zu warnen. Verbringen den Jahreswechsel zum Skifahren in der Schweiz. Der Sohn eines Ministerpräsidenten schusterte einem Unternehmer einen Millionenauftrag des Landes zu. Beim Impfstoff – dem angeblich einzigen Ausweg aus dem Desaster – wird um den Preis gefeilscht, anstatt einfach das Portemonnaie aufzumachen, wie es die USA, Großbritannien oder Israel taten. Dort wird geimpft, während Deutschland in seinen Schulden ertrinkt und wir zusehen, wie die Impfzentren lange Zeit leer stehen.

Noch befremdlicher finde ich den bevormundenden Ton, den der Staat anschlägt. Zweimal bat ich bei der zuständigen Behörde darum, ein Leadership-Retreat mit fünf Personen durchzuführen. Die Ablehnung erfolgte jeweils mit diesen Begründungen: »Suchen Sie sich bitte für Ihre Besprechung eine geeignete Örtlichkeit in Ihrer näheren Umgebung. Das Anmieten von Hütten in der Eifel ist nicht erforderlich.« Und: »Im vorliegenden Fall sehe ich die Pflicht der unmittelbaren Zusammenarbeit nicht; zudem ist die von Ihnen angestrebte Reise in die Eifel sicherlich wünschenswert, aber nicht notwendig zur Erreichung des Ziels der Information. Hier gibt es andere Möglichkeiten.«

Eine für den Staat arbeitende Frau, die von meiner Arbeit so viel Ahnung hat wie ich von einer Herz-OP, entscheidet darüber, was erforderlich oder notwendig ist, damit ich meine Arbeitsziele erreichen kann. Solch eine Staatsmacht brauche ich nicht. Will ich nicht. Auf mich macht das Verhalten unserer Regierung den Eindruck, als wäre ihr die Macht zu Kopf gestiegen. Manche Politiker und Beamte scheinen zu vergessen, dass sie Staatsdiener sind. Heißt: nicht eigene Interessen durchsetzen, sondern für die Interessen der Bürger eintreten. Und ich hoffe, dass wir uns alle in Deutschland einig sind, dass ein Leben ohne Freiheit nicht erstrebenswert ist.

Keine Frage: SARS-CoV-2 ist ein ernst zu nehmendes Virus, das für manche Menschen zu einer tödlichen Gefahr werden kann. Aber rechtfertigt diese Gefahr eine aufgezwungene Loyalität für die Gesamtbevölkerung, wodurch viele Menschen in den finanziellen Ruin getrieben werden oder psychische Probleme bekommen? Wäre es nicht angebrachter, gerade im späteren Verlauf der Pandemie gezieltere Maßnahmen zu ergreifen, anstatt bundes- oder landesweit die Menschen einzusperren? Doch wer solche Fragen in der Öffentlichkeit stellt, wird leider schnell an den gesellschaftlichen Pranger gestellt.

Die Coronakrise macht deutlich, dass wir ein Problem mit der Freiheit haben. Doch dieses Problem nahm bereits vor Corona seinen Lauf. Ein Volk braucht ein gemeinsames Identitätsgefühl, geteilte Werte und eine ähnliche Vorstellung davon, wie das Leben in der Zukunft sein soll. Doch unsere Gesellschaft ist gespalten. Die Lager stehen sich verfeindet und zunehmend aggressiv an den inhaltlichen Schluchten gegenüber.

Wo bleibt der verlockende Horizont? Die Mut machende Geschichte? Der Hoffnung stiftende Aufbruch in eine gemeinsame gute Zukunft? Stattdessen beschweren sich immer mehr vermeintliche Minderheiten über Nichtigkeiten. Der Dauer-Lockdown bringt unseren Wohlstand ins Wanken. Und unser konsumgetriebener Lebensstil lässt die Erde zu einer versifften Bahnhofstoilette verkommen. Das trifft mich. Macht mich traurig. Enttäuscht mich. Lässt mich am Menschen zweifeln.

Und bei all dem Mist, der in der letzten Zeit passiert ist, soll ich jetzt mein Buch über Lebensführung zu Ende schreiben? Soll ich den Glauben an die Menschheit behalten und an eine positive Zukunft denken? Ergibt das noch Sinn? Oder ist der Zug nicht schon längst abgefahren und der Mensch wird sich sowieso selbst ausrotten, weil er nicht nur die Krönung der Schöpfung, sondern gleichzeitig auch der größte Unfall der Natur war?

Es lohnt sich, zu kämpfen

Ich bin davon überzeugt: Es lohnt sich, an das Gute im Menschen zu glauben und für die Feiheit einzutreten. Was soll auch die Alternative sein? Kopf in den Sand stecken und aufgeben? Das gliche einem Selbstmord. »Die Würde des Menschen ist unantastbar« gilt nicht nur für andere Menschen, sondern auch für den Umgang mit uns selbst. Übernehmen Sie also Verantwortung für Ihr Leben und kämpfen Sie für Ihre Freiheit.

Doch passen Sie auf: Freiheit stirbt nicht plötzlich, sondern in kleinen Schritten.

Schauen Sie sich die deutsche Sprache an. Sprache ist etwas Lebendiges, verändert sich ständig. Doch wir leben aktuell in einer Zeit, in der sich einzelne Gesellschaftsgrüppchen dazu ermächtigen, der gesamten Bevölkerung vorzuschreiben, wie und in welche Richtung sich die deutsche Sprache zu entwickeln hat. Was sprachlich erlaubt ist – und was nicht. Das ist keine Evolution der Sprache. Das ist Manipulation.

Für mich sind Menschen, die mir aufzwingen wollen, wie ich zu sprechen habe, fremd. Und genau das ist eine zentrale Herausforderung auf unserem Lebensweg: Wie gehen wir mit dem Fremden um? Denn das Fremde wird uns immer öfter begegnen. Covid-19 ist etwas Fremdes. Wenn Sie das erste Mal mit ausländischen Mitbürgern zu tun haben, ist das etwas Fremdes. Für manche ist eine weibliche Führungskraft fremd; für andere, wenn der Chef auf einmal jünger ist als man selbst. Künstliche Intelligenz, Roboter am Arbeitsplatz, neue Social-Media-Plattformen oder das erste Mal ein Haustier – all das ist anfangs etwas Fremdes. Ihr erstes Baby, Umziehen in eine neue Stadt, zum ersten Mal eine sechsstellige Hypothek an der Backe, wenn Sie in Ihr neues Haus ziehen. Und wir müssen lernen, wie wir diesem Fremden begegnen.

Was uns Menschen vereint

Aber wie kann das gelingen? Ich frage mich schon lange, ob es für alle Menschen, egal, wo und wie sie leben, ein gemeinsames Ziel geben kann. Meine Antwort habe ich gefunden: friedliche Koexistenz. Heißt: leben und leben lassen. Damit ließen sich all die vielen Konfliktherde sofort entschärfen. Friedliche Koexistenz ist für mich die Essenz, die uns menschlich sein lässt. Klingt einfach, ist es im Alltag jedoch nicht immer. Und das liegt daran, dass es einen unauflösbaren Widerspruch in uns gibt.

Prüfen Sie es gleich bei sich selbst: Was ist Ihnen wichtiger – Ihre persönlichen Interessen durchsetzen oder für die Gemeinschaft zurückstecken? Leichtfertig fordern wir solidarisches Verhalten ein. In der Coronapandemie hatte ich den Eindruck, dass besonders diejenigen nach Solidarität im Sinne von »Wir bleiben zu Hause« riefen, die sich in ihrer großen Wohnung bequem ein Homeoffice eingerichtet haben, ihr volles Gehalt beziehen und als größte Einschränkung auf Urlaube und Restaurantbesuche verzichten mussten. Hoteliers, Restaurantbetreiber und Künstler würden unter »Solidarität« genau das Gegenteil verstehen: »Verlasst alle das Zuhause. Wir haben die Hygienekonzepte für euch.«

Es kann nur ein Ziel für alle Menschen auf dem Planeten geben: friedliche Koexistenz. Dieses Ziel lässt uns menschlich werden.

So einfach ist das mit der Solidarität also nicht. Wir wollen ständig neue Klamotten. Ein neues Smartphone. Oder ein neues Auto fahren. Die Tatsache, dass, um Ihren Kauf zu ermöglichen, viele Menschen irgendwo auf diesem Planeten unter unwürdigen Bedingungen schuften müssen, blenden wir gern aus.

Stellen Sie sich vor, Sie erliegen der Versuchung und fangen eine Affäre an, obwohl Sie ganz genau wissen, dass Sie damit Ihrem Partner wehtun. Sie möchten gerne Urlaubsreisen in ferne Länder machen, um die beeindruckende Natur zu erleben. Doch durch Ihre Flüge und den Massentourismus tragen Sie dazu bei, dass sich das Klima weiter erwärmt, die Natur in ihrer heutigen Schönheit bedroht wird und die Menschen vor Ort unter den Folgen leiden.

Mir geht es mit diesen Beispielen nicht um eine moralische Wertung. Jeder soll für sich selbst entscheiden, was er als gut oder falsch erachtet. Mir geht es darum, zu zeigen, dass wir in vielen Situationen unseres Lebens unsere persönlichen Interessen vor die Interessen anderer stellen. Und das ist auch völlig normal.

Natürlich gibt es auch das Gegenteil: Wir stellen unsere Interessen hinter die einer Gemeinschaft zurück. Wenn auch nicht immer freiwillig. Ein Unternehmen in finanzieller Schieflage drückt auf die Kostenbremse und streicht dem Mitarbeiter die von ihm gewünschte Fortbildung – zum Schutz der ganzen Gruppe. Sie würden gern anstelle einer Weihnachtsfeier ins Kino gehen, wissen aber, dass Ihre Kollegen das Restaurant bevorzugen – und halten die Klappe. Sie wandern mit einer Gruppe und sind der Fitteste – passen sich jedoch der Geschwindigkeit des Langsamsten an.

Was ist nun besser: eigene Interessen verfolgen – oder an die Mitmenschen denken? Das können Sie im Einzelfall nur für sich beantworten. Wenn Sie ein egoistischer Arsch sind, setzen Sie zwar immer Ihre Interessen durch, doch irgendwann haben die Menschen keine Lust mehr auf Sie. Wenn Sie dagegen ständig zurückstecken, um es allen anderen recht zu machen, verlieren Sie Ihre Selbstbestimmung und werden wie Knetgummi gedrückt und geformt. Auch kein schönes Gefühl.

Das Leben steckt eben voller Paradoxe. Wir müssen lernen, mit diesen Widersprüchen zu leben und immer wieder neue Antworten zu finden. Und damit sind wir wieder bei der Freiheit. Und die sollten wir genau definieren:

	... was Sie tun *wollen*	**... was Sie *nicht* tun wollen**
Sie *müssen* tun, ...	Glück	Zwang
Sie müssen *nicht* tun, ...	Wahlfreiheit	Echte Freiheit

Wenn Sie etwas tun müssen, was Sie auch tun wollen, dann haben Sie Glück. Genießen Sie diesen Zustand und seien Sie dankbar. Wenn Sie dagegen etwas tun müssen, was Sie nicht tun wollen, dann sind Sie nicht frei. Sie werden dazu gezwungen, etwas gegen Ihren Willen zu tun. Kein schöner Zustand. Doch was ist, wenn Sie etwas nicht tun müssen, was Sie jedoch tun wollen? Dann haben Sie die Wahl. Sie können es tun, müssen es aber nicht. Das kommt unserem Gefühl von Freiheit schon sehr nah. Niemand zwingt Sie dazu, in den Urlaub zu fahren. Doch Sie wollen verreisen und suchen sich Ihr Wunschziel aus. Sehr angenehm. Doch die wahre Freiheit ist das noch nicht. Denn die zeigt sich erst, wenn Sie *nicht* tun *müssen*, was Sie auch *nicht* tun *wollen*.

Corona war nicht die letzte Herausforderung, die unsere Freiheit bedroht und unsere Selbstverantwortung auf die Probe stellt. Für mich bedeutet unantastbare menschliche Würde, mein Leben in Freiheit zu führen. Wir sollten sorgsam über diese Freiheit wachen. Denn wenn sie einmal weg ist, kommt sie nicht ohne Weiteres zurück.

Gegenwart machen: Offen für das Fremde sein

Sie sind ein freier Mensch und können denken, fühlen und machen, was Sie wollen. Missbrauchen Sie Ihre Freiheit jedoch nicht. Seien Sie kein Kleingeist. Kein Rassist. Kein Arschloch. Sehen Sie stattdessen lieber zu, dass Sie weltoffen und menschlich sind. Neugierig auf das Leben und das Fremde.

Denn alles Fremde, das sich fremd anfühlt, ist nur so lange fremd, bis es sich nicht mehr fremd anfühlt. Natürlich müssen Sie sich nicht alles gefallen lassen. Hier und da lohnt es sich, eine Grenze zu ziehen. Aber verfallen Sie nicht dem Hass. Sondern lieber erst mal dem Desinteresse. Getreu dem Motto: Leben – und leben lassen.

2. Wahrhaftig und mutig

Viele meiner Kunden arbeiten sich gefühlt zu Tode. Tun Sie das etwa auch? Natürlich muss man sich anstrengen. Ohne Leistung kein Erfolg. Doch es ist erstaunlich, dass viele Menschen bereit sind, ihre Gesundheit und ihr Privatleben zu opfern, nur um im Beruf erfolgreich zu sein. Wir bezeichnen diese Tretmühle als Hamsterrad. Die Vorstellung, wie ein Hamster in einem Rad zu rennen, ohne vorwärtszukommen, ist nicht komisch, sondern erbärmlich und würdelos. Doch für viele Menschen ist die Wahrheit noch bitterer: Denn wenn sie den Mut aufbrächten, das Hamsterrad zu verlassen, stellten sie ernüchtert fest, dass sie sich immer noch in einem Käfig befinden.

Das Motorrad

»Where are you from?« Ich nicke dem Typen freundlich zu: »Germany.« »Ah, aus der alten Heimat.« »Warum alte Heimat?«, will ich wissen. »Ich habe in Deutschland als Schlosser gearbeitet. Aber das Land hat mich krank gemacht. Ich hatte keinen Bock mehr auf Hamsterrad und mich über Status und Geld zu definieren. Und da bin ich nach Neuseeland ausgewandert.«

Viele solcher Auswanderer, weiß ich, nehmen ihre alten Probleme nur mit ins neue Land. Also bohre ich nach: »Und hier gibt es kein Hamsterrad? Wovon lebst du?« »Ich lebe vom Atmen«, lacht er. »Hier bin ich frei. Ich fahre Schulbus. Und mein altes Motorrad. Das ist mein wertvollster Besitz. Ich lebe hier ein einfaches Leben. Den Leuten ist es egal, wie viel du besitzt. Und ich habe das Wichtigste für mich gewonnen: viel freie Zeit!«

Dieser Mann strahlte eine heitere Gelassenheit aus. Ob er wirklich glücklich und zufrieden mit seinem neuen Leben ist, werde ich nie erfahren. Aber mit einer Sache hat er wohl recht: Wer seine Zeit frei gestalten kann, hat wahren Reichtum gefunden. Ich kenne Unternehmer, die zwar in Geld schwimmen, aber völlig fremdgesteuert von einem Termin zum nächsten hetzen. Manch einer hat sich selbst einen goldenen Käfig gebaut. Und Eigentum verpflichtet – das weiß auch der Volksmund. Ob das Hecheln auf der Karriere- oder Wohlstandssicherungsleiter wirklich erfüllend ist? Das können Sie nur für sich selbst entscheiden. Und dazu braucht es vor allem Mut.

Der Blick nach innen

Was ist Ihnen wichtig im Leben? Damit meine ich nicht die Lippenbekenntnisse, die man so von sich gibt, um bei anderen einen guten Eindruck zu hinterlassen. Wenn auf Ihrem Schreibtisch ein Familienfoto steht und Sie predigen: »Meine Familie ist mir am wichtigsten!« – und bestenfalls nur am Wochenende mit ihr zu Abend essen, dann zeigt Ihr Verhalten: Sie lügen. Aber wer ist schon so ehrlich und gibt zu: »Meine Karriere ist mir wichtiger als meine Familie!«

Andere erzählen mir: »Meine Gesundheit ist mir wichtig.« Sie kaufen sich dann tolle Heimtrainer und wollen morgen mit dem Sport beginnen. Aber aus dem Versprechen sich selbst gegenüber ist auch nach Wochen nichts geworden. Statt Sport und gesündere Ernährung dominieren nach wie vor Stress, Schokolade und zu viel Sitzen ihr Leben.

Wie sieht es bei Ihnen aus? Welche Lebensbereiche laufen gut und wo haben Sie – wenn Sie ehrlich sind – echten Handlungsbedarf? Es sind oft die einfachen Dinge, die für Klarheit und Erkenntnis sorgen. Vor vielen Jahren habe ich ein Lebensrad für mich aufgemalt. Ein einfacher Kreis, den ich in gleich große Tortenstücke unterteilt habe. Jedes Stück steht für einen bestimmten Lebensbereich: Zeit, Emotionen, Finanzen und so weiter. Ungeduldig und latent unzufrieden, wie ich war, kamen alle Bereiche nur mittelmäßig davon.

Dann saß ich da und war kaum schlauer als zuvor. Also habe ich mich gefragt, wie mein Leben in zwölf Monaten aussehen soll. Ich verpasste jedem Bereich einen deutlichen Sprung nach vorn. Aber alles gleichzeitig optimieren? Daraus wird nichts! Also fragte ich mich: »Wenn ich nur einen Bereich optimieren kann, welcher ist es? Geld? Liebe? Gesundheit?« Das war echt schwer. Für welchen Bereich würden Sie sich entscheiden?

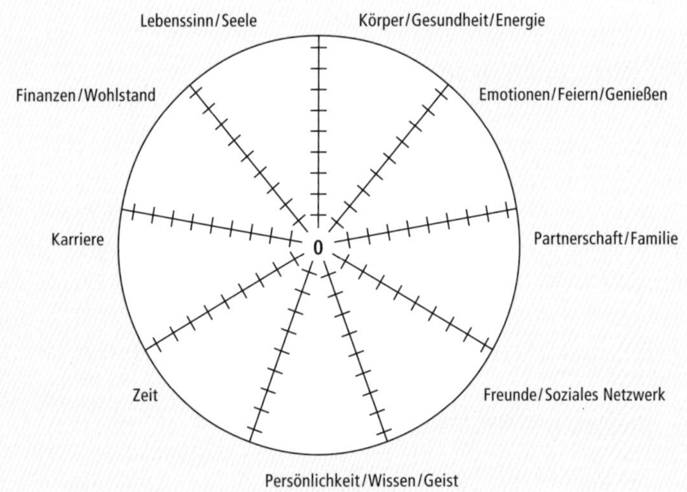

Meine Wahl fiel am Ende auf die Zeit. Freiheit und Selbstbestimmung sind für mich unglaublich wichtig. Damit verbinde ich, dass ich selbstbestimmt über meine Zeit verfüge. Frei gestaltbare Zeit ist der wahre Luxus und Reichtum. Und wenn ich den in meinem Leben habe, dann kann ich mich auch gut um die anderen Lebensbereiche kümmern.

Meist machen wir uns die eigene Lebensführung schwer, indem wir unehrlich zu uns sind. Uns selbst anlügen. Hören Sie auf damit. Sie müssen natürlich nicht anfangen, sich selbst zu kasteien. Entwickeln Sie eine liebevolle Ehrlichkeit. Mit der Absicht, sich selbst zu helfen, um Ihr Leben in die Richtung zu entwickeln, die Ihnen gefällt. Und dazu brauchen Sie den ehrlichen Blick in den Spiegel.

Treiber der Beschäftigungswut

Während der Coronazeit hätte sich die Möglichkeit geboten, Ihr Leben zu hinterfragen und neu zu gestalten. Wer vorher ständig unterwegs war, sparte plötzlich eine Menge Zeit. Denn der Weg von der Küche ins Arbeitszimmer ist erfreulich kurz und in der Regel staufrei. Was haben Sie mit der frei gewordenen Zeit gemacht? Viele meiner Kunden füllten sie durch unendliche Videokonferenzen. Manch einer klagte, dass er während der Coronazeit sogar mehr arbeitete als davor. All diese Menschen wollen etwas bewegen. Sind leistungsmotiviert. Im vertrauten Gespräch geben sie zu, dass Stress und Zeitmangel sie belasten. Doch in der Öffentlichkeit setzen sie die Maske auf: »Ich kann mich nicht beklagen.« Suggerieren, alles im Griff zu haben. Kein Wunder. Wer will schon zugeben, dass er keinen selbstbestimmten Umgang mit der eigenen Lebenszeit findet!

Wenn ich an diese gestandenen Erwachsenen denke, berührt mich das und lässt mich in den Spiegel schauen. Und was sehe ich da: genau dieselbe Arbeitswut. Na gut, meine Arbeit ist keine Arbeit, sondern Leidenschaft. Ich entscheide selbst, welche Projekte ich machen will. Arbeite mit tollen Kunden zusammen. Aber das erzählen mir die anderen auch. Diese Leidenschaft kann nicht verdecken, dass ich viel Zeit, oft auch zu viel Zeit mit meiner Arbeit verbringe.

Und nicht nur das. Ich lebe auch noch mit einer latenten Unzufriedenheit. Interessanterweise zeigt sie sich nur in meiner beruflichen Welt. Ein paar Blitzlichter, was dann in mir vorgeht: Zwei Bücher sind bereits erschienen. Sie verkaufen sich gut, das erste schon in der 2. Auflage – aber mich wurmt, dass noch kein Spiegel-Bestseller dabei ist. Ich habe ein Umsatzrekordjahr hingelegt – und bin trotzdem unzufrieden, weil ich fürs kommende Jahr noch nicht ausgebucht bin. Statt mich über meine neue Onlineakademie zu freuen und stolz darauf zu sein, innerhalb von zwölf Monaten zwei Kurse erstellt zu haben – bin ich unzufrieden, weil ich noch nicht von meinen Onlineumsätzen leben kann. Ich schreibe aktuell an meinem dritten Buch – und bin missmutig, weil ich während der Schreiberei das Publizieren auf LinkedIn und YouTube auf nahezu null heruntergefahren habe.

Hören Sie auf damit, sich selbst zu belügen. Schauen Sie lieber ehrlich in den Spiegel. Halten Sie aus, was Sie dort erkennen?

Wenn Kunden die Zusammenarbeit verlängern, ich einen neuen Kunden gewinne oder das Leadership-Retreat als neue Seminarform auf Anhieb ausgebucht ist, nehme ich meine Erfolge zur Kenntnis und denke sofort wieder an die anstehenden Aufgaben und was noch alles nicht erledigt ist. Diese berufliche Unzufriedenheit ist völlig unnötig. Denn auch wenn es das ein oder andere Tal der Tränen gab, war es insgesamt ein gesegneter Erfolgsweg, für den ich dankbar sein kann. Aber mit der Dankbarkeit hapert es hier und da, und das schöne Gefühl der Freude will sich nicht so richtig einstellen. Ich leide also unter der gleichen Diagnose wie viele meiner Kunden. Aber warum?

Ich habe tiefer gebohrt und bin fündig geworden. Es ist Angst, die mich treibt. Angst, nicht gut genug zu sein. Angst, den Anschluss zu verlieren. Angst, nicht gebraucht zu werden. Und hinter der Angst steckt mein Bedürfnis nach Sicherheit. Das Absurde ist: Statt Beamter zu werden, wurde ich gleich nach meinem Studium Unternehmer. Arbeite seitdem also im vollen Risiko. Damit ich trotzdem ein Gefühl von Sicherheit bekomme, arbeite ich eben hart und stellenweise noch zu viel.

Um ein gutes Leben leben zu können, würden 70 Prozent locker ausreichen. Doch ich fahre lieber am Anschlag und nutze Rückenwind, um auch mal auf 110 Prozent hochzudrehen. Es besteht die Gefahr, dass ich heiß laufe und zu wenig Freude im Leben habe.

Deswegen arbeite ich an mir, um phasenweise auf 80 Prozent zu laufen und dabei trotzdem zufrieden zu sein. Das ist im Laufe der Jahre besser geworden. Ganz abstellen werde ich es wohl nie. Will ich auch nicht. Denn die latente Unzufriedenheit kann ich gut als Energiequelle benutzen, um mich weiterzuentwickeln. Ich lerne, die Unzufriedenheit in meinem Sinne zu führen und mich von ihr nicht dominieren zu lassen.

Das Jahr 2019 war ein gutes Jahr. Am 22. November hielt ich meinen letzten Vortrag in Salzburg. Hatte am Samstag noch einen Unternehmer zum Coaching im Büro. Abends meine Sachen gepackt. Und bin am nächsten Tag mit meiner Frau sechs Wochen lang mit dem Rucksack durch Neuseeland, Australien und Thailand gereist. Es war das erste Mal, dass ich ein Jahr so früh »beendet« habe. Und das erste Mal, dass ich sechs Wochen am Stück Urlaub gemacht habe. Hatte ich ein schlechtes Gewissen? Ein bisschen. Aber als wir erst mal unterwegs waren, konnte ich richtig gut loslassen.

Ich gebe zu, als wir am 06. Januar in Frankfurt gelandet und mit dem Zug nach Köln gefahren sind, war nichts mit »in Ruhe ankommen«. Gleich am nächsten Tag saß ich wieder im Auto und bretterte nach Fulda zu einem Führungskräfte-Workshop. Aber das war auch geil. Ich liebe meinen Job. Und habe mir vorgenommen, durch die Extreme in Balance zu kommen. Hartes Arbeiten. Großzügige Auszeiten.

Während der Coronazeit kam ich dabei auf ein neues Format: mein wöchentliches Sabbatical. Wenn ich schon nicht verreisen darf, dann gönne ich mir zwischendurch eben die kleinen Auszeiten. Mal mache ich eine längere Sporteinheit am Morgen und bin erst um 10.00 Uhr im Büro. Mal drehe ich mittags eine Runde mit meinem Hund durch den Wald. Und mal mache ich schon um 17.00 Uhr Schicht im Schacht, wenn der Tag intensiv war und ich denke: Genug ist genug! Der Einzige, der mich treibt, bin ich. Der

Einzige, der die Verantwortung für meine Zeitgestaltung hat, bin ich.

Wahrheit tut weh

Wenn Sie selbstbestimmt leben wollen, müssen Sie absolut ehrlich zu sich sein. Dazu brauchen Sie Mut. Denn wenn Sie die Wahrheit in Ihrem Leben entdecken, dann werden Sie diese neuen Erkenntnisse nicht so schnell vergessen. Und diese Wahrheit wird dann auch Handlungen von Ihnen einfordern. Wollen Sie das wirklich?

Die gute Nachricht ist: Sie sind nicht abhängig davon, dass andere Menschen Sie hinterfragen. Sie können jederzeit selbst in den Ring mit sich steigen. Nehmen Sie die Herausforderung an, um für Ihre eigene Wahrheit zu kämpfen? Haben Sie den nötigen Freimut – also die Offenheit und Aufrichtigkeit –, die Maske abzunehmen und der Wahrheit in Ihrem Leben ins Gesicht zu schauen? Meine Erfahrung ist: Es lohnt sich. Auch wenn die Erkenntnis manchmal wehtut. Aber es ist wie mit einer Wunde: Zum Heilen gehört immer auch der Schmerz.

Gegenwart machen: Ehrlich zu sich sein

Zur Lebensführung gehört Mut. Mut, auf Ihre innere Stimme zu hören. Und Mut, dieser Stimme auch nach außen Gehör zu verschaffen.

Bevor Sie sich die Frage stellen, wie Sie Ihren Einfluss auf andere Menschen stärken, sollten Sie bei sich selbst nachschauen: Wie können Sie den Einfluss auf Ihr eigenes Leben verstärken, damit Sie es so leben, wie Sie es wirklich wollen? Erzählen Sie die großen und kleinen Lügen des Lebens von mir aus den Menschen da draußen. Aber auf keinen Fall sich selbst!

3. Klug und besonnen

In unserer Gesellschaft sind viele Menschen zunehmend gereizt. Nerven liegen blank. Es gibt kaum ein Thema, bei dem nicht die Gemüter hochkochen. Wovon brauchen wir also mehr, damit es wieder ruhiger zugeht? Die Antwort ist offensichtlich: mehr Gelassenheit. Ich bin jahrelang durchs Leben gelaufen und habe mir selbst mehr heitere Gelassenheit gewünscht. Doch mittlerweile bin ich zur Erkenntnis gekommen, dass Gelassenheit das falsche Ziel ist.

Was bedeutet »Gelassenheit« überhaupt? Mit einer Gemütsruhe durchs Leben gehen. Sich durch Emotionen nicht aus der Fassung bringen lassen, egal, was gerade um einen herum passiert. In sich ruhen und die Welt als entspannter Beobachter wahrnehmen – und nicht als Betroffener.

»Gelassenheit« bedeutet also: gefühlstaub! Und genau das ist für mich das Risiko daran: Wenn wir zu gelassen sind, werden wir gleichmütig. Wir akzeptieren stoisch die Situation, in der wir uns gerade befinden. Sind also im wahrsten Sinne des Wortes emotional teilnahmslos.

Natürlich ist es super, unter Druck gelassen zu bleiben. Aber stellen Sie sich vor: Sie vergeigen ein Vorstellungsgespräch – und reagieren gelassen. Sie sprechen Ihren Schwarm an, bekommen eine Abfuhr – und reagieren gelassen. Ein Ihnen nahestehender Mensch verstirbt – und Sie reagieren gelassen. Die Politiker greifen Ihnen immer tiefer ins Portemonnaie, während sie sich selbst die Diäten erhöhen – und Sie reagieren gelassen.

Wollen Sie das? Ich will es nicht. Für mich ist Gelassenheit kein Zielzustand.

Wohin also dann entwickeln? Wenn Gelassenheit das eine emotionale Extrem ist, dann steht auf der anderen Seite die Hemmungslosigkeit. Wenn Sie hemmungslos sind, sind Sie leidenschaftlich. Mitreißend. Heißblütig wie ein wildes Pferd. Lassen Ihren Gefühlen freien Lauf. Für ein Gros der Deutschen, die ihre Begeisterung durch Schweigen ausdrücken, lösen solch positive Seiten der Hemmungslosigkeit eher Panik als Freude aus. Dabei gibt es auch negative Seiten der Hemmungslosigkeit: Jähzornige Menschen, die cholerisch, aufbrausend und hitzköpfig durch die Welt rennen und ihr Umfeld kirre machen, sind keine Vorbilder, die uns inspirieren. Es kann also sein, dass Ihnen weder die positive noch die negative Form der Hemmungslosigkeit zusagt.

Doch egal, wie Sie zu ihr stehen, einen Fehler sollten Sie besser nicht machen: zu denken, Gefühle seien etwas Schlechtes. Manch einer sorgt sich, Gefühle zu zeigen, weil er dafür von anderen bloßgestellt oder verurteilt werden könnte. Andere wollen sie lieber innerlich gar nicht erst spüren, weil Gefühle wehtun können und vor allen Dingen unkontrollierbar sind.

Doch Sie können sich nicht die angenehmen Rosinen rauspicken. Entweder nehmen Sie das volle Gefühlspaket. Oder Sie verbarrikadieren Ihr Herz hinter einer schweren Mauer aus Eis.

Gefühle sind keine Krankheit

Zahlen, Daten und Fakten haben gegenüber Gefühlen einen entscheidenden Vorteil: Sie sind greifbar, stehen schwarz auf weiß irgendwo geschrieben. Wir sind hörige Wesen: Das geschriebene Wort gleicht einer gottähnlichen, absoluten Wahrheit. Prüfen Sie es selbst, wenn Ihnen jemand Studienergebnisse als Begründung vorlegt – und jemand anders auf sein Bauchgefühl verweist. Meist folgen wir den Fakten. Zum Glück, denn Verstand, Wissenschaft und ein kühler Kopf führen oft zur besseren Wahrheit.

In meiner Arbeit erlebe ich Menschen, die mir dann sagen: »Mit diesen weichen Themen kann ich irgendwie nichts anfangen.« Ich bin mir nicht sicher, ob sie wirklich so wenig emotional sind, wie sie behaupten. Oder ob sie es einfach nur nicht gelernt haben oder sie vielleicht Angst davor haben, sich auf den weichen, nicht so gut kontrollierbaren Kram einzulassen. Denn klar ist für mich: Diesen weichen Kram sollten wir nicht verteufeln.

Ich habe dich lieb

Meine Frau und ich sitzen in unserem Lieblingsrestaurant in Wiesbaden. Draußen ist es stockdunkel. Doch hier innen sorgt ein warmes, weiches Licht für eine behagliche Atmosphäre. Die italienische Crew hat mal wieder ein zauberhaftes Essen serviert. Meine Frau legt ihre Hand auf meine und sagt: »Ich liebe dich.« Ich lächele und senke den Blick: »Ich habe dich auch lieb.«

Ich hatte in jungen Jahren ein kompliziertes Verhältnis zu meiner Gefühlswelt und bin meiner Frau für all ihre Geduld sehr dankbar. Die Worte »Ich liebe dich« wollten mir einfach nicht über die Lippen gehen. Das liegt wohl daran, dass Liebe etwas sehr Besonderes für mich ist. Außerdem hatte ich Angst davor, echte Liebe zuzulassen, weil dann das Risiko bestünde, tief verletzt zu werden.

Woher diese Sorge kommt, weiß ich nicht. Vielleicht liegt es an der ein oder anderen schlechten Beziehungserfahrung aus meiner Jugend. Zum Glück müssen solche negativen Erfahrungen unseren Lebensweg nicht auf Dauer prägen. Wir können unsere Haltung und damit auch unseren Lebensweg jederzeit in eine andere Richtung führen. Manchmal braucht es dazu einen Wink des Schicksals.

Wenn Sie Ihre Gefühle ständig unterdrücken, verpassen Sie die intensivste Form des Menschseins. Haben Sie den Mut, Ihre Gefühle zu zeigen?

Eines Tages besuchte ich eine Künstlerin. Wir unterhielten uns über Gott und die Welt. Am Ende überreichte sie mir einen Briefumschlag. Sie sagte: »Ich weiß nicht, warum. Aber ich hatte vor ein paar Tagen das Gefühl, dass ich dir das geben muss, wenn du herkommst. Schau mal, ob du damit etwas anfangen kannst.«

Ich sehe mich noch, wie ich im Auto saß und sofort den Umschlag öffnete. Leider erinnere ich mich nicht mehr an den Text, nur noch daran, dass es um Selbstliebe ging. Aber ich weiß noch, was er in mir ausgelöst hat. Ich las ihn und mir liefen die Tränen. Einfach so. Still und leise. Es war, als bekäme ein Staudamm Risse, hinter dem ich all die Jahre meine Gefühle zurückgehalten hatte. Im falschen Glauben, dass ich immer kontrolliert sein müsste. Dass Gefühle etwas Schwaches, etwas Unmännliches seien. Aber Gefühle sind keine Krankheit. Im Gegenteil: Gefühle verwandeln uns von einem Haufen Fleisch in einen Menschen. Gefühle sind das, was uns von Maschinen und künstlichen Intelligenzen unterscheidet. Gefühle machen für mich das Leben erst erlebbar.

Mich selbst zu lieben, war der Schlüssel, um dann auch die Liebe zu meiner Frau zuzulassen. Es war Freud und Leid zugleich, zu erkennen, dass ich mich damals nicht selbst lieben konnte. Gut war, zu erkennen, dass die Lösung in mir lag. Und so lernte ich Schritt für Schritt, den Staudamm zurückzubauen und Gefühle in mein Leben zu lassen. Dafür bin ich sehr dankbar.

Ich will nicht gelassen sein und auch nicht völlig hemmungslos. Aber ein bisschen mehr hemmungslos. Und am Ende am liebsten in der Mitte von beidem. Ich arbeite daran, denn so kann ich einen der schlimmsten Fehler vermeiden – am Lebensende zu bereuen: Ich wünschte, ich hätte in meinem Leben mehr Gefühle gezeigt.

Kontrollverlust

Können Sie Gefühle zulassen? Oder halten Sie sie eher zurück? Es müssen ja nicht nur die von mir als Beispiele genannten Situationen sein. Emotionen sind vielfältig: Freude, Ärger, Trauer, Angst, Überraschung, Ekel. Aber auch: Dankbarkeit, Stolz, Scham, Zorn, Bewunderung, Verachtung, Hass und Liebe. Gibt es bestimmte Trigger, also auslösende Momente, die bestimmte Emotionen in Ihnen auslösen?

Ich erinnere mich, wie ich mit meiner Frau in dem Musical *Dirty Dancing* saß. Ich bin mit dem Vorurteil hin: nicht meine Musik – Frauenkram. Doch dann erwischte es mich an einer magischen Stelle. Die Musik drang durch alle Schutzwälle und traf mich direkt ins Herz. Ich schämte mich und hoffte, dass es niemand mitbekommen würde. Meine Frau merkte es natürlich und nahm zärtlich meine Hand. Das fühlte sich schön an. Intensiv. Und unvergesslich.

Diese Art von »hemmungslos« finde ich super. Aber es kann auch anders gehen. Denn hemmungsloses Verhalten lässt uns nicht souverän wirken. Tiefe Gefühle, Wut und andere unkontrollierte Gefühlsausbrüche würde ich niemals zeigen, wenn ich als professioneller Redner gebucht werde. Und schon gar nicht als Berater oder

Unternehmer-Coach. Wenn ein Mensch uns aus der Fassung bringt und wir hemmungslos ausrasten, führt das zu nichts Gutem.

Kopf und Herz vereinen

Mit Gelassenheit und Hemmungslosigkeit sind wir also noch nicht wirklich bei einer Lösung angekommen. Nun hat uns die Natur mit einer weiteren Fähigkeit ausgestattet: Besonnenheit. Wer besonnen ist, handelt überlegt. Weit- und scharfsichtig. Realitätsbewusst und reflektiert. Aber wir haben nicht immer so viel Zeit, um nachzudenken. Können nicht zögerlich oder gar ängstlich wirken. Zum Glück gibt es noch eine besondere Form der Besonnenheit: die hemmungslose Besonnenheit. Für mich bedeutet das: spontan klug reagieren und damit besonnen handeln, *ohne* lange nachzudenken. Dann bin ich geistesgegenwärtig. Schlagfertig. Und entwickle dadurch wieder Dynamik und Power.

Manchmal muss es knallen

Es ist früher Abend. Ich packe meine Sachen zusammen, da klingelt mein Telefon: ein Unternehmer, den ich bereits viele Jahre als Sparringspartner begleite. Er hat auch privat große Herausforderungen. War schon zweimal in einer Klinik. Besucht aktuell einen Psychologen. Aber bekommt sein Drogenproblem nicht in den Griff. Immer wieder habe ich ihn ruhig und mit professioneller Distanz darauf angesprochen und ihm gesagt, dass er nicht nur sein Unternehmen, sondern auch sein Leben vor die Wand fährt, wenn er so weitermacht.

»Scheiße, ich war schon wieder unterwegs«, höre ich ihn. Ich lasse zu, spontan zu reagieren: »Verdammt, was machst du denn? Willst du dein Leben ruinieren? Ich sage dir was: Wenn du so weitermachst, landest du als kaputter Junkie am Bahnhof. Bettelst dir dein Geld zusammen, um den nächsten Schuss zu bekommen … Willst du so elendig verrecken?«

Das war das erste und bisher einzige Mal, dass ich meine professionelle Distanz nicht gewahrt habe. Ich bin den Mann hart angegangen. Er kam am nächsten Tag zu mir ins Büro und bedankte sich zu meiner Überraschung bei mir. Durch meinen verbalen Schlag ins Gesicht war er aufgewacht. Die Bedrohlichkeit seiner Lage war ihm bis dahin nie bewusst geworden. Doch durch meinen hemmungslos spontanen (und dabei eben dennoch immer noch besonnenen) Ausbruch konnte ich den Panzer der Ignoranz, in dem er sich verschanzt hatte, durchbrechen. Das war damals ein Wendepunkt in seinem Leben. Er schaffte es, seinem Leben eine neue Richtung zu geben und aus dem Drogensumpf auszusteigen.

Seien Sie herzensklug: besonnen und hemmungslos.

Mir ist dabei rückblickend etwas klar geworden. Ich will hemmungslos sein. Gefühle in meinem Leben zulassen. Für meinen Job, meine Kunden und die Themen, an denen ich arbeite. Für meine Frau, unseren Sohn, unseren Hund. Und auch für meine engen Freunde. Ich will meine Leidenschaft nicht auslöschen, sondern sie eher befeuern. Jedoch ohne die Kontrolle zu verlieren. Gefühle sind wie ein wildes Pferd, das hemmungslos galoppiert. Wir müssen ihm die besonnenen Zügel anlegen, damit wir es in unserem Sinne führen können. Das ist echte Lebensführung.

Mein Ziel ist also, weder hemmungslos noch besonnen zu sein. Mein Ziel ist: besonnen hemmungslos zu sein. Nicht Kopf *oder* Herz, sondern Kopf *und* Herz. Ich nenne das: herzensklug.

Gegenwart machen: Besonnene Hemmungslosigkeit leben

»Mit einem kurzen Schweifwedeln kann ein Hund mehr Gefühl ausdrücken als mancher Mensch mit stundenlangem Gerede« (Louis Armstrong). Was können Sie tun, um in Ihrem Leben mehr Gefühle zuzulassen und diese mit anderen Menschen zu teilen? Und was unternehmen Sie, um gleichzeitig Ihre Besonnenheit zu stärken – und Ihre Gefühle im Griff zu halten?

Seien Sie herzensklug: besonnen *und* hemmungslos. Denn wir brauchen Sie genau mit dieser Eigenschaft da draußen in dieser hitzköpfigen Welt.

4. Wohlwollend und gütig

Plötzliche Tiefe

Politiker, die nicht für das Wohl der Bürger sorgten, sondern sich mit dem Verkauf von Atemschutzmasken bereicherten. Behörden, die nicht auf die Traderin hörten, die sie gewarnt hatte, bevor Wirecard zusammenbrach. Erneute Berichte über das Abschmelzen der Polkappen. »Das reicht!«, denke ich mir. Smartphone aus. Ab mit Lio aufs Feld.

»Das ist aber ein schöner Prachtkerl!« Der freundlich lächelnde alte Mann reißt mich aus meinen Gedanken. »Prachtkerl in der Pubertät«, bestätige ich, während ich Lio klarmache, was gutes Benehmen ist.

Der Mann und ich plaudern über dies und das und gewinnen plötzlich eine überraschende Tiefe: »Ich bin in Ehrenfeld groß geworden. Aber wir wurden ausgebombt. Das war schrecklich. Mussten alles zurücklassen und zu Bekannten vor die Tore der Stadt fliehen. Diese schlimmen Erinnerungen kommen plötzlich immer wieder.«

»Was spüren Sie dann?«, will ich wissen. Er lächelt. »Nichts Gutes. Aber ich erinnere mich dann daran, dass ich heute mit 85 Jahren noch jeden Tag spazieren gehen kann. Das hellt mein Gemüt auf. Einen Hund hätte ich auch gern. Aber das ist in meinem Alter wohl keine gute Idee.«

Da stehen wir uns gegenüber. Er doppelt so alt wie ich. Reden über Krieg, seinen nahenden Tod und die Freude am Leben. Unsere Freiheit. Die Möglichkeit, uns an der frischen Luft zu bewegen. Mit einem Gefühl der Sicherheit und keiner Angst vor Bomben. Wir lächeln. Und sind beide doch irgendwie berührt durch unsere offene Begegnung. Ich kenne diesen Mann nicht. Aber es war eine außergewöhnlich inspirierende Begegnung. Mittlerweile erkennen wir uns auch aus der Ferne und winken uns zu. Und wir wissen beide, dass es irgendwann der letzte Gruß sein wird.

Eine Kriegserfahrung muss traumatisch sein. Ich hoffe, dass Ihnen und mir so etwas erspart bleibt. Es beeindruckt mich noch heute, wie wohlwollend und gütig der alte Mann trotz dieser schmerzhaften Erinnerungen ist. Denn erleben wir gerade nicht eigentlich genau das Gegenteil?

Die Härte des Lebens

Mein Lebensweg hat mich mit Sicherheit härter gemacht. Härter zu mir. Es ging mit dem Studium los. Ich wollte an die EBS, eine private Universität. Meine Eltern sind nicht reich, also finanzierte ich das Studium über einen Kredit. Am Ende hatte ich mein Diplom in der Tasche und 50 000 Euro Schulden an der Backe. Und so ging das Rattenrennen los. Finanzbranche. Danach beruflicher Neustart als selbstständiger Berater. Bücher schreiben. Kritisch zu mir selbst sein. Mit meinem Ego ringen, um mich zu trauen, meine Meinung zu ändern, wenn ich zu neuen Erkenntnissen gekommen bin. Ich mache mir manchmal Sorgen, ob ich bei all den schnellen Veränderungen beruflich die nächsten Jahrzehnte »state-of-the-art« sein kann. Ich vom Markt »gebraucht« werde. Und so treibe ich mich an, um immer besser zu werden. Geistig. Körperlich. Und in all dem Wahnsinn meine Seele nicht aus den Augen zu verlieren.

Strengen Sie sich an, um das freizusetzen, was in Ihnen steckt! Seien Sie streng zu sich selbst.

An manchen Tagen erwische ich mich dabei, dass ich auch gegenüber anderen Menschen härter geworden bin. Ermahne meinen Teenager-Sohn, nicht zu faul zu sein. Kämpfe gemeinsam mit meinen Auftraggebern für das Leistungsprinzip, auch wenn eine wachsende Anzahl Menschen am liebsten als »zivile Beamte« eine ruhige Nummer schieben würden. Oder erwische mich dabei, wie ich Menschen gedanklich verurteile, die in unserem Land zu Gast sind und gegen unsere Werte und Gesetze verstoßen. Das Gleiche denke ich auch über andere Asis, die hier schon immer lebten und sich genauso wenig an Recht und Ordnung halten. Und erst recht über Politiker, denen ihre persönlichen Interessen anscheinend wichtiger sind, als ihre Kraft dem Wohle des deutschen Volkes zu widmen und ihre Pflichten gewissenhaft zu erfüllen.

Aber was nutzt es, sich über die großen Themen des Zeitgeschehens aufzuregen? Denn durch meinen Ärger ändert sich gar nichts – abgesehen von meiner Laune. Mein Körper verspannt sich, wenn ich zu verbissen mit mir und der Welt kämpfe.

Prüfen Sie selbst bei sich, wie verspannt Sie sind. Was machen gerade Ihre Schultern? Ich habe mich dabei ertappt, wie sie hochgezogen waren, während ich am Schreibtisch sitze. Und wie super sich das anfühlt, wenn ich sie locker hängen lasse. Probieren Sie es mal aus.

Doch wozu führt das, wenn wir einfach lockerlassen? Wenn wir nicht immer wieder versuchen, das Bestmögliche rauszuholen. Sondern einfach mal fünfe gerade sein lassen. Im Business kann es dann passieren, dass die Menschen unter ihrem Potenzial bleiben. Nicht alle Menschen haben ein Leistungsmotiv und wollen etwas erreichen. Ihnen ist dann ihr Privatleben viel wichtiger. Also möglichst wenig arbeiten, um viel Freizeit zu haben. Am besten ein Teilzeitjob, der jedoch wie Vollzeit bezahlt wird.

Eine ruhige Kugel zu schieben ist in unserer geistigen Wohlstandsfettleibigkeit leider eine Haltung, die sich ausbreitet, auch wenn mancher Anhänger der New-Work-Bewegung anderer Meinung ist und davon ausgeht, dass sich jeder Mensch im Job anstrengen will, wenn die Rahmenbedingungen stimmen. Auch jenseits des Jobs, in unserem Leben allgemein, ist die Gefahr, dass wir unter unserem Potenzial bleiben, wenn wir nicht in einer gewissen Form hart zu uns selbst sind. Was also tun?

Unbeschwertheit der Jugend

Ich habe das große Glück, einen echten Freund zu haben, mit dem ich bereits fast mein ganzes Leben befreundet bin. Wir lernten uns als kleine Hosenscheißer im Sandkasten kennen. Waren zusammen im Kindergarten. In der Grundschule. Fast die ganze Zeit zusammen auf dem Gymnasium. Und haben uns nie aus den Augen verloren, egal, wo uns unsere Lebenswege hingeführt haben. Wir erinnern uns gern an unsere Jugend zurück. Hockey auf der Straße gespielt.

Nintendo gezockt. Uns auf dem Tennisplatz verausgabt. Es kamen die Partys, die Mädels, Saufgelage und eine ganze Menge Mist, den wir gemeinsam erlebt haben. Rückblickend war es ein angenehmes Gefühl der Leichtigkeit. Auf jeden Fall war unsere Jugend unbeschwerter als die Kriegsjahre, die der alte Mann erleben musste, den ich auf dem Feldweg getroffen hatte.

Wir hatten sie also mal – unsere Leichtigkeit. Aber wo ist sie geblieben? Ist die Welt wirklich schlechter geworden? Mein Freund und ich sind uns einig, dass wir uns im Laufe der Jahre verspannt haben. Jeder von uns lebt zwar ein gutes Leben. Doch wir schaffen es nicht, die großen gesellschaftlichen Herausforderungen unserer Zeit auszublenden. Die Zerstörung der Natur, das Ausrotten der Tiere, die Konflikte der unterschiedlichen Kulturen, die Bedrohung unseres Wohlstands – wir sprachen in diesem Buch bereits über all diese Herausforderungen. Diese Themen beschäftigen uns. Auch wenn wir vom Herzen her optimistische Menschen sind, fällt es uns manchmal schwer, vom Guten wirklich überzeugt zu sein.

Doch die verspannte Härte kann keine Lösung sein. Für mich gehört zu einer selbstbestimmten Lebensführung auf jeden Fall, dass wir daran arbeiten, weicher zu werden – ohne unseren Anspruch zu verlieren. Es ist eine Form der Selbstfürsorge, wenn wir wohlwollender mit uns selbst umgehen. Gütiger werden. Ich bin damit bei mir noch nicht fertig. Doch ich bemerke Fortschritte, und es fühlt sich gut an, gütiger mit sich und der Umwelt umzugehen. Und mit Blick auf unser Lebensende ist es wahrscheinlich auch weise.

Wenn nicht Sie, wer dann?

Vor einigen Jahren machte ich einen Gesundheitscheck bei meinem Arzt. Er fertigte eine Skizze an:

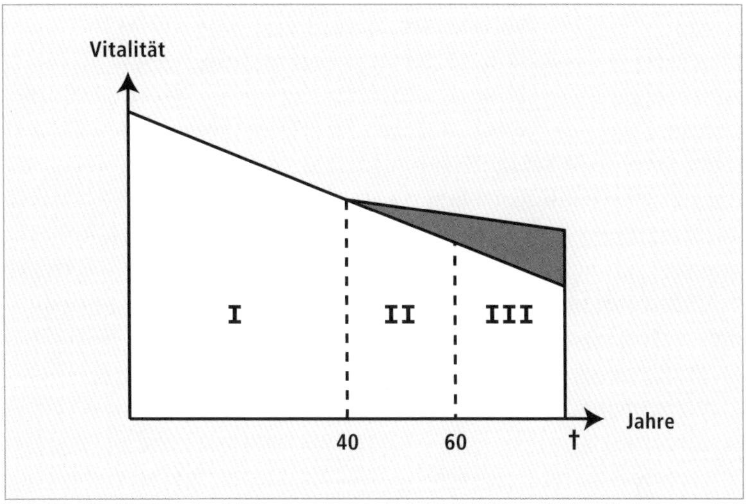

Es geht um unsere drei Lebensalter-Phasen. Phase I beginnt mit der Geburt und dauert, bis Sie 40 sind. In dieser Phase ist es egal, was Sie machen: wenig schlafen, viel saufen, ungesund essen. Ihr Körper kompensiert das schon irgendwie. Ich bin mir nicht sicher, ob bei mir wirklich 40 die kritische Grenze war, denn ich hatte schon mit 30 das Gefühl, ich sei betrunken, wenn ich weniger als sechs Stunden geschlafen hatte. Phase II erstreckt sich dann von 40 bis 60 Jahren. Jetzt ist es entscheidend, wie Sie mit sich selbst umgehen. Mental. Körperlich. Emotional. Spätestens jetzt sollten Sie anfangen, auf Ihr Vitalitätskonto einzuzahlen. Damit Sie dann in Phase III – ab 60 Jahren – von diesem Guthaben abheben können.

Mein Arzt versprach mir nicht, dass ein fürsorglicher Umgang mit mir selbst zu einem längeren Leben führe. Aber er stellte in Aussicht, dass meine Vitalität am Lebensende höher sei. Ich weiß nicht, wie Sie Ihren Lebensabend verbringen wollen. Ich habe auf jeden Fall keine Lust, im Alter als sabbernder Haufen Fleisch davon abhängig zu sein, dass andere mich pflegen. Für mich bedeutet Leben Vitalität. Und so steht in meinem Horizont, dass ich im Alter gemeinsam mit meiner Frau und unserem Hund wandern gehe, fremde Länder bereise und immer noch als Coach arbeite.

Aktuell befinde ich mich in Phase II und gebe mir Mühe, mein Leben im Durchschnitt zu leben – und trotzdem Spitzenleistung zu erzielen (siehe Kapitel »Raubbau an sich selbst«). Versuche, anspruchsvoll zu bleiben und gleichzeitig weicher zu werden. Für mein Seelenheil achte ich darauf, gütig mit meinem engsten Kreis um mich herum umzugehen. Im Job arbeite ich mit Menschen, wo auch die Chemie zwischen uns stimmt. Das Leben ist zu kurz für faule Kompromisse.

Und trotzdem können wir nicht alles kontrollieren und bestimmen.

Herzschlag

»Es hat geklappt. Eine Eizelle hat sich eingenistet. Na also!« Der Arzt richtet sich zufrieden lächelnd auf. Meiner Frau und mir stehen die Tränen in den Augen. Wir verlassen die Kinderwunschpraxis und fühlen uns, als würden wir auf Wolken schweben.

Meine Frau bleibt stehen und schaut mir in die Augen. »Wir haben so viele Jahre darauf gehofft. Dann die ganzen Versuche mit den Ärzten. Und jetzt hat es endlich geklappt.« Ich nehme sie in den Arm. Spüre, wie mein Herz hämmert. »Ja, das war echt eine Zerreißprobe für unsere Nerven. Ich weiß gar nicht, was ich sagen soll.«

Ein paar Wochen später. Weil ich beruflich unterwegs bin, ist meine Frau allein beim Kontrolltermin. Ich bin unkonzentriert und warte auf eine Nachricht von ihr. Auf einmal lese ich auf dem Display die zerstörenden Worte: »Der Arzt konnte keinen Herzschlag sehen!«

Ohne Herzschlag kein Leben. Aus unserer Freude und Erleichterung wurde ein tiefer Schmerz. Trauer, Wut, Hass, Frust und Enttäuschung – der Cocktail an Emotionen war die Hölle. Zum Glück hatte uns unser bisheriger Weg so stark zusammengeschweißt. Wir fanden gemeinsam die Kraft, auch dieses Tal der Tränen zu bewältigen.

Es war unser Herzenswunsch, ein zweites Kind zu bekommen. Nun sollte es nicht so sein. Nach vier Versuchen kamen wir uns vor wie Zuchttiere in einem Versuchslabor. Uns war klar: Es wird keinen weiteren Versuch geben. Zum Glück haben wir einen gütigen Umgang mit dem Thema gefunden und das Gefühl, als Familie vollständig zu sein. Es fehlt nichts, was wir vermissen müssen. Alles ist gut so, wie es ist. Dieser Prozess dauerte seine Zeit und er lässt uns natürlich nicht vergessen. Die seelischen Narben bleiben. Doch sie bluten nicht mehr.

Friedrich Nietzsche prägte den Begriff »Amor Fati« – Liebe zum Schicksal. So weit sind meine Frau und ich nicht, dass wir dieses unser Schicksal uneingeschränkt lieben. Aber wir nehmen es an. Wir kämpfen nicht mehr dagegen an. Wir verhärten uns nicht, sondern werden weicher.

Der Gedanke von Amor Fati gefällt mir in diesem Zusammenhang. Vielleicht ist das die Endstufe, die Sie und ich am Ende unseres Lebens erreichen. Bis dahin folge ich meinem Motto: *Gegenwart machen*. Wahrnehmen, was ist: Der Kinderwunsch ist nicht realisierbar. Wahr machen, was sein soll: anerkennen, dass wir als Familie vollständig sind. Wohlwollend und gütig zu den Ärzten, uns selbst und dem Schicksal sein. Das Leben genießen und möglichst viele gemeinsame Erlebnisse sammeln. Denn ich bin mir sicher: Rückblickend werden wir unser Leben anhand der Erlebnisse und Erinnerungen messen, die wir mit den Menschen teilen, die uns wirklich am Herzen liegen.

Gegenwart machen: Wohlwollend sein

»Zu den Steinen hat einer gesagt: ›Seid menschlich.‹ Die Steine haben gesagt: ›Wir sind noch nicht hart genug‹« (Erich Fried). Schaffen Sie es, menschlich zu werden – schneller als die Steine?

Prüfen Sie in Ihrem Leben: Wo zeigt Ihre Härte den Weg? Bei welchen Menschen oder Themen? Und dann entscheiden Sie: Ist Härte an dieser Stelle wirklich der beste Weg? Lohnt sich all die Kraft und Mühe? Oder wäre es nicht angebrachter, hier und da wohlwollender mit sich und den anderen zu sein?

▶▶

Sie entscheiden. Doch denken Sie daran: Das Leben ist kurz und Sie bekommen keine Sekunde zurück, die Sie mit der falschen Haltung, den falschen Themen, den falschen Menschen vergeudet haben.

5. Diszipliniert und fleißig

Die Welt ist oft ungerecht. Der Ruf nach Gleichheit entsprechend laut. Aber nach welcher Art von Gleichheit wird da eigentlich gerufen? Und noch viel wichtiger: Welche Gleichheit fordern Sie für sich? Sie haben die Wahl zwischen zwei Arten. Da ist zunächst die gefährliche Variante: die *Ergebnis*gleichheit. Damit fordern Sie eine Gleich*stellung*. Sie wollen sich also nicht mehr anstrengen und durchsetzen, um sich Ihr Ergebnis zu erarbeiten. Sie fordern stattdessen nach einer mächtigen Instanz, zum Beispiel dem starken Staat, der Ihr und unser Leben durch Regeln, Ge- und Verbote bis ins kleinste Detail zurechtbiegt. Der Staat nimmt uns Bürgern durch seine entmündigende Fürsorge und erziehende Bevormundung jegliche Eigenverantwortung.

Es traut sich niemand offen auszusprechen: Doch die Verfechter der Gleichstellung gehen davon aus, dass der Mensch nicht in der Lage ist, sein Leben selbst zu regeln. Um es überspitzt zu formulieren: Der Mensch ist dumm oder faul und manchmal auch beides.

Kennen Sie den Film *The Game* mit Michael Douglas? Douglas spielt einen reichen Investmentbanker. Sein Bruder ist der Meinung, dass Douglas sein Leben falsch lebt. Also schenkt er ihm die Teilnahme an einem Spiel. Doch aus dem Spiel wird Ernst, denn die Strippenzieher berauben Douglas seiner Freiheit. Nehmen zunehmend mehr Einfluss darauf, wie er sein Leben zu leben hat. Am Ende ist er nur noch eine Marionette, so an den Rand des Wahnsinns getrieben, dass er vom Dach eines Hochhauses springt, um sich das Leben zu nehmen.

Natürlich haben wir immer eine Meinung dazu, wie andere ihr Leben zu leben haben. In dem Film bleibt es jedoch nicht bei der Meinung. Der Bruder mischt sich aktiv ein und will Douglas dazu *zwingen*, so zu leben, wie der Bruder es für richtig hält.

Ich hoffe, dass Sie die anmaßende Haltung des Bruders ähnlich verstörend finden wie ich. Aber ich fürchte, die Chancen stehen gut, dass es Ihnen egal ist. Denn vielleicht haben wir uns schon zu sehr daran gewöhnt, dass in unser Leben eingegriffen wird und uns durch Gleichstellung zunehmend die Freiheit genommen wird. Schauen wir uns ein paar Beispiele an.

Ehegattensplitting

Getrieben von der absoluten Gleichstellung von Mann und Frau werden die Stimmen lauter, das Ehegattensplitting abzuschaffen. Doch die Begründung ist heikel: Frauen würden angeblich diskriminiert und vom Arbeitsmarkt weggehalten, da es sich finanziell für sie nicht lohne, arbeiten zu gehen. Die Abschaffung würde den Frauen helfen, sich beruflich zu verwirklichen. Das Splitting soll also diskriminierend sein?

Schauen wir uns das genauer an. Schätzen Sie, in welchem Szenario das Steueraufkommen für eine Familie am höchsten ist. A: Er oder sie verdient 5000 Euro im Monat, der andere null. B: Er und sie verdienen beide 2500 Euro. C: Er verdient 2000 Euro und sie 3000 Euro. Was denken Sie? Richtig: Die Steuerlast ist für das Paar in allen drei Fällen exakt gleich. Das Ehegattensplitting ist also nicht diskriminierend, sondern super fair. Der Staat hält sich raus aus dem Familienleben und überlässt es jedem Paar, selbst zu entscheiden, wer wie viel zum Familieneinkommen beitragen will. Wenn wir uns die individuelle Steuerlast jedes einzelnen Partners anschauen, dann zahlt natürlich bei Einkommensunterschieden der eine mehr als der andere. Aber das löst sich sofort auf, wenn das Paar das Geld in einen gemeinsamen Familientopf wirft.

Die Abschaffung des Splittings führt also nicht zu mehr Gerechtigkeit, sondern ins genaue Gegenteil: Experten rechnen damit, dass die Steuerlast steigt und der Staat durch die Abschaffung des Splittings rund 15 Milliarden mehr einnimmt. Außerdem treiben wir dann mehr Einzahler ins Sozialsystem, um die klaffenden Löcher zu stopfen, anstatt Rente & Co zu reformieren. Absurd. Das Ziel muss sein, dass nicht der Staat vorgibt, wie und womit Paare ihre Zeit verbringen, sondern dass sich jede Familie selbst organisiert.

Frauenbewegung

Sie ist eine tolle Freiheitsbewegung. Durch die Frauenbewegung wurde viel erreicht. Wo es an anderen Stellen Kriege und Waffengewalt braucht, erreichten die Frauen die angestrebten Änderungen friedlich: Wahlrecht für alle, Abschaffung der Männerprivilegien in Bildung, Wirtschaft und Gesellschaft. Doch ein Teil der Frauenbewegung geht mittlerweile zu weit. Positive Diskriminierung von Männern am Arbeitsplatz ist plötzlich erlaubt. Heißt: Eine Frau soll gegenüber einem Mann bevorzugt werden, wenn beide gleich qualifiziert sind und die Bevorzugung der Frau der Gleichstellung dient. Frauenquoten werden eingeführt, um die Besetzung von Positionen zu erzwingen. Es wird sogar versucht, systematisch in unsere Sprache einzugreifen und der breiten Bevölkerung vorzuschreiben, wie sie zu sprechen hat.

Lebensende

Auch hier mischt sich der Staat ein und definiert, was sein darf und was nicht. Wer sich aufgrund von Altersgebrechen, Krankheit oder schlichtweg fehlender Lebenslust das Leben nehmen will, darf das in Deutschland nicht tun. Sterben ist sozusagen verboten.

Diskutieren Sie Themen wie diese im Bekanntenkreis und Sie werden auf unterschiedliche Meinungen treffen. Mir geht es hier gar nicht darum, mit Ihnen zu überlegen, welche richtig oder falsch sind. Mein Punkt ist: Der Staat mischt sich in unsere private Lebensgestaltung ein. Wir übernehmen keine Selbstverantwortung, müssen nicht nachdenken, Entscheidungen treffen und uns anstrengen, sondern überlassen unsere Lebensführung wildfremden Menschen. Das ist Fremdverantwortung. Wir leben also zunehmend fremdbestimmt. Wer absolute Gleichstellung aller Menschen fordert, kann das nur durch eine Ver- und Gebotsgesellschaft erzwingen, deren Mittel Quoten, Überwachung und Bestrafung sind.

John Stuart Mill formulierte sinngemäß: »Ein Staat, der die Bürger zu Zwergen macht, und sei es zu einem guten Zweck, wird eines Tages feststellen, dass sich mit kleinen Menschen keine großen Dinge erreichen lassen.«

Chancengleichheit berechtigt zum Sichanstrengen

Zum Glück können Sie einen anderen Weg wählen: und zwar den der *Chancen*gleichheit. Hier geht es nicht darum, eine Gleich*stellung* für alle hinzubekommen. Ziel ist, dass alle Menschen gleich*berechtigt* sind. Sie wollen den Managerposten? Bundeskanzler werden? Oder General in der Bundeswehr? Sie wollen studieren? Körperlich fit sein? Viel Geld verdienen? Kinder großziehen? Dann lautet die Antwort für uns alle gleich: Strengen Sie sich an!

Das Leben besteht nicht nur aus »Friede, Freude, Eierkuchen«. Wenn Sie etwas erreichen wollen im Leben, hören Sie auf, nach Gleich*stellung* zu schreien. Warum? Schauen Sie sich im Spiegel an, wenn Sie das tun. Was sehen Sie dann? Ein armes Opfer, das mit den Herausforderungen des Lebens nicht klarkommt? Einen faulen Stinker, der nicht bereit ist, sich anzustrengen, sondern lieber alles mundgerecht serviert bekommen will? Vielleicht sogar einen Versager?

Freiheit braucht Selbstbestimmung und Chancengleichheit. Wollen Sie die volle Verantwortung für Ihr Leben in Freiheit übernehmen?

Auf jeden Fall eine Person, die die Schuld an Misserfolg, Faulheit und der eigenen Unzulänglichkeit lieber anderen Menschen oder irgendwelchen Umständen gibt, als die Verantwortung für Erfolg oder Misserfolg selbst zu übernehmen. Das Leben ist hart. Und was immer Sie erreichen wollen, es gibt weder eine Garantie, dass Sie das auch erreichen – noch gibt es einen Aufzug zum Gipfel. Sie müssen sich anstrengen. Und auf dem Weg kann einiges und manchmal auch alles schiefgehen. Dürrenmatt formulierte das gut: »Die Welt ist eine Pulverfabrik, in der das Rauchen nicht verboten ist.«

Chancengleichheit ist kein Geschenk. Sie ist kein Freifahrtschein zu Erfolg und Erfüllung. Sie ist eine Berechtigung dazu, dass Sie sich anstrengen. Und das erfordert Disziplin und Fleiß. Davon können Sie sich nicht befreien, indem Sie Gleich*stellung* fordern. Auch werden Sie das Risiko des Lebens nicht reduzieren, indem Sie versuchen, jeglicher Anstrengung und Gefahr auszuweichen. Das Leben kann einfach nicht in jeder Lage geregelt und gesichert sein. Statt also nach Gleich*stellung* und einem Aufblühen von DDR-ähnlichen Zeiten zu gieren, streben Sie lieber nach Freiheit und Selbstverantwortung.

Du hast es richtig gemacht

Coaching mit einem Unternehmer. Er besitzt einige Firmen. Und ist auf der Suche nach mehr Ausgeglichenheit. »Irgendwie habe ich mich bei der ganzen Maloche verrannt. Hatte zu wenig Zeit für mich. Du hast es richtig gemacht. Nur zwei, drei Angestellte. Geringe Kosten. Und hochpreisige Beratung.« Ich schmunzle. »Dafür habe ich auch keine 30 Millionen Euro Vermögen.«

Auf unserem Lebensweg kommen wir ständig an Kreuzungen. Wir müssen uns dann entscheiden. Den richtigen oder falschen Weg gibt es nicht. Doch eines ist sicher: Jeder Weg fordert seinen Preis. Der Unternehmer klagte über sein Leben und fand meinen Weg richtig.

Doch würde er damit leben wollen, weniger Vermögen zu besitzen? Würde er es wollen, Bücher zu schreiben, Vorträge zu halten, sich mit den beruflichen und privaten Problemen von anderen Unternehmern zu beschäftigen? Nein. Jeder Lebensweg ist auf seine Art anstrengend. Hoffen Sie also nicht darauf, dass Sie mit anderen Menschen gleichgestellt werden, sondern seien Sie bereit, den Preis für Ihren Lebensweg zu bezahlen.

Zwei Welten stehen zur Wahl

In welcher Welt wollen Sie leben? Diese Frage beeinflusst sehr, wie Sie Ihr eigenes Leben führen müssen. Wenn Ihnen Bequemlichkeit und Sicherheit am Herzen liegen, dann sind Sie ein Verfechter der Gleichstellung. Doch Sie lassen sich auf ein gefährliches Spiel mit dem Teufel ein. Denn der Staat sorgt jetzt für die gewünschten Ergebnisse. Und der Preis dieses Weges ist, dass Sie einen Teil Ihrer Freiheit verlieren. Anders formuliert: Entzug der Freiheit sorgt für Sicherheit. Wenn der Staat sich für Sie anstrengt und Gesetze der Gleichstellung dafür sorgen, dass Ihnen Erfolg und Glück zugeteilt werden, fühlt sich das in einer Welt voller Ungewissheit und Risiken sicher an. Sie liegen im warmen Schoß des versorgten Lebens.

Ein schönes Gefühl? Vielleicht. Doch wie fühlt es sich an, dass Sie dafür Ihre Freiheit verloren haben? Schwer vorzustellen? Vielleicht. Wollen Sie es wirklich ausprobieren, um herauszubekommen, wie es sich anfühlt? Ich auf keinen Fall. Denn Freiheiten, die einmal weg sind, bekommt man so einfach nicht wieder zurück.

Schauen wir uns den anderen Weg an. Den Weg der Selbstbestimmung, der Gleichberechtigung und Chancengleichheit. Das ist der Weg der Freiheit. Es liegt in Ihren Händen, wohin Sie gehen. Wofür Sie kämpfen. Und was Sie in Ihrem Leben erreichen. Die Härte des Lebens trifft Sie mal fester, mal sanfter. Halten Sie sich an die Regeln eines starken Anführers (siehe Teil III).

Durch die Unsicherheit des Lebens und all seine Herausforderungen wächst Ihre Erfahrung. Indem Sie sich den Widrigkeiten stellen, werden Sie stärker. Mental. Seelisch. Physisch. Und so ist es gerade die Unsicherheit, die am Ende dafür sorgt, dass Sie zunehmend ein Gefühl der Sicherheit gewinnen. Doch diese Sicherheit ist anders. Sie ist stärker. Denn Sie haben sie sich erarbeitet. Sie kommt aus Ihrem Inneren. Das kann Ihnen niemand mehr nehmen. Dagegen ist die Sicherheit des zuvor beschriebenen Weges der Gleichstellung eine Sicherheit, die Ihnen andere gewähren – und jederzeit wieder wegnehmen können.

In welcher Form der Sicherheit wollen Sie leben: Fremdbestimmte Opfer-Sicherheit? Oder selbstbestimmte Sicherheit durch Freiheit – für die Sie sich diszipliniert und fleißig anstrengen müssen?

Gegenwart machen: Freiheit durch Fleiß verdienen

Seien Sie ehrlich zu sich. Wie stehen Sie zum Thema Selbstverantwortung? Wollen Sie das? Können Sie das? Wenn Sie selbstbestimmt leben wollen, dann können Sie nur nach Freiheit und Eigenverantwortung rufen. Alles andere wäre Lug und Trug.

Doch wie wäre es, wenn die Freiheit verlieren und der Staat zunehmend mehr Kontrolle über Ihr Leben gewinnen würde? Lassen Sie uns das lieber nicht ausprobieren. Es genügt der schreckliche Ausblick, den Aldous Huxley in seinem Buch »Schöne neue Welt« gibt: »Heute aber ist die Welt stabil. Die Menschen sind glücklich, sie haben alles, was sie wollen, und nie wollen sie, was sie nicht haben können. [...] sie sind so konditioniert, dass sie praktisch nicht anders können, als sich zu verhalten, wie sie es sollen.«

Passen Sie auf, woran Sie sich gewöhnen. Das geht schneller, als Sie denken.

6. Demütig und geduldig

Voll aufgedreht

Ich verabrede mich mit meinem Hundetrainer und seinen beiden Vierbeinern am Feld. »Lio macht mich fertig«, teile ich ihm mein Leid mit. »Du siehst ja, was los ist, wenn er andere Hunde sieht. Fängt an zu quietschen. Zieht wie verrückt an der Leine. Dreht völlig durch.« Es weht zwar ein fürchterlich kalter Wind, aber ich koche bereits innerlich. »Dein Hund hat eben einen starken Charakter«, lacht der Trainer. »Wir legen gleich mit dem Training los. Aber bei dem kleinen Hitzkopf brauchst du auf jeden Fall Geduld.«

Lio ist ein aufgeweckter, lebensfroher Labrador. Doch genau das, was ich an ihm so liebe, wurde uns während seiner Teenagerzeit zum Verhängnis. Die Sprüche des Hundetrainers, ich solle mich in Geduld üben, trugen nicht wirklich zu meiner Erheiterung bei. Denn in Momenten wie diesen will ich nicht geduldig sein und kann auf Klugscheißerei gut verzichten. Sie kennen solche Situationen aus Ihrem Leben. Irgendwo läuft es nicht rund: mit den Kindern, in der Ehe oder mit dem eigenen Idealgewicht. Schon hageln die Ratschläge von allen Seiten auf Sie ein. Und viel zu schnell werden Sie von anderen be- und verurteilt, die zu wissen meinen, was in Ihrer Situation zu tun wäre. Vergessen Sie diese Besserwisser. Arbeiten Sie lieber erst mal an Ihrer eigenen inneren Stimme.

Anspruch auf Erfolg und Erfüllung

Auf meinem Lebensweg hatte ich phasenweise eine völlig verblendete Anspruchshaltung: Ich wollte den schnellen, direkten Weg zum Erfolg. Die Investition in Aktien sollte schon im ersten Jahr zweistellige Renditen bringen. Der berufliche Neustart als Coach sollte mich gleich vom Start weg zu 100 Prozent auslasten. Meine Kurse in der neuen Online Academy sofort hundertfach gebucht werden. Das erste Buch gleich ein Spiegel-Bestseller. Und unser Welpe Lio sollte innerhalb von zwei Wochen perfekt hören und meisterhaft an der Leine laufen.

Aber so läuft das Leben nicht. Die Dinge brauchen ihre Zeit. Es gibt keine Garantie für Erfolg und Erfüllung. In Teil I sprachen wir bereits über die Todsünden und unseren Hochmut. Er ist kein guter Ratgeber, wenn Sie selbstbestimmt leben wollen. Woher nehmen Sie die Arroganz zu meinen, dass Sie einen Anspruch darauf haben, dass Ihnen alles ohne Anstrengung in den Schoß fällt? Manche formulieren sogar, dass Wohlstand ein Geburtsrecht sei. Das ist kein Selbstbewusstsein. Das ist eine Schande.

Entwickeln Sie lieber eine Demut vor dem größten Geschenk, das Sie je bekommen haben: Ihrem Leben. Überlegen Sie, welch ein Wunder es ist, dass Sie existieren. In den unendlichen Weiten des Universums existiert dieser klitzekleine Planet Erde, der uns so unglaublich groß vorkommt. Durch einen göttlichen Zufall entstand irgendwann aus lebloser Materie etwas, das wir Leben nennen. Die Evolution, getrieben von Versuch und Irrtum, probierte wahnsinnig viel aus. Unzählige Arten entstanden und vergingen. Uns, den modernen Menschen, gibt es noch. Und wir haben unsere Fähigkeiten genutzt, die unwirtlichen Lebensbedingungen möglichst angenehm für uns zu gestalten.

Doch als wäre es die Ironie unseres Schicksals, laufen wir Gefahr, durch den ganzen Fortschritt unseren Lebensraum zu zerstören. Zum Glück können wir denken, lernen und erfinden, um für die Herausforderungen, die uns auf dem Weg begegnen, Lösungen zu finden. Grund genug, hoffnungsfroh zu sein, gibt es. Denn wir haben bereits gezeigt, dass wir zu herausragenden Leistungen fähig sind.

Warten Sie nicht auf andere. Nehmen Sie Ihre Lebensführung selbst in die Hand!

Und mittendrin, in all den Irrungen und Wirrungen des Zeitgeists, stehen Sie. Sie haben dieses großartige Geschenk, dieses Wunder namens Leben, geschenkt bekommen. Entwickeln Sie Demut vor diesem Geschenk. Lassen Sie es nicht führungslos vor sich hin dümpeln. Erwarten Sie nicht, dass Ihnen jemand die Lebensführung abnimmt und Sie zu Glück, Liebe, Erfolg, Geld, Ruhm schiebt – oder was Ihnen auch immer Freude bereitet.

Die göttliche Versuchung

Der christliche Glaube prägt unsere westliche Kultur. Demnach sei der Mensch ein Ebenbild Gottes. Bei solch hochtrabenden Gedanken ist es kein Wunder, dass es uns hier und da schwerfällt, Demut zu leben. Demut – was bedeutet das eigentlich genau? Bevor Sie weiterlesen, halten Sie doch einen Moment inne und denken Sie darüber nach.

Demut hat etwas mit Unterordnung zu tun. Vielleicht sogar mit Gehorsam. Im Wortstamm stecken *dienen* und *Mut*. Also vielleicht ist es der Mut, sich einer größeren Sache unterzuordnen und ihr zu dienen. Demut ist ein zweischneidiges Schwert. Sie ist auf jeden

Fall besser als der Hochmut. Doch wenn Sie es übertreiben, fallen Sie auf die Knie und verlieren Ihr Rückgrat.

Ich erinnere mich an meinen allerersten bezahlten Vortrag. Damals sagte ich dem Veranstalter: »Ich komme für die Hälfte des Honorars. Für eine Stunde sprechen ist das mehr als genug.« Ich hatte einfach Schiss davor, nicht gut genug zu sein und habe – in einem Gefühl falscher Demut – selbst mein Honorar gekürzt. Diese Zeiten sind zum Glück vorbei. Doch der innere Spagat zwischen Selbstbewusstsein und Selbstzweifeln bleibt. Demut muss dem Anspruch genügen, die gesunde Mitte aus beidem zu bilden.

Demut hat dabei etwas Magisches. Mein Vater pflegte früher ein paar Bonsaibäume. Diese kleinen Miniaturbäume haben mich in meiner Jugend fasziniert. Wir können viel von ihnen lernen, wenn wir uns als Mensch weiterentwickeln wollen. Obwohl oder vielleicht gerade weil sie so klein sind, strahlen sie für mich die gleiche majestätische Anmut aus wie ihre großen Vertreter im Wald. Vielleicht steckt in den Bonsais genau die Form von Demut, die uns im Leben weiterhilft. Konzentrieren wir uns auf unsere Stärken und nicht auf unsere bloße Größe. Einem Menschen, der das vorlebt, sind Sie bestimmt schon begegnet. Ihre Demut macht diese Menschen nicht klein. Im Gegenteil: Eine starke Demut lässt sie auch stark wirken.

Geduld als Tugend und Stärke

Wenn Sie sich Ihren Lebensweg in Richtung Horizont bahnen, werden Sie viele Erfolge feiern können. Aber auch immer wieder durch ein Tal der Tränen müssen. Demut allein reicht auf dem Weg nicht. Sie müssen auch geduldig sein. Behalten Sie ruhig Ihren hohen Anspruch. Stellen Sie Wegmarken in Ihren Horizont, die höchste Qualität und Vollendung bedeuten. Streben Sie nach finanziellem Erfolg. Erfüllter Liebe. Großartigen Kindern. Wilden Abenteuern. Lieben Sie das Schwierige – und akzeptieren Sie niemals das Unmögliche. Seien Sie ein starker Anführer, der mutig kämpft und demütig dient, um ein gutes Leben zu führen.

Einer meiner Horizont-Träume ist, dass ich irgendwann von Onlinekursen und Büchern leben kann; mit der Beratung also aufhöre. Doch die Welt ist laut. Bunt. Voll. Nicht so einfach, ausreichend Fans zu gewinnen. Aktuell mache ich rund 40 Prozent meines Umsatzes mit Sprechen und Schreiben. Werde ich meinen Traum eines Tages erfüllen? Ich weiß es nicht. Ich glaube daran. Habe meinen Horizont im Blick. Und bin bereit, die volle Verantwortung für meinen Lebensweg zu übernehmen. Mich dafür anzustrengen. Vielleicht werde ich damit erfolgreich. Doch ob es reicht, um in den Olymp der Autoren aufzusteigen?

Weltweit befinden sich dort vielleicht 100 Autoren. Hochkaräter wie Paulo Coelho oder Joanne K. Rowling. Weitere 1000 können weltweit sicherlich ein ganz gutes Leben mit ihrem Schreiben finanzieren. Und dann gibt es Hunderttausende Autoren, die Schreiben nur als Hobby betreiben. Und von denen einige in der Qualität ihrer Arbeit denen an der Spitze in nichts nachstehen. Aber sie haben es einfach nicht geschafft, auf den Olymp zu kommen. So ist es auch im Sport. Beim Tennis. Im Fußball. Oder in der Kunst. Beim Malen. In der Musik. Und natürlich auch im Business. Neben der harten Arbeit, die alle leisten müssen, gehört auch etwas Glück dazu, den Durchbruch hinzubekommen.

Lassen Sie sich nicht verbiegen. Haben Sie den Mut, Sie selbst zu sein – mit allen Ecken und Kanten.

Doch was tun Sie, wenn Sie nie den Durchbruch hinbekommen? Wenn Sie »nur« ziemlich gut sind, aber ansonsten »nur« in der Masse mitschwimmen? Als ich 2016 mein erstes Buch »Mut braucht eine Stimme« geschrieben habe, war ich fast wie manisch getrieben und wollte alles dafür tun, um einen Bestseller zu schreiben. Also informierte ich mich. Schaute, was andere Autoren machten. Und mir wurde schlecht.

Einige brachten in ihren Büchern gut vernetzte Manager mit Zitaten unter, nur damit diese hoffentlich ein Interesse haben, das Buch nach Veröffentlichung in ihrem Bekanntenkreis zu promoten. Andere orchestrierten ihre Follower, das Buch an einem bestimmten Tag in einer ganz bestimmten Stunde zu bestellen, nur damit das Buch dann für diese eine Stunde ein Amazon-Bestseller wird. Aber solche Aktionen sind nicht meins.

Denn in meinem Horizont steht auch, dass ich selbstbestimmt leben will. Heißt: Ich will mich nicht verraten, um erfolgreich zu sein. Ich will weder Verkaufszahlen inszenieren. Noch will ich mir den Mund verbiegen, nur um Inhalte zu produzieren, die der Markt auch haben will. Wird es mir gelingen, mit dieser Haltung durchs Leben zu kommen? Das hoffe ich.

Wir leben aktuell in einer Zeit, in der Menschen, die nicht ins Zeitgeschehen passen, in der Öffentlichkeit mundtot gemacht werden. Sie werden angegriffen von einer selbst ernannten Moralpolizei, um sie wirtschaftlich aufs Abstellgleis zu stellen. Denken Sie an Thilo Sarrazin oder Christian Wulff. Man kann über ihre Meinungen oder Verhaltensweisen denken, was man will. Fakt ist, sie wurden in einem öffentlichen Kreuzzug gesellschaftlich hingerichtet.

Das ist erbärmlich für ein offenes Land. Für eine Demokratie, deren Dreh- und Angelpunkt es ist, Vielfalt und Unterschiedlichkeit zu fördern. Dazu gehört auch, dass wir die Unterschiedlichkeiten und Gegensätze aushalten müssen. Nach dem Motto: leben und leben lassen. Statt andere zu ächten, sollten wir lieber eine alternative Geschichte erzählen, die dadurch überzeugt, dass sie die besseren Argumente hat. Geduldige Demut. Für jeden Menschen mit Leistungsmotiv kein einfaches Unterfangen. Aber ein hilfreiches.

Gegenwart machen: Demut gegenüber dem Leben haben

Sie haben Ihr Leben geschenkt bekommen. Von wem? Keine Ahnung. Aber es ist ein ganz schön beeindruckendes Geschenk. Machen Sie demütig und geduldig das Beste daraus.

Eines meiner Hobbys ist Rudern. Von einem Coach habe ich gelernt, dass es unter anderem auf den richtigen Rhythmus ankommt. Schnell nach hinten, langsam nach vorn. Er nutzte dafür folgende Worte: Power! – Patience. Patience. Übertragen Sie diesen Gedanken auf Ihre Lebensführung: Um bei all Ihrem Anspruch nicht nur erfolgreich, sondern auch erfüllt zu sein, brauchen Sie doppelt so viel Geduld wie Power. Lassen Sie sich also nicht voreilig von Ihrem Weg abbringen. Verbiegen und verraten Sie sich nicht, nur weil Sie hier einen kurzfristigen Vorteil sehen oder dort den sozialen Druck fürchten. Bleiben Sie sich treu.

7. Liebevoll

»Was ist eigentlich der Sinn des Lebens?«, schießt es mir durch den Kopf. Ich lese die SMS meines Freundes: »Mein Vater hatte einen Schlaganfall. Er fiel um 3.00 Uhr aus dem Bett. Konnte nicht mehr aufstehen.« Das Schicksal schlägt wie der Blitz ein. Wieder wird mir bewusst, wie fragil unser Leben ist. Wie schnell alles vorbei sein kann. Und wie wenig wir trotz all des Fortschritts wissen. Und erst recht, wie wenig wir vorhersehen können.

Wir bestehen aus Atomen, lebloser Materie. Und doch sind wir nicht nur ein Zellhaufen, sondern ein lebendiges Wunder. Der Mensch, die Tiere, die Natur – all das hat etwas Göttliches für mich. Zumindest, wenn ich in Momenten wie diesen ruhig bin. Einen Augenblick innehalte, um überhaupt über solche Themen nachzudenken. Und nicht von einem Termin zum nächsten hetze und im Tornado des Alltags beschäftigt bin.

Die Tatsache, dass Sie lebendig sind, ist etwas Zauberhaftes. Himmlisches. Mystisches. Und es läuft nicht immer alles glatt. Ich weiß nicht, was Ihnen Ihr Leben aktuell oder in Zukunft schwer macht. Aber es wird passieren. Wie können wir dann in solchen *Tälern der Tränen* Hoffnung, Kraft und Mut gewinnen?

Was ist es, das uns am Ende sagen lässt: »Mein Leben war lebenswert!«?

Um einer Antwort auf die Spur zu kommen, dachte ich an mein Lebensende. Wenn Sie Lust haben, machen Sie das doch gleich auch einmal. Stellen Sie sich vor, wie Sie auf Ihrem Sterbebettchen liegen und noch einen letzten Atemzug nehmen. Stopp! Noch nicht ausatmen. Schauen Sie sich um? Wen sehen Sie um Ihr Sterbebett stehen?

Die schlechte Nachricht zuerst: Es sind wahrscheinlich nicht die Kollegen, Chefs, Kunden, Zulieferer, Nachbarn, Bekannten – auch wenn Sie sich für den ein oder anderen unglaublich den Arsch aufgerissen und wertvolle Lebenszeit investiert haben. Die gute Nachricht: Es sind hoffentlich ein paar wenige Menschen, die Ihnen wirklich nahestehen – und vielleicht auch nur der eine Mensch, der Sie wirklich liebt.

Mir ist mittlerweile klar, dass meine Familie meine absolute Nummer 1 ist. Die Liebe zu Alina und Eryk ist mein Lebenselixier. Okay, ich gebe zu, dass ich eine zweite Liebe habe: meine Arbeit. In ihr gehe ich auf und finde auch hier einen tieferen Sinn für mich. Und wenn ich beruflich nicht erfolgreich wäre, Geldsorgen hätte, dann würde das mit Sicherheit auch die Beziehung zu meiner Familie belasten. Aber was wäre der berufliche und finanzielle Erfolg wert, wenn ich meine Familie nicht mehr hätte? Das will ich mir gar nicht erst vorstellen.

Doch wenn die Liebe so viel Kraft und Sinn spenden kann, was ist denn dann die Liebe überhaupt?

Mythos Liebe

Sie kennen das: Frisch verliebte Menschen telefonieren bis tief in die Nacht. Ob im Restaurant, auf dem Sofa oder im Bett – sie verbringen gefühlt Tag und Nacht miteinander. Menschen in einer Fernbeziehung können den Freitag kaum erwarten, pendeln jedes Wochenende, fahren stundenlang, um trotz der Distanz möglichst viel Zeit zusammen zu verbringen. Sie denken ständig an diesen einen Menschen, können sich nicht auf die Arbeit, oder was sonst gerade ansteht, konzentrieren. Liebe lässt uns uns lebendig fühlen. Und gleichzeitig kann sie töten.

Wenn die geliebte Frau oder der geliebte Mann die Gefühle nicht erwidert, zerreißt es uns das Herz. Wir sind tieftraurig. Verletzt. Heulen. Werden vielleicht sogar depressiv. Wenn der Partner sich für einen anderen Menschen entscheidet, wird aus Liebe Eifersucht. Manche hat die nicht erwiderte Liebe in den Selbstmord getrieben. Andere wurden aus Liebe zum Mörder.

Was ist sie nun, die Liebe? Ich denke darüber schon viele Jahre nach. Gefühlt habe ich auch eine klare Definition. Nur kann ich sie nicht aufs Papier bringen. Schauen wir uns die Liebe also aus verschiedenen Blickwinkeln gemeinsam an und lassen wir uns überraschen, was am Ende dabei für Sie herauskommt.

Was Liebe nicht ist

Vielleicht ist Liebe ein Überlebensrezept der Natur. Denn ohne die Liebe würde es uns heute wohl nicht geben. Nehmen wir dazu diese Definition: »Liebe ist ein starkes Gefühl, das Mann und Frau ausreichend lange zusammenhält, bis ihr Nachwuchs eigenständig lebens- und überlebensfähig ist und sich selbst fortpflanzen kann.« Liebe als Arterhaltungstrieb. Diese Definition krankt daran, dass sie sich auf die Fortpflanzung begrenzt. Was ist mit gleichgeschlechtlichen Paaren? Auch sie empfinden Liebe, obwohl sie sich – zumindest nicht ohne ein paar Tricks – nicht fortpflanzen können. Mit der Arterhaltung kommen wir nicht weiter. Hinter der Liebe muss also mehr stecken.

Paare unternehmen alles Mögliche, wenn sie verliebt sind. Teure Geschenke, kleine Aufmerksamkeiten, Valentinstage, Jahrestage, Eheschließungen, Hochzeitstage, Reisen, Theaterbesuche bis zum gemeinsamen Hobby. Doch weder Anzahl noch Preis der gemeinsamen Aktivitäten sind ein Garant dafür, dass beide Menschen sich wirklich lieben. Manch einer versteckt sich sogar hinter solchen Inszenierungsevents, um der Welt vorzuspielen, wie toll die Beziehung ist.

Liebe hat auch nichts damit zu tun, wie lange ein Paar zusammen ist. Manch einer prahlt: »Wir sind schon 25 Jahre verheiratet.« Die Retourkutsche folgt sogleich: »Und wie lange müsst ihr noch?« Es ist nicht die Dauer, die entscheidet. Es ist die Qualität.

Liebe tut weh

Was zeichnet die Qualität einer Beziehung aus? Für mich hat es etwas damit zu tun, wie echt ich sein kann. Überlegen Sie: Wann und wo konnten Sie zu 100 Prozent so sein, wie Sie wirklich sind? Sagen, was Sie wirklich denken. Zeigen, was Sie wirklich fühlen. Wenn ich mit meinen Kunden als Coach arbeite, sprechen wir auf kurz oder lang neben den Businessthemen auch über das Leben an sich. Und dann stelle ich ihnen genau diese Frage. Vielleicht ahnen

Sie bereits die Antwort: Viele haben *keinen* Ort in ihrem Leben, wo sie zu 100 Prozent echt sein können. Ständig spielen sie eine Rolle. Zeigen unterschiedliche Fassaden. Halten immer etwas zurück und versteckt. Aber warum?

Die Antwort braucht meistens ein bisschen. Menschen drehen und wenden sich. Drucksen herum. Trauen sich nicht, es auszusprechen. Am Ende liegt die Wahrheit dann auf dem Tisch: Wir haben Angst davor, verletzt zu werden. Solange wir eine Fassade zeigen, ist das wie eine Rüstung. Wir können unserem Partner etwas vorspielen, damit er uns mag. Oder wir können uns einreden, dass es ja nur die Rüstung ist, die er ablehnt. Würde ich mein wahres Ich zeigen, dann würde es ihm oder ihr auf jeden Fall gefallen. Tief in unserem Inneren steckt der sehnliche Wunsch, verstanden und gemocht zu werden. So halten wir uns immer ein Hintertürchen offen. Denn was wäre, wenn wir unser wahres Ich offenbaren und dann vom Partner kritisiert oder abgelehnt werden? Autsch! Das tut weh.

In meinen Büchern habe ich mich entschieden, einiges von mir als Mensch preiszugeben. Die Leser an meinen Gedanken und Gefühlen teilhaben zu lassen. Ich präsentiere Ihnen weder Checklisten, wie Sie Ihr Leben oder Ihre Karriere zu gestalten haben. Noch schreibe ich Ratgeber oder stelle Ihnen Tools und Techniken zusammen, wie Sie mit den »geheimen sieben Schritten« garantiert zum Ziel kommen. Ich biete Ihnen stattdessen meine Erfahrung, geistige Reibungsfläche und zeige dabei mich als Mensch und offenbare Ihnen meine Persönlichkeit. Wenn Ihnen mein Buch nicht gefällt oder Sie es gar scheiße finden, bedeutet das zwangsläufig, dass *ich* Ihnen nicht gefalle oder Sie *mich* scheiße finden. Der Schlag wird automatisch persönlich. Das tut weh.

Und wissen Sie was: Das ist gut so. Denn wenn ich nicht persönlich schreibe, wenn wir uns hier in meinen Büchern nicht persönlich begegnen, wozu sollten wir dann überhaupt Zeit und Geld in diese Bücher investieren? Show und Bullshit-Blabla haben Sie da draußen bereits genug. Mich interessiert das Echte. Denn Liebe gibt es nicht nur zwischen zwei Menschen, die romantisch zusammenleben wollen, bis dass der Tod sie scheidet. Liebe gibt es auch zwischen Ihnen als mein Leser und mir als Autor.

Die 7 Arten der Liebe

Sollten Sie aktuell keinen Lebenspartner an Ihrer Seite haben, können Sie beruhigt sein. Liebe taucht in viel mehr Gewändern auf, als wir auf den ersten Blick denken. Der amerikanische Sozialpsychologe John Alan Lee[19] fand in empirischen Untersuchungen sechs unterschiedliche Liebesstile.

Da ist zunächst der *Ludus*. Dahinter steckt das spielerische Miteinander. Der Flirt. Die Verführung. Oder auch der leidenschaftliche Tanz. Viel ist möglich. Nichts ist verpflichtend. Eine zwanglose und damit unkomplizierte Form der Liebe.

Eine Stufe intensiver wird es bei *Eros*. Dahinter steckt die körperliche Lust. Der sexuelle Austausch mit einem anderen Menschen. Diese Form der Liebe kann extrem erfüllend sein. Aber auch süchtig oder abhängig machen. Über die Fleischeslust haben wir in Teil I bereits gesprochen.

Wenn die Liebe obsessiv und eifersüchtig wird, sind wir bei der *Mania*. Eine Liebe, deren unkontrollierte Kraft auch zerstören kann. Mir ist ein Spruch aus meiner Jugend in Erinnerung: Eifersucht ist eine Leidenschaft, die mit Eifer sucht, was Leiden schafft.

Wenn es gut läuft und ein Paar länger zusammen ist und vertrauter miteinander wird, dann ist das die Zeit des *Pragma*. Die rosarote Brille ist verschwunden. Sie wissen nun, was Sie haben. Kennen die Vorzüge, aber auch die Macken Ihres Partners. Während *Ludus* und *Eros* von allein brennen, ist das Paar beim *Pragma* gefordert, dafür zu sorgen, dass das Feuer weiterhin lodert.

Sind dann Kinder ins Spiel gekommen, tritt die *Storge* auf. Eltern lieben ihre Kinder. Kinder lieben ihre Eltern. Diese Form der Liebe ist einfach da, ohne dass es uns bewusst ist, dass wir uns in Bruder, Schwester, Vater oder Mutter verliebt haben. *Storge* gibt es nicht nur in der Familie, sondern auch unter Freunden. »Platonische Liebe« trifft es dann wohl auf den Kopf.

Und schließlich gibt es noch *Agape*. Eine Art bedingungslose, allumfassende Liebe. Sie kann alles und jeden umfassen. Menschen, Tiere, die Natur, Musik, Kunst. Sie ist eine Haltung. Ein Konzept. Ein grundlegendes Prinzip. Vielleicht sogar die Basis für Frieden und Respekt auf Erden. Und damit die Fähigkeit, sich selbst und das eigene Ego zurückzunehmen.

Ich ergänze noch eine weitere Form, die ich für essenziell halte: *Philautia*. Denn Liebe hat nicht nur etwas mit anderen Menschen zu tun. Wir können uns auch selbst lieben: Dies ist vielleicht die wichtigste Liebe. Ich habe für mich zumindest die Erfahrung gemacht, dass ich meine Frau erst dann richtig lieben konnte, als ich angefangen habe, mich selbst mehr zu lieben.

Welche Formen der Liebe spielen in Ihrem Leben eine Rolle? Wovon haben Sie ausreichend? Wovon hätten Sie gern mehr?

Hoffnung, Kraft und Mut

Wenn ich mit meiner Frau über die Liebe und ihre Facetten spreche, prallen zwei Welten aufeinander, die wir gegenseitig neugierig erkunden. Meine Frau braucht keine Abhandlungen, Begriffe und Erklärungen. Sie weiß einfach, was Liebe ist. Sie lebt diese Liebe in allem, was sie tut. Sie hat ein so großes, warmes Herz. So viel Mitgefühl für uns in der Familie. Für Tiere. Aber auch für fremde Menschen. Mich fasziniert, wie sie mit dieser für mich manchmal etwas schwer zugänglichen Gefühlswelt meisterhaft umgeht. Sie ist da mein großes Vorbild und ich lerne viel von ihr. Gleichzeitig findet sie es toll, wie ich mit der Sprache versuche, Emotionen und Gedanken zu erfassen, zu begreifen und damit für mich und andere Menschen zugänglich zu machen.

Im Laufe der Jahre sehe ich, wie schwierig es für viele Menschen ist, die Liebe in ihrem Leben zu erhalten. Viele meiner Kunden lassen sich scheiden, mal mit, mal ohne Ehekrieg. Manchmal werde ich als Eheberater »missbraucht«. In zwei Fällen konnten die Paare ihre Ehe durch die Gespräche sogar retten und in eine neue, schöne Richtung führen. Das sind die wirklich erfüllenden Momente in meinem Dasein als Unternehmer-Coach.

Doch es sind gerade die gescheiterten Fälle, die mich demütig machen und ein tiefes Gefühl von Dank für die Liebe mit meiner Frau wachsen lassen. Ich weiß immer noch nicht genau, was Liebe ist. Aber eines weiß ich: Die Liebe ist wie eine magische Kugel für mich. Die Oberfläche ist mein Wissen über die Liebe. Das Volumen sind meine Fragen. Im Laufe der Jahre wird die Kugel immer größer und ich weiß immer mehr über die Liebe. Doch gleichzeitig wächst auch das Volumen mit all den Fragen, auf die ich noch keine Antwort habe.

Ich wünsche Ihnen von Herzen, dass Sie den Mut haben, sich zu öffnen und auf das Risiko *Liebe* einzulassen. Denn Sie werden die Liebe nur dann in ihrer vollen Pracht genießen können, wenn Sie den Mut haben, sich ohne Schutz und Rüstung auf einen anderen Menschen einzulassen. Erst wenn Sie vollkommen verletzlich ausgeliefert sind, können Sie die wahre Liebe erfahren. Liebe hat eine große Macht.

Das macht mir manchmal Angst. Weil ich weiß, dass meine Liebe zu meiner Frau mich – zumindest seelisch – töten kann. Wenn ich daran denke, dass irgendwann der Tag kommt, dass einer von uns gehen muss, dann ist das das Schlimmste, was ich mir vorstellen kann.

Sie werden die Liebe nur dann in ihrer vollen Pracht genießen können, wenn Sie sich ohne Schutz und Rüstung auf einen anderen Menschen einlassen.

Was ist denn nun der Sinn des Lebens? Das müssen Sie natürlich für sich allein beantworten. Was ich dazu denke, ahnen Sie bereits, auch wenn ich Gefahr laufe, dass Sie es kitschig finden: Der wahre Sinn des Lebens ist die Liebe. Überlegen Sie: Wie sähe unsere Welt aus, wenn wir die Liebe in alle Lebensbereiche einziehen lassen? Wenn Sie nicht nur Lebenspartner, Familie, Kinder und Freunde lieben. Sondern auch Ihre Kollegen, Chefs, Kunden und Zulieferer? Ich weiß, ein gewagter Gedanke. Ich meine ihn gar nicht rosarot verträumt. Denn alle Menschen zu lieben, halte ich für realitätsfremd.

Aber die Menschen, die Ihnen wichtig sind, die Teil Ihres Horizonts und damit Ihres engeren Clans sind, auf eine der oben beschriebenen sieben Arten zu lieben, das ist möglich. Zumindest wenn »lieben« bedeutet, diese Menschen gut zu behandeln und ihnen nicht *weh*tun zu wollen. Diese Haltung würde dabei helfen, dass wir friedlich koexistieren. Dass wir das Überlebensprinzip unserer Vorfahren nutzen: intelligent zu kooperieren. Werden wir das

Gute im Menschen zum Vorschein bringen? Werden Sie das Gute in Ihnen zum Vorschein bringen?

Gegenwart machen: Das Risiko Liebe wagen

Lassen Sie sich auf das Risiko Liebe ein. Sie haben nur dieses eine Leben. Nutzen Sie die Chance, um echte Liebe – in welcher Form auch immer – zu erfahren.

Wie das gelingt? Werden Sie nicht nur zum Anführer in Ihrem Leben, sondern auch zum Lebenskünstler. Norman Maclean wird folgendes Zitat zugeschrieben: »All good things come by grace and grace comes by art and art does not come easy.« (Zu Deutsch: Alle guten Dinge kommen durch Anmut, und Anmut kommt durch Kunst, und Kunst ist nicht einfach.)

Lassen Sie Ihr Leben also in Anmut erstrahlen. Was auch immer in Ihrem Horizont steckt – machen Sie es! Konsumieren Sie Ihr Leben nicht passiv. Führen Sie es – mit Liebe. Liebevoll.

Die 7 Gebote selbstbestimmter Lebensführung

Ich beneide die Tiere. Denn sie leben jeden Tag bereits das, wofür mancher Mensch ein Leben lang meditiert: das wahre Leben in der Gegenwart. Gar nicht so einfach, denn unsere Fähigkeit, zu denken, lässt uns ständig aus dem Hier und Jetzt verschwinden.

Mal hängen wir in der Vergangenheit. Mal denken wir an die Zukunft. Dabei spielen wir uns auf, als wären wir die Krönung der Schöpfung. In Wahrheit sind wir jedoch mickrige Wesen: Hilf- und wehrlos geboren, wachsen wir zu konfliktbereiten Erwachsenen heran, die allzu oft die Verantwortung für Glück und Unglück in den äußeren Umständen suchen, um am Lebensende wieder hilf- und wehrlos auf unsere Erlösung zu hoffen.

Manch einer flüchtet sich mit ernsthaftem Glauben in die Religion und redet sich ein, dass dies die wahre, göttliche Instanz sei, um in der menschlichen Tragödie Sinn und Hoffnung zu finden. Dabei verkennt er, dass die Religion vom Menschen selbst erfunden wurde.

Machen Sie sich klar: Sie brauchen niemanden, um Ihrem Leben einen Sinn zu geben – nur sich selbst. Warten Sie also nicht, dass jemand kommt, um Ihre Probleme zu lösen. Denn es wird niemand kommen. Haben Sie lieber den Mut zur Lebensführung. Die folgenden Gebote werden Ihnen dabei helfen.

1. Gebot: Verlasse die Herde und verfolge deinen persönlichen Horizont!

Willst du am Lebensende bereuen, dass dir der Mut gefehlt hat, dein eigenes, selbstbestimmtes Leben zu leben? Wahrscheinlich nicht. Also: Schließe dich nicht blind fremden Horizonten an, nur weil du nicht weißt, was du aus deinem Leben machen willst. Infiziere dich auch nicht mit dem »Gemocht-werden-wollen-Virus«, um es allen recht zu machen und niemandem zu nahe zu treten. Besser: Verlasse die Herde! Hör auf deine innere Stimme. Gestalte deinen eigenen Horizont: Wohin willst du? Welche positiven Spuren willst du im Leben anderer hinterlassen? Sei am besten *nicht* »normal« und renne nicht dem Zeitgeist hinterher. Gestalte ihn!

2. Gebot: Schiebe die Verantwortung nicht auf andere – übernimm sie selbst!

Mach dich nicht zum Opfer, indem du dich den äußeren Umständen oder anderen Menschen auslieferst. Lass dich von anderen nicht für deren Zwecke ausnutzen. Habe den Mut zur Haltung: Übernimm die volle Verantwortung für dein Leben! Triff Entscheidungen, die dich näher an deinen Horizont bringen. Und dann: Brich auf – und gestalte die Gegenwart!

3. Gebot: Streng dich an und scheue nicht den Schmerz!

Persönliche Erfüllung, finanzieller Wohlstand und Freiheit sind keine selbstverständlichen Geburtsrechte, sondern erfordern harte Arbeit! Gib dich nicht mit Mittelmaß zufrieden, sondern sei anspruchsvoll. Vor allem mit Blick auf dich selbst. Kämpfe für deine Herzensthemen wie ein Berserker. Leidenschaft. Herzblut. Schweiß. All das ist keine Schikane, sondern lässt dich am Ende mit Stolz auf dein Lebenswerk blicken. Also: Streng dich an!

4. Gebot: Probleme gehören zum Leben wie das Atmen – finde Lösungen!

Veränderungen führen zu Problemen. Und 99,9 Prozent davon löst du, ohne dass du überhaupt bemerkt hast, ein Problem zu haben. Du bist ein Weltmeister im Problemlösen. Also: Scheue nicht vor den 0,1 Prozent der großen Probleme zurück. Und formuliere auch nicht weichgespült, dass Probleme vor allem Chancen und Möglichkeiten bieten. Schau der Wahrheit ins Auge: Du bist geboren, um Lösungen zu finden. Und da die Lösungsfindung den meisten Menschen schwerfällt, hilf ihnen dabei. Stelle dazu sicher, dass Vernunft, Bildung und Disziplin zu deinen treuen Weggefährten zählen!

5. Gebot: Behalte deinen Glauben – vor allem, wenn es schwer wird!

Ob du als Anführer, Krieger oder Künstler dein Leben gestaltest – du wirst auf deinem Weg in Richtung Horizont in einem Tal der Tränen landen. Nicht ein Mal. Sondern immer wieder. Doch das darf dich nicht aufhalten. Im Gegenteil: Wenn deine Reise durchs Leben dunkel, anstrengend und schwer wird, schau auf deinen Horizont. Er gibt dir Kraft und Zuversicht, das Einzige zu tun, was im Tal der Tränen hilft: Gegenwart machen und weitergehen! Als moderner Nomade hast du Ausdauer und Beharrlichkeit in deinen Genen. Behalte deinen Glauben!

6. Gebot: Sei gut zu dir selbst!

Körper, Geist und Seele begleiten dich von Anfang bis zum Ende. Du kannst sie nicht austauschen. Also kümmere dich um sie. Bewege deinen Körper. Denke mit deinem Geist. Fühle mit deiner Seele. Und denke daran, dich auszuruhen. Selbstfürsorge ist ein guter Anfang. Selbstliebe die wahre Kraft. Mit ihr wirst du ein herzenskluger, inspirierender und hoffentlich über viele Jahre gesunder Weggefährte für andere Menschen sein. Sei also gut zu dir!

7. Gebot: Sei für die Menschen da, die dir wichtig sind!

Auch wenn es mancher nicht hören will: Dir werden auf deinem Lebensweg Arschlöcher begegnen. Kleine wie große. Ignoriere sie. Schmeiß sie aus deinem Leben. Du musst nicht für alle Menschen da sein. Wünsch dir für die Masse einfach eine friedliche Koexistenz nach dem Motto: leben und leben lassen. Kümmere dich lieber um die Mitglieder deines Clans. Fordere nicht nur, dass sie für dich da sein sollen. Sondern frage dich vor allem: Was wollt ihr gemeinsam gestalten? Wie kannst du ihnen helfen?

Lege besonderen Fokus auf die Menschen, die dich für das lieben, was du bist. Nicht für das, was du hast oder machst. Sei echt, hilfsbereit und warmherzig. Zeige Gefühle. Versprich wenig, aber halte es!

Epilog: Begegnungen

Unbezahlbare Erinnerungen

»Das war einer der schönsten Abende mit dir. Auch wenn mir heute der Schädel dröhnt«, lache ich. Ich sitze mit Alina in der einsamen Waldhütte in Neuseeland und trinke meinen morgendlichen Kaffee. »Ja, für mich auch. Die Musik war so intensiv und schön. Vielleicht kannst du den Besitzer der Hütte fragen, ob wir ihm die CD abkaufen können?«

Wir packen unsere Rucksäcke ins Auto, als der Vermieter aus seinem Haus zu uns kommt. Ich halte ihm die CD hin: »Die Musik gefällt uns so sehr. Wir würden sie Ihnen gern abkaufen. Ist das möglich?«, will ich wissen. Er denkt nach, druckst rum. Ich winke ab. »Kein Thema. Ich kann sie auch zu Hause bestellen. Wir haben sowieso keinen CD-Player im Leihwagen.«

Es regnet. Also verabschieden wir uns schnell und ich springe ins Auto. Will gerade losfahren, da ruft Alina: »Warte!« Sie öffnet das Fenster. Der Mann kommt durch den Regen gelaufen, drückt ihr die CD in die Hand. »Ich schenke sie euch. Gute Reise!« Bevor wir etwas sagen können, dreht er sich um und läuft zu seiner Frau zurück, die auf der Veranda wartet.

Ich werde diesen Mann wahrscheinlich nie wiedersehen. Doch auch wenn unsere Begegnung nur kurz war, so hat sie trotzdem Spuren in meinem Leben hinterlassen. Mit seiner Geste schenkte er uns unbezahlbare Erinnerungen an die wunderbare Zeit in der einsamen Waldhütte in Neuseeland.

Es sind Begegnungen wie diese, die das Leben für mich lebenswert machen. Mal sind sie kurz, mal entwickeln sich daraus Beziehungen über mehrere Monate, manche gar für viele Jahre. Begegnungen sind dann besonders gut, wenn sie echt sind. Tiefe haben. Damit das gelingt, müssen wir offen sein. Uns auf das Leben und den Augenblick einlassen. In unserem hektischen, durchgetakteten Alltag gar nicht so einfach.

Ich fasse diese Lebenshaltung so zusammen:

JAHOH – »Jederzeit achtsam, heiter, offen und herzensklug«.

Mit dieser Haltung wird das Leben nicht über Nacht perfekt. Und erst recht geht nicht immer alles gut. Ich habe dem Mann, der uns die CD geschenkt hat, zum Beispiel eine Postkarte geschickt. Mir fiel erst später auf, dass die Dame an der Kasse nur das Porto nach Deutschland und nicht nach Neuseeland berechnet hatte. Ob die Karte angekommen ist? Und der kernige Kiwi dann auch noch Porto nachzahlen musste?

Das Leben ist voller Ungewissheit. Voller Fragen. Finden Sie Ihre Antworten. Seien Sie mutig. Und übernehmen Sie die Lebensführung.

Abgeschlossen mit dem, was war.
Glücklich mit dem, was ist.
Offen für das, was kommt.

Anmerkungen

Bei den angegebenen Internetseiten erfolgte der Zugriff im Mai 2021.

1 Unter https://www.peterholzer.com/mutmenschen-podcast/rainer-broicher können Sie sich ein Interview mit Rainer Broicher anhören.
2 https://www.goethe.de/ins/jp/de/kul/sup/sxs/20992332.html
3 Quelle: https://www.aktion-deutschland-hilft.de/de/fachthemen/natur-humanitaere-katastrophen/hungersnoete/infografik-hunger-weltweit/
4 Quellen: https://www.aerzteblatt.de/nachrichten/98062/Drei-Millionen-Todesfaelle-jaehrlich-durch-Alkohol und https://www.kenn-dein-limit.de/alkohol/alkohol-in-deutschland/ und https://www.dkfz.de/de/tabakkontrolle/download/Publikationen/sonstVeroeffentlichungen/Alkoholatlas-Deutschland-2017_Auf-einen-Blick.pdf
5 https://www.spiegel.de/spiegel/die-stimmung-der-buerger-vor-der-wahl-labil-und-voller-emotionen-a-1165983.html
6 https://www.tagesschau.de/ausland/frankreich-mohammed-karikaturen-101.html
7 https://www.rki.de/DE/Content/Gesundheitsmonitoring/Themen/Uebergewicht_Adipositas/Uebergewicht_Adipositas_node.html
8 https://www.euro.who.int/de/health-topics/noncommunicable-diseases/obesity/news/news/2017/10/world-obesity-day-understanding-the-social-consequences-of-obesity
9 https://www.euro.who.int/de/health-topics/noncommunicable-diseases/obesity/news/news/2015/11/physical-inactivity-and-diabetes
10 https://www.worldbank.org/en/news/infographic/2018/09/20/what-a-waste-20-a-global-snapshot-of-solid-waste-management-to-2050
11 https://de.statista.com/statistik/daten/studie/166338/umfrage/anzahl-der-schuldner-in-deutschland-seit-2004/#professional
12 www.br-klassik.de/aktuell/news-kritik/musik-kuenstliche-intelligenz-computer-100.html
13 https://www.dailydot.com/debug/facebook-ai-invent-language/?fb=dd
14 https://safem8.app
15 https://schulblatt.tg.ch/public/upload/assets/78903/SoZ_Unterricht_aggressiv.pdf

16 Hören Sie seine Geschichte und wie er die Herausforderungen meisterte, in meinem Podcast MUT-MENSCHEN: www.mut-menschen.com bzw. www.peterholzer.com/mutmenschen-podcast/marc-antonius-dominick.
17 Erfahren Sie mehr über Lucy Appleton, ihre Wasserbüffelfarm und das schöne, aber harte Leben in Neuseeland in meinem Podcast MUT-MENSCHEN. Sie können das Gespräch unter www.mut-menschen.com anhören: www.peterholzer.com/mutmenschen-podcast/lucy-appleton.
18 Quelle: https://de.wikipedia.org/wiki/An_die_Freude
19 https://en.wikipedia.org/wiki/Color_wheel_theory_of_love

Literatur

Baumeister, Roy; Tierney John: Die Macht der Disziplin. Wie wir unseren Willen trainieren können. Goldmann Verlag, München, 3. Auflage 2014

Bregman, Rutger: Im Grunde gut. Eine neue Geschichte der Menschheit. Rowohlt Verlag, Hamburg, 10. Auflage 2021

Clear, James: Die 1%-Methode. Minimale Veränderung, maximale Wirkung. Goldmann Verlag, München, 5. Auflage 2020

Garfield, Charles A.: Peak Performance: Mental Training Techniques of the World's Greatest Athletes. J.P. Tarcher, New York 1984

Gigerenzer, Gerd: Risiko: Wie man die richtigen Entscheidungen trifft. Pantheon Verlag, München 2020

Gockel, Matthias: Sterben. Warum wir einen neuen Umgang mit dem Tod brauchen. Berlin Verlag, Berlin, 2. Auflage 2019

Gottman, John M.: Die 7 Geheimnisse der glücklichen Ehe. Ullstein Verlag, Berlin 2002

Holzer, Peter: Mut braucht eine Stimme. Wie Sie Ihrem Leben Wirkung geben. GABAL Verlag, Offenbach, 2. Auflage 2017

Holzer, Peter: Führung stirbt nicht! Warum Mut und Entschlossenheit das Überleben der Unternehmen sichern. GABAL Verlag, Offenbach 2020

Huxley, Aldous: Schöne neue Welt: Ein Roman der Zukunft. Fischer Taschenbuch, Frankfurt am Main, 9. Auflage 2021

Krämer, Walter: Die Angst der Woche: Warum wir uns vor den falschen Dingen fürchten. Piper Verlag, München 2013

Lauren, Mark: Fit ohne Geräte: Trainieren mit dem eigenen Körpergewicht. Riva Verlag, München, 7. Auflage 2021

Levitin, Daniel J.: Successful Aging: A Neuroscientist Explores the Power and Potential of Our Lives. E.P. Dutton, New York 2020

Rosling, Hans: Factfulness. Wie wir lernen, die Welt so zu sehen, wie sie wirklich ist. Ullstein Verlag, Berlin, 11. Auflage 2018

Strenger, Carlo: Abenteuer Freiheit. Ein Wegweiser für unsichere Zeiten. Edition Suhrkamp, Berlin 2017

Stichwortverzeichnis

Der Autor

Peter Holzer lebt als Berater für mittelständische Unternehmen und Vortragsredner mit seiner Familie in Köln. Nach seinem BWL-Studium in Oestrich-Winkel, Auckland (Neuseeland) und Chicago (USA) baute er als Geschäftsführer einen Mittelstandsfonds auf. Doch ein plötzlich auftauchender Schilddrüsentumor bedrohte sein Leben und seine Stimme. Diese Erfahrung war ein Wendepunkt in seinem Leben: Nach seiner Genesung verließ er die Finanzbranche, um einen beruflichen Neustart zu wagen.

Seit 2009 berät er Unternehmer und Führungskräfte zu den Themen Führung und Kommunikation. Denn aus seiner Sicht mangelt es der Welt nicht an Ideen, sondern an Mut und Entschlossenheit, diese auch umzusetzen. Mit der gleichen direkten und zupackenden Art, mit der er seine Klienten aus den Unternehmen unterstützt, will er seinen Lesern helfen bei dem, was er als sein Herzensanliegen bezeichnet: seiner inneren Stimme zu folgen und diese nach außen hörbar und wirksam zu machen.

Peter Holzer erhebt seine Stimme zugunsten eines aufrechten, ehrlichen und selbstbestimmten Lebensweges, der jedem offensteht – zum Wohle des Einzelnen genauso wie zum Wohle der Gesellschaft.

www.peterholzer.com